"十三五"普通高等教育本科系列教材

（第二版）

# 土建类专业毕业设计项目化教程
# ——工程投标

主　编　马　斌　姜仁贵
副主编　高　榕　高　莹　李小伟
编　写　程　娜　滕伟玲　曹　宁
主　审　邹鸿远

U0246326

• 微信扫码关注，自由缩放查看书中案例施工总平面布置图;
• 阅览多个优秀毕业设计范例。

中国电力出版社
CHINA ELECTRIC POWER PRESS

## 内 容 提 要

　　本书为"十三五"普通高等教育本科系列教材，是在总结多年毕业设计指导和专业课教学经验的基础上编写而成的。

　　本书在编写过程中将基础理论与工程实践有效结合，以专业理论、翔实案例、简明图表，为读者提供了最新的房建工程、水利工程、公路工程和铁路工程施工投标文件编制的知识体系和方法。同时针对高等教育的特点，内容上力求言简意赅，便于读者接受和掌握。

　　全书内容包含 3 篇。第 1 篇是毕业设计的前期准备工作，涉及毕业设计目的、意义、基本要求、基本内容、撰写及指导的共性问题及毕业设计项目式成果等。第 2 篇是土建类投标项目的主要内容，包括土建类投标项目商务部分文件的编写，房建工程、水利工程、公路工程和铁路工程造价文件的编制及施工组织设计的制订等。第 3 篇是毕业设计项目成果提交文件，包括编写报告、绘制图纸及答辩 PPT 的制作等。

　　本书主要作为高等院校工程管理、土木工程等土建类专业毕业设计的参考工具书，也可作为土木工程招标代理机构、咨询公司、施工企业等工程技术人员的参考书。

**图书在版编目（CIP）数据**

土建类专业毕业设计项目化教程 . 工程投标/马斌，姜仁贵主编 . —2 版 . —北京：中国电力出版社，2018.11（2021.6重印）

"十三五"普通高等教育本科规划教材

ISBN 978-7-5198-2466-2

Ⅰ.①土… Ⅱ.①马… ②姜… Ⅲ.①土木工程—投标—毕业设计—高等学校—教材 Ⅳ.①TU

中国版本图书馆 CIP 数据核字（2018）第 224006 号

出版发行：中国电力出版社

地　　址：北京市东城区北京站西街 19 号（邮政编码 100005）

网　　址：http：//www.cepp.sgcc.com.cn

责任编辑：熊荣华（010—63412543）　124372496@qq.com）

责任校对：朱丽芳

装帧设计：张俊霞

责任印制：钱兴根

印　　刷：北京天宇星印刷厂

版　　次：2017 年 2 月第一版　2018 年 11 月第二版

印　　次：2021 年 6 月北京第五次印刷

开　　本：787 毫米×1092 毫米　16 开本

印　　张：17.5　插页 2

字　　数：433 千字

定　　价：45.00 元

# 前　　言

　　毕业设计是教学过程的最后阶段采用的一种总结性的实践教学环节。毕业设计，能使学生综合应用所学的各种理论知识和技能，进行全面、系统、严格的技术及基本能力的训练。土建类专业毕业设计很大一部分是以编制实际工程的招标文件或投标文件为主要内容。《土建类专业毕业设计项目化教程——工程投标》以实际工程为背景，将实际工程施工投标文件的编写划分成若干个任务来完成的项目化教程，注重理论与实践的紧密结合，以提高学生解决实际工程施工投标问题能力为目的，强化学生的实操动手能力，同时也是目前具有独创性的实践教材。

　　《土建类专业毕业设计项目化教程——工程投标》采取了项目教学法，力求将理论教学与实践教学有机地结合起来。本教材可作为高等院校工程管理专业、土建类专业本科生的毕业设计的参考工具书。也可作为土木工程招标代理机构、咨询公司、施工企业等工程技术人员的参考书。

　　本书由西京学院和西安理工大学教师合编。编写分工如下：马斌编写第一篇、姜仁贵编写第二篇项目一；高榕编写第二篇项目三任务五、六及第三篇第一部分；高莹编写第二篇项目二任务二、第二篇项目三任务四及第三篇第三部分；曹宁编写第二篇项目二任务一；滕伟玲编写第二篇项目二任务三、四；李小伟编写第二篇项目三任务一、三及第三篇第二部分；程娜编写第二篇项目三任务二；全书由马斌、姜仁贵统稿。

　　全书由邹鸿远教授级高级工程师主审。

　　在本书编著过程中招标代理机构：陕西交通公路设计有限公司、陕西江河工程项目管理有限责任公司、陕西龙寰招标有限责任公司、中海建国际招标有限责任公司、陕西水利水电勘察设计院咨询公司、陕西诚信达工程咨询有限公司、陕西正林项目管理有限公司、华夏招标有限公司、陕西金岸工程项目管理有限公司、西北（陕西）国际招标有限公司、陕西中技招标有限公司、华春建设工程项目管理有限责任公司、陕西高信工程造价咨询有限公司、陕西采购招标有限责任公司等单位提供大量资料，给予帮助和支持。

　　刘凤琴高级工程师提供了许多参考案例，并做了大量修改工作；路程、宁致远，硕士生王可娜、张进、胡雯雯、牛吉星、郝露露、赵琦惠、胡婷、李勇锟等整理提供了大量的工程案例，并做了大量的绘图和文字校对工作。中国电力出版社编辑在出版过程中给予指导和帮助，在此一并致以衷心的感谢！

　　由于作者水平所限，书中难免有不妥或疏忽之处，敬请广大读者批评指正。

编　者

2018 年 8 月

# 目　　录

# 第 1 篇 概 述

## 1.1 毕业设计目的和意义

高等院校土建类专业的毕业设计是完成教学计划达到本科生培养目标的重要环节。它通过深入实践、了解社会、完成毕业设计任务或撰写论文等诸环节，着重培养学生综合分析和解决问题能力、独立工作能力、组织管理和社交能力；同时，对学生的思想品德、工作态度及作风等诸方面都会有很大影响。对于增强事业心和责任感，提高毕业生全面素质具有重要意义。毕业设计是学生在校期间的最后学习和综合训练阶段；是学习深化、拓宽、综合运用所学知识的重要过程；是学生学习、研究与实践成果的全面总结；是学生综合素质与工程实践能力培养效果的全面检验；是实现学生从学校学习到岗位工作的过渡环节；是学生毕业及学位资格认定的重要依据；是衡量高等教育质量和办学效益的重要评价内容。毕业设计对毕业生、导师、学校三方主体都有明确目的和重要意义。

（1）毕业生（任务主体）

综合训练、工程应用、能力提升、责任意识、创新创业

——本科毕业、学士学位、顺利就业

（2）导师（责任主体）

检验教学效果、提升自身能力、凝练专业素养

——教师专业素质、实践教学质量

（3）学校（监管主体）

内涵建设、教育转型、培养应用型人才

——教学质量评估、就业、招生

毕业设计的发展趋势：校企结合、捆绑项目、解决问题、锻炼能力、综合应用、创新创造、应变素质。通过毕业设计，培养学生综合应用所学基础理论和专业知识，解决一般工程技术问题的能力，提高和训练学生的工程制图、理论分析、结构设计、施工方案设计、计算机应用和外文阅读能力。通过毕业设计，使学生对一般土木工程的土建设计与施工内容、施工全过程有比较全面的了解，熟悉有关规范、规程、手册和工具书，为今后独立工作打下基础。

## 1.2 毕业设计基本内容

毕业设计对毕业生、导师、学校三方主体基本内容及工作重点如下。

### 1.2.1 毕业生

选题：知识储备、个人特长、结合就业、行业方向、真刀真枪、真题真做。

目标：夯实基础、锻炼能力、创新意识、预见未来、创造未来。

态度：咬住牙、横下心、抗挫折、驱惰性。

过程：三单元制、抱计算机、抱住图板、滴水穿石。

成果：精品毕业设计：开题报告、设计报告、英译报告、大图（手绘1张、机绘2张）。

开题报告：选题来源、工程载体、工程简况（插图介绍）。选题意义：国家基本建设意义、个人综合能力提升意义；国内外前沿发展。开题报告主要内容：工程项目承发包模式——合同模式；主要工程数量。开题报告具体参见毕业设计（工程管理专业及施工方向）开题报告示例。

设计报告：施工项目投标书，包含商务部分、造价编制、施工组织设计及资源优化三部分内容。

项目一　商务部分：

毕业设计商务部分，即商务理论，是毕业设计报告三大组成部分之一，在工程项目招标投标中与投标报价一起构成商务标。

项目一主要任务：

投标人、投标时间的确定，这是投标书的"基石"——"两个敲定"；

投标书的响应性、毕业设计理论依据，这是投标书、毕业证的"废标"充要条件——"两个条件"；

论证清楚投标过程中参与的两种人及应具备的证书，这是对投标人的基本要求，"门槛"条件——"两种人"；

响应招标人的"点菜"包含两大类：针对投标人（投标企业）的一般要求即"凉菜"，针对本项目（投标项目）的具体要求即"热菜"——两类菜。

项目二　造价部分：

造价编制是毕业设计的基本计算部分，最终的报价、清单计价与商务内容形成投标书的商务标。

项目二主要任务：

选取清单计价或定额计价——两种模式；

计算程序编制可以使用Excel公用软件或MIB、广联达等专用软件——两个平台；

造价编制中必须有单价分析表和实物消耗量（统计）表——两个表；

编制程序应与工程数量前头通及实物消耗量表后头通——两头通。

项目三　施工组织设计部分：

施工组织设计及资源优化是投标书的重点部分，也称为技术标。主要完成六项主要任务——"六道硬菜"：

施工总平面布置图；

施工方案（毕业设计核心，重中之重）；

机械选型配套；

施工进度计划；

资源优化及配置；

质量及安全文明施工管理（HSE）。

绘制大图：绘制3张大图（A1），其中CAD绘制2张、手工绘制1张。

绘制图纸注意三项基本技术：选定比例尺、标注尺寸、分清图层；图纸内容紧密结合本工程项目；图面饱满、三视图并配有局部放大图、布局合理；图廓、图名框、用图说明等图纸要素齐全。

工程图按规定装订，图幅小于或等于 A3 图幅时应装订在毕业设计报告中，大于 A3 图幅时单独装订作为附图。

### 1.2.2 导师

题目水准（分量）、任务书、指导方案。

基本命题：土木工程项目投标报价施工组织设计及资源优化。题目参见本篇 1.8.1 工程管理专业及施工方向毕业设计选题示例。

题目工程背景：房建、公路、水利、铁路、矿山尾矿库工程；针对单项、单位、合同工程或标段项目；包含商务标（商务＋造价）、技术标（施工组织设计＋资源优化）的投标书。毕业生作为投标人在建筑交易市场投标竞标、获取该项目的标的。

任务书重点：专业综合、任务具体、学士水准、下达命令、下保底线、上争优设（校级优秀毕业设计、土木工程学会优秀毕设）。任务书参见本篇 1.8.2 毕业设计（工程管理及施工方向）任务书。

### 1.2.3 学校

组织安排、服务监督、质量监控。

工程载体、一人一题筛选、项目化教学组织；提供硬件服务；营造学习环境；组织学术报告；集中抓开始、抓结束、抓两头和中期检查；质量监控；题目审批、变更、中检警告、查重查新、终检评价、成果归档。

## 1.3 毕业设计基本程序

毕业设计基本程序，依次分为选题、指导、中期检查、论文评阅、答辩等阶段。

### 1.3.1 毕业设计选题

毕业设计选题阶段是毕业设计的准备阶段，该阶段的结束以指导教师下达任务书为标志；课题的选择应适应专业培养方向，贯彻因材施教的原则，贴近工程管理专业及施工方向实际，做到一人一题，不得雷同；课题的选择应符合专业培养目标，符合专业毕业论文教学大纲的基本要求。

课题选定一般有如下方法：

（1）指导教师公布课题，学生选题；

（2）学生自拟课题，指导教师确认；

（3）学生与指导教师共同商议课题。

拟定选题后，需经专业组评审，并经专业负责人同意后，向学生下达毕业设计（论文）任务书，其内容一般应包括：课题名称，目的及意义，研究项目的背景资料，调查研究与资料收集，文献查阅；文献综述，外文翻译，开题报告，设计（论文）报告撰写等阶段节点计划安排。

### 1.3.2 毕业设计指导

指导教师负责指导学生进行开题报告、调查研究、文献查阅、方案制订、实验、上机运算、论文撰写、答辩等各项工作。指导教师对毕业设计的专业指导，应把重点放在培养学生的独立工作能力和创新能力方面，在关键处起把关作用，同时在具体的细节上大胆放手，充分发挥学生的主动性和创造性。

### 1.3.3　中期检查反馈

毕业设计的中期检查，是指导老师需要完成的一项重要工作。指导教师应逐一对学生毕业设计报告进行核查，检查总体质量、进度，严禁抄袭现象发生，并对存在的问题提出反馈意见，及时与学生沟通，对学生的报告及时指导修改，使学生顺利、按时完成毕业设计（论文），保证质量。

### 1.3.4　设计报告评阅

学生毕业设计除指导老师给出评语外，专业组还指派一名指导老师作为评阅人对其进行详细评阅，写出书面意见；对尚未取得中级职称的指导老师，专业组还应指定一名负责指导老师，指导老师审阅意见最终由负责指导老师给予签字核定。

### 1.3.5　答辩组织管理

学生毕业设计都应参加公开答辩。成立答辩组，组长一般由教授或副教授担任，大多数学校对答辩组的人数、职称结构等有具体规定；答辩前，各答辩组应召开会议，熟悉学校规定，统一答辩要求，认真执行，完成答辩。

## 1.4　毕业设计基本要求

毕业设计在作假行为处理，专业知识充实，计算机操作应用，质量保障措施等方面应有基本要求。

（1）作假行为处理

中华人民共和国教育部令第 34 号，2013 年 1 月 1 日起施行的《学位论文作假行为处理办法》规定：

学位论文：博士、硕士、学士论文和本科学生毕业论文（毕业设计或其他毕业实践环节）；

作假：买卖、人代、代人、剽窃、伪造、雷同；

处理：学生：取消申请资格、已获学位证书收回注销；

　　　导师：把关指导失职、处分、解聘处理；

　　　学校：审查失察、通报院系、处分领导。

（2）专业知识充实

补充夯实土木工程相关专业知识；学习中华人民共和国《招标投标法》。熟知土木工程基本建设程序；土木工程招标投标程序；熟悉资格预审程序。熟悉阅读本工程招标文件、图纸 、测量、地质等勘测资料。土木工程施工技术及施工组织设计；土木工程施工图预算、工程量清单计价规则。

（3）计算机操作应用

熟练操作应用计算机 Office 办公系统；熟练掌握工程管理专业软件；熟练掌握工程造价专业软件；具备 CAD 绘图能力。

（4）质量保障措施

每周参加毕业设计专题讲座一次；每周至少与指导老师当面讨论问题一次；进度必须严格按照毕业设计进度计划进行。开题、中检、终检、答辩前、提交前各阶段毕业设计文件、成果送交指导教师、评阅教师和答辩委员会评阅。按照评阅意见严格修改完善。毕业设计（工程管理及施工方向）系列讲座参考题目见表 1-1。

其他具体要求见毕业设计手册。

**表 1-1**　　　　　　　　毕业设计（工程管理及施工方向）系列讲座题目

| 序号 | 时间 | 题　　目 | 主讲人 |
|---|---|---|---|
| 1 | 第1周 | 毕业设计共性问题 | 马　斌　教授 |
| 2 | 第2周 | 土木工程前沿问题 | 李建峰　教授 |
| 3 | 第3周 | 土木工程管理前沿问题——"一带一路"战略与基本建设投资 | 马　斌　教授 |
| 4 | 第4周 | 现代施工技术 | 李建峰　教授 |
| 5 | 第5周 | 商务标理论与应用 | 马　斌　教授 |
| 6 | 第6周 | 商务标编制技术要点 | 高　榕　讲师 |
| 7 | 第7周 | 工程造价管理——定额计价 | 马　斌　教授 |
| 8 | 第8周 | 工程量清单计价 | 曹　宁　讲师 |
| 9 | 第9周 | 工程项目管理 | 张利娟　讲师 |
| 10 | 第10周 | 工程项目施工组织设计 | 张彩红　讲师 |
| 11 | 第11周 | 施工设计要点及技术问题——"六道硬菜" | 马　斌　教授 |
| 12 | 第12周 | 工程施工机械化——机械选型配套 | 高　莹　讲师 |
| 13 | 第13周 | 基于公用平台上的双代号网络图 | 马　斌　教授 |
| 14 | 第14周 | 隧道工程施工技术 | 李小伟　讲师 |
| 15 | 第15周 | 毕业设计大图 AutoCAD 绘图技术 | 李小伟　讲师 |
| 16 | 第16周 | 毕业设计答辩 PPT 制作技术 | 高　莹　讲师 |
| 17 | 第17周 | 毕业设计成果答辩若干技术问题 | 马　斌　教授 |

## 1.5　毕业设计撰写共性问题

毕业设计撰写在思想方法、工作方案、报告撰写等方面具有共性。

（1）思想方法

着眼研究问题的前沿发展，理论联系实际、解决工程实际问题；

达到深入浅出、综合搅拌、厚积薄发的境界高度；克服深入深出、缺乏提炼总结归纳的弊端，杜绝浅入浅出、浮云飘浮的思想惰性。对于问题，能"掰烂了、揉碎了、吃透了、消化了、吐出了！"

（2）工作方案

宏观问题：具体展开、寻找切入点、展示热点案例；微观问题：归纳总结、探求趋势、凝练规律。

（3）报告撰写

第一部分：本科毕业设计学生手册。包含毕业设计工作目的、毕业设计工作的程序、对学生的基本要求、毕业设计题目申报、毕业设计题目的变更、毕业设计的开题、毕业设计工作中期检查、毕业设计的内容及撰写要求、答辩资格审查和答辩工作要求。

第二部分：本科毕业设计撰写规范。包含本科毕业设计的字数及印装、毕业设计用纸、版面及页眉、毕业设计用字及打印、毕业设计的装订、毕业设计的内容及顺序、封面、摘要、目录；毕业设计正文内容和层次格式、前言或综述、正文字体、数字用法、软件、工程图、参考文献和附录。具体参见毕业设计学生撰写手册、毕业设计教师指导工作手册。

## 1.6　毕业设计指导共性问题

毕业设计在指导方面有命题题目，任务书下达，进度计划，工作方案等共性问题。

（1）命题题目

实际工程选题、扣紧专业、宜专不宜散、宜具体不宜笼统。

（2）任务书

保证学士学位水准、保证毕业设计基本内容（底线）。

（3）进度计划

四个阶段：第一阶段（1—4周）阅读文献、资料图纸，完成开题报告、商务标书编制；第二阶段（5—8周）造价编制；第三阶段（9—12周）施工组织设计；第四阶段（13—16周）设计报告撰写、绘制大图、答辩准备及PPT制作。

（4）工作方案

专题讲座、集中辅导、零敲碎打、及时批阅（电子邮件）、"开小灶"、"喂独食"；毕业设计质量导师责任制。

## 1.7　毕业设计报告结构

毕业设计报告基本结构应统一，由引言、正文、小结主体构成。

（1）引言

国内外前沿研究进展综述，提出问题，理论依据、达到的目的、解决的办法、措施、模型及求解，成果及结论。

（2）正文

对二、三级题目下，要抓住主题，不要跑题；各章研究的内容与章题目扣紧，正文论述的问题必须吃透，不可复制他人成果；引用他人的资料必须加注出处；内容要求正文论述，图文并茂，模型仿真；模型求解，边界条件，编程计算，工程应用，意义效果。

（3）小结

必须具备三点：一是和引言、正文呼应；二是数据、成果、结论；三是发展方向及深入研究的问题。

## 1.8　工程管理专业及施工方向毕业设计成果示例

毕业设计选题、任务书、开题报告示例如下。

### 1.8.1　选题示例

归德至连界铁路工程商务报价施工组织设计及资源优化；

泉水沟尾矿库竖井隧洞排水系统造价管理及施工组织设计；

四川大渡河瀑布沟公路工程国道投标报价施工组织设计及资源优化；

西安理工大学金花校区综合服务楼投标报价施工组织设计及资源优化；

成都地铁一号线火车北站工程投标报价施工组织设计及资源优化；

深（圳）汕（头）高速公路工程投标报价及施工组织设计；

蒲化工业园区供水工程投标报价及施工组织设计；

西安理工大学曲江校区 B 教学实验楼投标报价及施工组织设计；

青（岛）兰（州）高速公路工程施工方案选择与施工预算；

马鞍山至玉林公路工程造价管理施工组织设计及资源优化；

西安理工大学曲江校区培训楼投标报价及施工组织设计；

安徽绩溪至黄山高速公路工程（第四标段）投标报价施工组织设计及资源优化；

葫芦头水电站混凝土重力坝引水隧洞投标报价施工组织设计及资源优化；

西安理工大学曲江校区专家公寓 3 号楼工程投标报价施工管理及资源优化；

西安理工大学科技信息馆工程投标报价施工管理及资源优化；

阳光都市小区 3 号综合楼工程施工组织设计及投标报价；

北沟尾矿库初期坝工程项目投标报价施工组织设计及资源优化。

### 1.8.2　任务书示例

毕业设计（工程施工及管理方向）任务书参见表 1-2。

表 1-2　　　　　　　　　　　毕业设计（工程施工及管理）任务书

| 指导教师 | 姓名 | 高莹 | 毕业设计题目 | 美华小区 13 号综合楼工程施工组织设计及投标报价 | | |
| | 职称 | 讲师 | | | | |
| 题目类型 | 理工类 | □工程设计　□科学实验　□软件开发　□理论研究　☑综合 | | | | |
| | 经管类 | □理论性研究　□应用性研究　□应用软件设计　□调查报告 | | | | |
| 选题学生 | 赵×× | 院系 | 土木工程学院 | 学号 | 1209371091 | 专业班级 | 工程管理 1202 |

一、题目简介

本课题来源于美华小区 13 号综合楼工程。本课题综合运用所学的知识，独立地完成资料的阅读整理，工程量的计算，定额和清单计价的应用，掌握建筑工程投标书的编制及投标报价、工程概预算基本方法，学习和理解所学的各科知识，培养综合运用理论知识和专业技能的能力，学会分析和解决在工程招标投标、施工组织与管理中的实际问题，培养在工程实际操作中严谨的工作态度以及实事求是、认真负责的工作作风，为今后走上工作岗位打下扎实的基础。

二、主要任务

重点完成任务，三大报告＋大图。

1. 开题报告

重点阐述以下三个问题：

①工程建设意义？本选题的意义？②工程概况（插图说明），工程规模、投资、工期，本工程主要工程数量？③本工程的承发包模式？合同模式？

2. 设计报告

包括商务部分、造价文件以及施工组织设计三大部分任务。

第一部分：商务标书：两个敲定、两个条件、两种人、"两类菜"；

两个敲定：投标人——满足招标书要求的施工企业，资质、业绩、获奖、人员、机械等；
投标时间——提交标书—中标—开工—工期—竣工验收—缺陷维修—报废。

两个条件：必要条件——响应招标文件；充分条件——毕业设计专业理论。

两种人：法人、投标人……——资质证、营业执照、税务证、机构代码证（或三证合一）、安全证；
法人代表、项目经理……——资格证、安全证、职称证。

两类菜：针对投标人的一般要求——"凉菜"；
针对本项目的具体要求——"热菜"。

第二部分：造价编制及投标报价：两种方法、两个平台、两个表、两头通；

| |
| --- |
| 两种方法：清单计价；定额计价，选其一；<br>两个平台：公用平台（EXCEL）；专用平台（BIM\广联达\斯维尔软件）；选其一或者先"公"后"专"，计算结果验证；<br>两个表：单价分析表、实物消耗量表，缺一不可；<br>两头通："前头通"——前头与工程数量表相通；"后头通"——后头与实物消耗量表相通。<br>第三部分：施工组织设计——"六道硬菜"：施工总平面布置图、主要项目施工方案、机械选型配套、进度计划、资源优化及配置、质量和 HSE 管理。<br>3. 英译报告<br>英译汉，翻译一篇土木工程英文原文。<br>4. 绘制大图<br>绘制大图：计算机绘图 2 张，手工绘图 1 张。 |

**三、主要内容与基本要求**

1. 开题报告：本课题在国内外的研究状况及发展趋势、选题的目的及意义、毕业设计课题来源、类型、本课题主要研究内容、完成论文的条件和拟采用的研究手段（途径）、本课题进度安排、各阶段预期达到的目标。熟读《招标投标法》。熟知土木工程基本建设程序；土木工程招标投标程序。熟悉资格预审程序。熟悉阅读本工程招标文件、图纸、测量、地质等勘测资料。补充：①建筑工程基础；②建筑工程施工技术及施工组织设计；③建筑工程施工图预算；④工程量清单计价规则。

2. 设计报告：本工程商务部分编制：投标人（某施工企业）财务、业绩及商务部分；项目部组织机构、人员配置、机械、监测仪器调配表。施工图预算：土建部分工程量清单投标报价，主要包括分部分项工程清单计价表，分部分项工程清单综合单价分析表等。施工组织设计：建筑工程施工机械选型配套；基础工程施工方案；钢筋工程施工方案；混凝土工程施工方案；砌体工程施工方案；楼梯工程施工方案；楼地面工程施工方案；模板工程施工方案等。施工总进度计划，控制性施工进度计划网络图（双代号），资源供应计划图（劳力、机械、材料）；施工总平面布置图；主要分项工程施工工艺框图。工程造价电子文件；绘制大图 3 张（计算机绘图 2 张、手工绘图 1 张）。

**四、计划进度（仅供参考）**

第 1 周：下达任务书；<br>
第 2 周：详细阅读图纸、资料，补充相关专业理论知识；完成开题报告；<br>
第 3—4 周：商务标书编制；<br>
第 5—8 周：投标报价：施工图预算→投标报价、单价分析表、工程量清单计价表；实物消耗量表；<br>
第 9—12 周：施工组织设计、资源优化配置计划；<br>
第 13—16 周：完成毕业设计初稿、接受中期检查；报告撰写、计算书整理；绘制大图；<br>
第 17 周：查重、导师评阅、指导教师评阅、答辩、修改、装订、提交。

**五、建议参考文献**

[1] 马斌，朱记伟，曹宁，等 . 建设项目施工管理及优化 . 北京：中国电力出版社，2016.<br>
[2] 马斌，吴向男，高莹，等 . 路桥工程 . 北京：中国电力出版社，2016.<br>
[3] 马斌，高榕，高莹，等 . 土建类专业毕业设计项目化教程——工程投标 . 北京：中国电力出版社，2016.<br>
[4] 黄向向，马斌，曹蕾，等 . 土建类专业毕业设计项目化教程——工程招标 . 北京：中国电力出版社，2016.<br>
[5] 李建峰 . 现代土木工程施工技术 . 2 版 . 北京：中国电力出版社，2015.<br>
[6] 李建峰 . 建筑工程计量与计价精讲精练 . 北京：中国电力出版社，2013.<br>
[7] 李建峰 . 建设工程定额原理与实务 . 北京：机械工业出版社，2013.<br>
[8] 李建峰 . 工程计价与造价管理 . 2 版 . 普通高等教育"十二五"规划教材，中国电力出版社，2012.<br>
[9] 李建峰 . 工程造价专业概论 . 北京：机械工业出版社，2011.<br>
[10] 李建峰 . 建设工程造价管理理论与实务 . 北京：中国计划出版社，2011.<br>
[11] 李建峰 . 工程经济 . 北京：中国电力出版社，2009.<br>
[12] 李建峰 . 工程定额原理 . 北京：人民交通出版社，2008.<br>
[13] 马斌，黄自瑾，等 . 建设工程造价编制与管理 . 北京：机械工业出版社，2006.<br>
[14] 李建峰 . 建筑施工 . 北京：中国建筑工业出版社，2004.

续表

六、工作量要求

　　查阅文献资料不少于12篇，其中外文资料不少于3篇；完成毕业设计报告不少于10000字。提交相关图纸、实验报告、调研报告等其他形式的成果。毕业设计撰写规范及有关要求，请查阅《××学院本科毕业设计指导手册》。具体内容如下：

　　1. 编写商务标书、论述商务理论。

　　2. 造价编制、附单价工程量清单、单价分析表、实物消耗量表。

　　3. 编写施工组织设计书：内容包括工程概况、施工准备、施工项目管理组织及职能分工、施工方案、各种资源需要量计划及机械调配计划、施工进度计划安排、施工平面布置图布置、施工项目质量管理措施、项目现场及安全管理措施、施工项目冬雨季施工措施等。施工双代号网络计划图、施工进度计划横道图。

　　4. 绘制大图（A1图纸）3张，其中机绘2张，手绘1张。

| 指导教师<br>（签名）： | | 年　月　日 | 学生<br>（签名）： | | 年　月　日 |
|---|---|---|---|---|---|
| 教研室意见： | | | | | |
| | | | | 教研室负责人：<br>　　　　　年　月　日 | |

　　**注**　本表一式三份。一份交教学单位存档，一份交学生，一份指导教师自留。

### 1.8.3　开题报告示例

毕业设计（工程管理专业及施工方向）开题报告参见项目式成果表1-3示例。

表1-3　　　　　　　毕业设计（工程管理专业及施工方向）开题报告

1. 毕业设计（论文）题目背景、研究意义及国内外相关研究情况

1.1　题目背景

　　本毕业设计选题来源于——金堆城汝阳钼业有限公司2万 t 选厂的配套工程泉水沟尾矿库排水回水系统，该工程的建设具有重要的意义。与此同时对其投标报价，施工组织设计及资源优化做出详细设计。

1.1.1　工程概况

　　项目名称：泉水沟尾矿库工程

　　建设单位：金堆城汝阳钼业有限公司

　　设计单位：中国恩菲工程技术有限公司

　　监理单位：青岛华鹏工程咨询有限公司

　　施工单位：九冶建设有限公司/华冶科工有限公司

　　勘察单位：西安地勘院

　　泉水沟尾矿库工程位于河南省洛阳市汝阳县付店镇拔菜坪村境内，该工程由中国水利水电十五局和华冶科工有限公司承包施工，工程由排水隧洞、排水井、排水支洞、回水管道、回水井、消力池、陡槽等结构物组成，尾矿库按千年一遇洪水标准设计。工程概况如图1-1～图1-3所示。

　　主要工程项目：主排水隧洞、排水支洞、排水井、回水工程的土石方明挖、石方隧洞开挖、竖井开挖、喷射混凝土、混凝土浇筑、钢筋制安、钢拱架安装与填充灌浆、各类围岩的固结和回填灌浆、回水井堵板等项目的施工。主要工程量见表1.1。

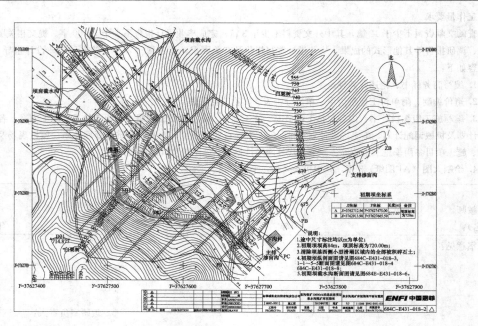

图 1-1　泉水沟尾矿库初期坝平面布置图

图 1-2　坝面施工图

No.1　泉水沟尾矿库初期坝平面布置图（微信扫码，可自由缩放阅览）

图 1-3　回水井施工图

## 1.2　承发包模式

工程承发包是一种商业行为，交易双方为项目业主和承包商，双方签订承包合同，明确双方各自的权利与义务，承包商为业主完成工程项目的全部或部分项目建设任务，并从项目业主处获取相应的报酬。

工程的主要承发包模式：平行承发包模式、联合体承包模式、设计或施工总分包模式、工程项目总承包模式。

### 1.2.1　平行承发包模式

平行承发包是指业主将建设工程的设计、施工以及材料设备采购的任务经过分解分别发包给若干个设计单位、施工单位和材料设备供应单位，并分别与各方签订合同。各设计单位之间的关系是平行的，各施工单位之间的关系也是平行的，各材料设备供应单位之间的关系也是平行的。

### 1.2.2　本工程采用的承发包模式及原因

本工程采用平行承发包模式。

理由如下：（1）因为本工程工程量大，工程种类多。采用平行承发包模式有利于缩短工期，设计与施工若干项目有可能形成平行关系，从而缩短整个建设工程工期。（2）有利于质量控制，整个工程经过分解分别发包给各承建单位，合同约束与相互制约使每一部分能够较好地实现质量要求。（3）有利于业主选择承建单位。大多数国家的建筑市场中，专业性强、规模小的承建单位一般占较大的比例。这种模式的合同内容比较单一、合同价值小、风险小，使它们有可能参与竞争。因此，无论大型承建单位还是中小型承建单位都有机会竞争。业主可在很大范围内选择承建单位，提高择优性。

## 1.3　合同模式

工程建设项目的合同模式有多种，选择合同模式时需要考虑的因素主要有：业主对双方各自应承担风险程度的理解；合同管理交易费用；对承包商的激励因素。在业主确定了基本的项目风险分配原则之后，合同管理交易费用因素是选择合同模式的一个重要方面，但更主要的是要考虑在不同合同模式下对合同双方，尤其是对承包商一方的激励因素，对于大型工程建设项目尤其如此。另外，合同模式的确定还与项目产品的不确定性以及项目实施过程的复杂性密切相关，需要根据项目的自身需求选择相对应的合同模式。

工程建设项目的合同模式：总价合同、单价合同、成本加酬金合同。

### 1.3.1　单价合同

单价合同大多用于工期长、技术复杂、实施过程中发生过各种不可预见因素较多的大型土建工程，以及业主为了缩短工程建设周期，初步设计完成后就进行施工招标的工程。工程量清单内所列工程量为估计工程量，而非准确工程量；按合同工期的长短，可分为固定单价合同和可调单价合同。

### 1.3.2　本工程采用的合同模式及原因

本工程采用：单价合同模式。

理由如下：（1）单价合同以工程量表为基准，以分部分项工程量确定分部分项工程费用的合同类型。这类合同的适用范围比较宽，其风险可以得到合理的分摊，并且能鼓励承包商通过提高工效等手段节约成本，提高利润。（2）对业主而言，单价合同的主要优点是可以减少招标准备工作，缩短招标准备时间，能鼓励承包商通过提高工效等手段从成本节约中提高利润，业主只按工程量表的项目开支，可减少意外开支，只需对少量遗漏的项目在执行合同过程中再报价，结算程序比较简单。（3）对业主而言，单价合同的另一个优点是，招标文件中提供统一的工程量清单，使参加投标的承包商对工作内容非常清楚，他们具有相同的投标基础。便于业主、招标人评标时相互比较单价和总价，有利于决定合格的中标者。（4）对承包商而言，他们根据工程量清单，结合图纸、说明和技术规程等合同文件，可以清楚地了解工程范围、工程规模、工程数量、工作种类、各项工作的内容和标准等信息，以便编制符合实际情况的施工方案。所以，这种合同避免了总价合同中的许多风险因素，比总价合同风险小。（5）通过工程量清单，业主向承包商传递了更多的工程信息，这对承包商顺利进行工程建设是非常有利的。（6）在合同谈判时，双方可以约定工程量变化的限额，以及在工程施工条件变化时单价调整的条款。对于单价合同而言，双方确定的单价是在业主对工程内容的描述和确定的标准的前提下，特定工程量范围之内的价格，所以，双方应约定，在业主改变工程内容或标准，或实际完成的工程量与承包商报价所依据的工程量相差较大时，应相应调整单价。

## 1.4　主要工程量

本工程主要工程数量有隧洞开挖、衬砌 2062m；排洪竖井 301m；回水管路 1200m 等，主要工程数量一览表详见表 1-1。

表 1-1                                主要工程数量一览表

| 序号 | 工程名称及类型 | 单位 | 数量 | 备注 |
|---|---|---|---|---|
| 1 | 排洪隧洞 | 延米 | 1733 | |
| 2 | 1号回水支洞 | 延米 | 122.52 | |
| 3 | 排洪支洞 | 延米 | 206.85 | |
| 4 | 排洪竖井 | m/座 | 285.61/4 | |
| 5 | 排洪竖井井架 | m/座 | 164/4 | |
| 6 | 回水管路（混凝土管） | 延米 | 1200 | |
| 7 | 回水井 | 座 | 6 | |
| 8 | 陡槽 | m/处 | 440/1 | |
| 9 | 消力池 | m/座 | 25/1 | |
| 10 | 涵洞 | 座 | 1 | |

## 1.5　研究意义

矿产资源是不可再生资源，且是人类生存和发展的重要物质基础之一。随着生产力的发展，科学技术水平的提高，人类利用矿产资源的种类、数量越来越多，利用范围越来越广。但因矿石的品位普遍较低，多数为贫矿，需要经过选矿加工后才能作为冶炼原料，所以就产生出大量的尾矿，如铁尾矿产出占原矿石量的60%以上。

随着经济发展对矿产品需求的大幅度增加，矿产资源开发规模随之加大，尾矿的产出量还会不断增加。为了管理好这些尾矿，就需要建设尾矿工程，包括尾矿库的修筑、尾矿输送设备、输送管路的铺设以及平时的经营管理。

初期坝是选矿厂投产前，在尾矿库周边低凹地段用当地土石材料修筑成的较低的坝。初期坝用以拦挡选矿厂生产初期排出的尾矿，并为尾矿堆积后期坝创造条件。初期坝常用的坝型有堆石坝、均质土坝、混合料组合坝和浆砌石坝等。本项目选用的是透水堆石坝。

排水回水系统和尾矿库是一个整体，排水系统用以保证尾矿库的安全，而回水系统则是把库内的废水再输送到选矿厂加以循环利用，两者紧密结合才可以使尾矿库发挥更好的作用。

### 1.5.1　对自身的意义

毕业设计是对大学四年学习知识的一个总结检验，是最终的成果展示。运用大学四年所学的知识加上实践经验和专业技能，利用实际的工程来综合、全面、系统的分析总结和模拟训练。以此来提高大学生对工程设计内容和步骤的熟悉能力，图纸的识读能力，综合分析能力和解决问题的能力，从而提高大学生的综合素质和专业技能能力。以泉水沟尾矿库工程项目为毕业设计题目，旨在培养学生掌握水利矿山工程项目的招标投标方法。综合运用设计、制图、施工等方面所学的知识。

在本次毕业设计过程中，需要运用综合的知识去把握整个工程的处理，这其中就包括工程外观和结构两个方面。还需要更好地了解国内外矿山工程的发展历史、现状及趋势，更多的关注这方面的学术动态，以及以后的土木工程专业发展的方向。同时积极、独立的完成本次毕业设计也是为今后的实际工作做出的必要的准备。

### 1.5.2　对国家的意义

此课题的研究主要是对矿山企业的生产废弃物的处理，实现循环再利用，同时对实现国民经济可持续发展有着重要的意义。

由于现代科学技术的发展和市场经济的大发展，我国现阶段有许多的矿山企业。这些矿山企业促进了国家经济的发展，但也带来了许多严重的问题。比如说近年来频发的矿山安全事故以及环境污染问题。要处理好这些问题，就要把矿山的配套设施建造好。只有把这些必要的设施建造好，才能避免安全问题，才能使生态环境可持续发展，才能更好推动矿山业的发展，为了更好地实现人与自然的协调发展，才能更好地实现经济的又好又快发展，实现中国梦。

1.6　国内外的相关研究情况

通过对国内外的尾矿库的相关研究，了解尾矿库施工，对尾矿库功能有进一步的认识，对尾矿库的施工工艺有进一步的学习认识。

1.6.1　国内研究情况

我国尾矿库众多，据不完全统计，在全国12655座尾矿库中，有危库613座，险库1265座，病库3032座，正常库7745座，可见，我国尾矿库安全形势不容乐观。

国内学者对尾矿坝稳定性做了大量的研究，主要集中在尾矿坝固流耦合的稳定性、尾矿坝变形和力学特征的稳定性、尾矿坝结构特征的稳定性、尾矿坝稳定性的评价和预警等方面。

国内学者对尾矿坝抗震性能进行了分析与研究，尾矿坝安全保护措施，对尾矿库在线监测应解决的关键问题进行研究。

通过上述分析可以看出，尽管学者们在尾矿坝稳定性、抗震性能、保护措施和安全管理等方面做了大量工作，也取得可喜成果。但是，尾矿坝稳定性评价理论和安全监控理论方面仍有诸多问题没有解决。

1.6.2　国外研究情况

通过分析国外尾矿坝研究文献，归纳出国外学者在尾矿坝稳定性、安全管理和环境保护等方面研究的新进展。

国外许多学者对尾矿坝的稳定性进行分析，同时由于尾矿坝溃坝会带来人员伤亡和财产损失，国外学者越来越重视对尾矿坝安全管理研究。

国内外学者从方案、方法及综合技术措施对尾矿库安全管理和环境保护进行了深入研究，提出必须在设计、建造、运行、监测、审查和管理等各个环节严格把关。

2. 本课题的主要内容和拟采用的研究方法或措施

2.1　主要内容

以本课题为载体的毕业设计分为开题报告和设计报告两部分。

2.1.1　开题报告

本课题在国内外的研究状况及发展趋势、选题的目的及意义、课题来源、类型、本课题主要研究内容、完成论文的条件和拟采用的研究手段（途径）、本课题进度安排、各阶段预期达到的目标。阅读学习中华人民共和国《招标投标法》。熟悉掌握资格预审程序。熟悉阅读泉水沟尾矿库排水回水系统招标文件、图纸、测量、地质等勘测资料。补：①矿山工程专业基本知识；②矿山工程、水利工程施工技术及施工组织设计。③矿山工程、水利工程施工图预算。

2.1.2　设计报告

主要包括商务部分编制、造价文件以及施工组织设计三部分内容：

第一部分：商务标书：两个敲定、两个条件、两种人。

两个敲定：投标人——满足招标书的施工企业，资质、业绩、获奖、人员、机械等；

　　　　　　投标时间——提交标书—中标—开工—工期—竣工验收—缺陷维修。

两个条件：必要条件——响应招标文件；充分条件——毕业设计专业理论。

两种人：法人、投标人……——资质证、营业执照、税务证、机构代码证（或三证合一）、安全证。

　　　　法人代表、项目经理……——资格证、安全证、职称证。

第二部分：造价编制及投标报价：两种方法、两个平台、两个表、两头通；

两种方法：清单计价；定额计价。

两个平台：公用平台（Excel）；专用平台（BIM＼广联达＼斯维尔）；

两个表：单价分析表；实物消耗量表；

两头通：前头通（前头与工程数量表相通）；后头通（后头与实物消耗量表相通）。

第三部分：施工组织设计：总平面布置图、主要项目施工方案、机械选型配套、进度计划、资源优化配置、质量和HSE管理。

2.2　采用的研究措施

对本课题的研究主要采用以下研究措施：

（1）与指导老师充分沟通，向他们请教课题的相关信息和写作方法；与同学充分交流，彼此之间取长补短，互相学习；

（2）利用学校的图书馆以及网上的资源，搜集与课题相关的资料，并且对资料进行整理，筛选；

（3）在实际工程中参考国际相关标准，国内相关研究成果和工程实际；

（4）在实际工作中，严格遵守工程规范；

（5）熟悉施工设计图，根据科学的计算顺序，结合工程实际编制或核准工程量清单。

2.3　完成课题措施

提高本课题质量措施如下：

（1）通过查阅各类专业书籍，了解尾矿库的各类资料；阅读中华人民共和国《招标投标法》。熟知土木工程基本建设程序；土木工程招标投标程序；

（2）认真听取每周的毕业设计专题讲座，做好笔记；

（3）对本工程设计图纸仔细琢磨，吃透其相关内容；

（4）对本课题研究的内容进行实地考察；

（5）认真听取专业老师的辅导意见，虚心改正，做到精益求精。

---

3. 预期成果形式

本毕业设计最终形成主要成果：

（1）商务标书，造价文件，施工组织设计。

（2）投标总价表、单位工程造价汇总表、分部分项工程计价表；

（3）措施项目清单计价表、其他项目清单计价表；

（4）规费、税金项目计价表、计日工计价表；

（5）分部分项工程清单综合单价分析表；

（6）总平面布置图、施工方案书；

（7）资源调配计划图；

（8）绘制大图纸。

---

4. 本课题的重点及难点，前期已开展工作

4.1　重点

本课题的重点主要存在以下几点：

（1）本课题的重点主要在于工程量清单及造价编制。

（2）科学、合理、可行的施工组织设计。

4.2　难点

本课题的难点主要存在以下几点：

（1）工程专业性强，内容复杂，涉及面广。工程造价不仅要掌握工程计量知识，还要对矿山工程的结构以及施工工艺有一定的理论知识和实践经验。

（2）由于缺乏实践经验，在选择施工方案的时候很难做出决定且容易做出错误的决定。

4.3　前期已开展情况

对工程概况进行了较深入的了解，并熟悉了图纸设计，对总体的施工组织设计进行了规划。并在假期多次进行现场实践。对工程有了较深入了解及感性认识。

续表

参考文献：

[1] 谢旭阳，田文旗，王云海，张兴凯．我国尾矿库安全现状分析及管理对策研究［J］，中国安全生产科学技术，2009（02）．

[2] 王涛，侯克鹏，尾矿的安全管理与环境保护［J］中国矿山工程，2008（03）．

[3] 李建峰．建筑施工［M］.北京：中国建筑工业出版社，2004．

[4] 李建峰．现代土木工程施工技术［M］.北京：中国电力出版社，2004．

[5] 项林．建筑工程施工组织［M］.南京：东南大学出版社，2012．

[6] 王利文．土木工程施工技术［M］.北京：中国建筑工业出版社，2014．

[7] 陈华君，刘全军．金属矿山固体废物危害及资源化处理［J］.金属矿山．2009（04）．

[8] 杨太生．地基与基础-土建类专业使用．3 版［M］.北京：中国建筑工业出版社，2012．

[9] 程鸿群，陆菊春．工程造价管理［M］.武汉：武汉大学出版社，2013．

[10] 毕明，杨晶．工程造价管理与控制［M］.上海：科学出版社，2013．

[11] 王武齐．建筑工程计量与计价［M］.北京：中国建筑工业出版社，2013．

[12] 李建峰．工程计价与造价管理．2 版［M］.北京：中国电力出版社，2012．

[13] 中华人民共和国国家标准．GB/T 50502—2009《建筑施工组织设计规范》．

[14] Shunsuke Otani, Another problem：Seismic protection of existing buildings, in：International Symposium on Earthquake Safe Housing, Proceedings, National Graduate Institute for Policy Studies (GRIPS), Building Research Institute (BRI) and United Nations Centre for Regional Development (UNCRD), 28 Nov., 2008.

[15] The Ministry of Land, Infrastructure, Transport and Tourism (MLIT), Japan, Promotion of assessment and retrofitting, power-point presentation, July 2009.

**5. 指导教师意见（对课题的深度、广度及工作量的意见）**

本课题泉水沟尾矿库排水回水系统工程投标报价、施工组织设计及资源优化，综合运用所学的知识，独立地完成资料的阅读整理，工程量的计算，定额和工程估价表的应用，掌握水利工程及矿山工程投标书的编制及投标报价、技术经济分析和工程概预决算基本方法，学习和理解所学的各科知识，培养综合运用理论知识和专业技能的能力，学会分析和解决在工程招标投标、施工组织与管理中的实际问题，培养在工程实际操作中严谨的工作态度以及实事求是、认真负责的工作作风，为今后走上工作岗位打下扎实的基础。另外，熟练掌握 Word、Excel、CAD、广联达等软件应用，增强作为一名工程管理人员的素质。毕设选题的深度、广度及工作量可以满足本科毕业设计要求，达到学士学位水准，同意选题。

指导教师：高　莹

2017 年 11 月 20 日

**6. 教研室审查意见**

本毕业设计选题来源于工程实际，达到学士学位毕业设计水准。开题报告在查阅文献资料阅读工程设计资料的基础上，对毕业设计题目背景、研究意义及国内外相关研究情况分析透彻，对课题的重点及难点基本把握，拟完成课题的主要内容和拟采用的研究方法及措施合理，预期成果形式符合要求。指导教师对课题的深度、广度及工作量的意见准确。同意该选题，可以进一步深入开展毕业设计工作。

教研室负责人：马　斌

2017 年 11 月 21 日

# 第2篇　土建类投标项目

## 2.1　商务部分（投标人资格部分）

招标人发出招标公告，是对潜在投标人的要约邀请；潜在投标人在进行投标决策后确认投标，一般应在规定时间购买招标文件，招标文件对投标人资格（含人员、资历及经历）、工程工期、质量、文件格式等做出约定。

投标人应在规定时间内编制投标文件，投标文件一般分为商务、技术两个部分，也称商务标和技术标。其中商务标部分包括投标人资格和投标报价。

主要任务：

投标人、投标时间的确定，这是投标书的"基石"；

投标书的响应性、毕业设计理论依据，这是投标书、毕业证的"废标"充要条件；

论证清楚投标过程中参与的两种人及应具备的证书，这是对投标人的基本要求、"门槛"条件；

响应招标人的"点菜"概括为两大类：针对投标人（投标企业）的一般要求即"凉菜"，针对本项目（投标项目）的具体要求即"热菜"。

1. 两个敲定

敲定满足招标文件要求的投标企业（特级、一级、二级）作为投标人；敲定投标时间（也就是开标之日），但一定是将来时（如毕业答辩之日），作为制订工程进度计划的依据。

2. 两个条件

必要条件（废标），响应招标人（招标文件）的"点菜法则"。招标人点菜，投标人上菜，不多不少恰好。充分条件（毕业设计理论），讲道理、讲理论；说"菜"的味道、为什么上这样的菜。

3. 两种人

一种人"是人"，法定代表人、投标人（企业）机构组成人（员）、投标委托代理人、项目部组成人（员）；另一种人"不是人"，招标人、法人、投标人、中标人、承包人等；但"是人"或"不是人"必须以"证"为凭证，即凡"人"必见"证"。

例如："是人"——社保证；法定代表人（企业负责人）——一级建造师证、A安证；项目经理——二级建造师证、B安证；技术负责人——职称证、学历（位）证；安全员——C安证；"不是人"——注册证；投标人——五证：资质证、营业执照、税务证、机构代码证（或者三证合一）、安全生产许可证。

4. 两类菜

"凉菜"——针对投标人（企业）的资质、业绩、信誉、财务等条件：投标函、投标保函、五证（资质证、营业执照、税务证、机构代码证或者三证合一、安全生产许可证;）、业绩（承包施工合同及竣工验收证明）、信誉（诚信平台截图）、财务（近三年会计事务所审计报告、固定资产表、损益表、流动资金表）、获奖证书等。

"热菜"——针对本项目的人员组成及机械、仪器配置等要求：项目经理、技术负责人、九大员（施工员、质量员、安全员、会计员、试验员、资料员、材料员、测量员、造价员）；投入本项目的机械及检测仪器。

**任务 2.1.1　投标响应（投标函、投标保函、法人代表证明、投标人委托书）**

投标响应是指投标文件对招标文件的响应程度。

1. 投标函

投标函是积极响应招标文件的要求，合理组织，确保投标人能得到本工程的标的。

投标函是指投标人按照招标文件的条件，向招标人提交的项目报价、质量、工期、技术等承诺和说明的函件，一般位于投标文件的首要部分，应符合招标文件的规定。正式开标之前，应严格保密。

投标函的写作要求：①实事求是。投标者必须认真地对照招标文件，客观估计自己实力，充分论证之后再确定是否投标。②要讲究时效性，注意承诺在一定时段的有效性。投标函示例如文 2-1 所示。

文 2-1　投标函

致业主：中海建国际招标有限责任公司

（1）据你方提供的 <u>青藏铁路格拉段第二期土建工程的</u> 招标文件，经去现场踏勘以及认真研究你方招标文件的所有内容后，我方愿以

人民币（大写）　<u>捌仟玖佰陆拾伍万玖仟壹佰柒拾元</u>

RMBY：　<u>89 659 170</u>　元

的投标报价承包上述工程的施工、竣工。并保证工程的质量达到 <u>合格</u> 标准，承担任何质量缺陷保修责任。

（2）我方保证我方提供的上述投标报价不会低于工程施工的成本价。

（3）如果我方中标，我方保证在接到监理工程师的开工通知后，立即开工，工期为 <u>21</u> 个月。

（4）我方同意招标须知中第 17 条规定，在规定的投标有效期内有效，在此有效期期间内若我方中标，那么我方将会接受你方规定的约束。

（5）在你我双方签署合同协议书之前，双方往来重要的中标通知书和投标的文件，你我双方应该共同遵守这些文件，起到约束双方的作用。

（6）我方在参加竞标之前，向你方已经提交了金额为人民币（大写）：贰拾万元（￥：200 000 元）的投标保证金，并与投标书是一并递交的。

（7）我方充分理解你方不会向我方支付我方在投标过程的任何费用，我方也不强求你方会对我方未中标原因进行任何解释，无须退回我方的投标文件。

投　　标　　人：　　中国铁建第一工程局集团有限公司　　　（盖章）

单　位　地　址：　　　　　　陕西省西安市

法　定　代　理　人：　　　　　　张××

邮　政　编　码：　　　　　　710000

公　司　电　话：　　　　　029-466711134

开　户　银　行：　　　　　中国光大银行

银　行　账　号：　　　6220 4446 3444 2344 ×××

银　行　电　话：　　　　　029-473829340

日　　　　　期：　　2017　年　　4　月　　28　日

2. 投标保函

减少缴纳现金保证金引起的资金占用，获得资金收益；与缴纳现金保证金相比，可使有限的资金得到优化配置；有利于维护正当权益。

投标保函是指投标人给招标人交投标书时，要附有银行的投标保函。开标后，中标的投标人之前附有的银行投标保函立刻生效。

担保银行的主要责任是：当招标人在投标的有效期内撤销投标，或者中标后不能与业主订立合同或不能提供履约保函时，担保银行就自己负责付款。

投标保函是指在投标中，投标人为了防止中标人不签订合同而遭受损失，要求投标人提供的银行保函，用来保证投标人履行招标文件所规定的义务。投标保函如文 2-2 所示。

**文 2-2　投标保函**

保函编号：_____

中海建国际招标有限公司：

鉴于中铁二局集团有限公司（投标人名称）（以下称"投标人"）于 2016 年 4 月 26 日参加四川大渡河瀑布沟水电站库区公路复建工程施工的投标，（担保人名称，以下简称"我方"）无条件地、不可撤销地保证：投标人在规定的投标文件有效期内撤销或修改其投标文件的，或者投标人在收到中标通知书后无正当理由拒签合同或拒交规定履约担保的，我方承担保证责任。收到你方书面通知后，在 7 日内无条件向你方支付总额不超过人民币伍拾（500 000）万元。

本保函在开标后 90 日有效期内保持有效。要求我方承担保证责任的通知应在投标有效期内送达我方。

担保人名称：__中国工商银行__（盖单位章）
法定代表人或其委托代理人：__赵××__
地　　址：_____四川省成都市东街_____
邮政编码：_____610000_____
电　　话：_____028-8888888_____
传　　真：_____028-8888888_____
_____2016__年_4__月_26__日

### 3. 法定代表人

法定代表人指依法律或法人章程规定，代表法人行使职权的法人主要负责人。法人代表是进行民事活动的负责人，是可以实现需从事的民事活动由他人完成，但必须征得法人代表的书面委托或者授权。

法定代表人资格证明书如文 2-3 所示，法定代表人身份证明书如图 2-1 所示，一级建造师证如图 2-2 所示，A 级安全员证如图 2-3 所示，社会保险登记证如图 2-4 所示。

**文 2-3　法定代表人资格证明书**

致：中海建国际招标有限责任公司

投标人名称：_____中国铁建第一工程局集团有限公司_____

单位性质：

地　　址：_____陕西省西安市_____

成立时间：_____年_____月_____日

姓　　名：__张××__　性　　别：__男__

年　　龄：__48__　　职　　务：__董事长__

系__中国铁路建设第一工程局集团有限公司__的法定代表人。

特此证明。

投标人：中国铁建第一工程局集团有限公司
日　期：__2016__年_4__月_26__日

图 2-1　企业法人代表身份证

图 2-2　企业法人代表一级建造师证书

图 2-3　企业法人代表 A 级安全员证书

图 2-4    企业法人代表社会保险登记证

4. 法定代表人授权委托书

授权委托是指委托他人代表自己行使自己的合法权益，委托人在行使权力时需出具委托人的法律文书。而委托人不得以任何理由反悔委托事项。被委托人如果做出违背国家法律的任何权益，委托人有权终止委托协议，在委托人的委托书上的合法权益内，被委托人行使的全部职责和责任都将由委托人承担，被委托人不承担任何法律责任。本投标书的投标人致招标人的法定代表人授权委托书如文 2-4 所示。

文 2-4    委托授权书

本授权委托书声明本人__孙××__系__中国铁建第一工程局集团有限公司__（投标人名称）的法定代表人，现授权委托__樊××__为我单位投标代理人，以本单位的名义参加成都地铁一号线一期工程火车北站土建工程施工投标活动，其法律后果由我方承担。

该授权代理人有权在成都地铁一号线一期工程火车北站土建工程施工投标活动中，以我单位的名义签署一切文件和处理与之有关的一切事务。

授权委托期限：开标截止时间起 90 日内有效

投标人：<u>中国铁建第一工程局集团有限公司</u>（盖章）<br>
法定代表人：<u>孙××</u>    （签字）<br>
身份证号码：<br>
委托代理人：<u>樊××</u>（签字）<br>
身份证号码：<br>
<br>
__2017__年__4__月__26__日

**任务 2.1.2    投标人介绍（投标人简介、业绩、信誉等）**

（1）投标人中国铁建第一工程局集团有限公司概况

投标人中国铁建第一工程局集团有限公司是世界 500 强企业——中国中铁股份有限公司的全资子公司。具有铁路、公路工程施工总承包特级资质，房屋建筑、市政公用工程施工总承包一级资质等。企业概况见表 2-1。

中国铁建第一工程局集团有限公司企业营业执照、资质证书、组织机构证书、税务登记证、安全生产许可证、质量体系认证书、环境管理体系认证如图 2-5～图 2-11 所示。

**表 2-1** 　　　　　　　　　　中国铁建第一工程局集团企业概况表

| 投标人名称 | 中国铁建第一工程局集团有限公司 | | | | |
| --- | --- | --- | --- | --- | --- |
| 注册地址 | 陕西省西安市 | | | | |
| 联系方式 | 联系人 | 孙×× | 传真 | | 2344-3442432 |
| | 电话 | | 邮箱 | | |
| 组织结构 | 国有企业 | | | | |
| 法定代表人 | 姓名 | 张×× | 技术职称 | 高级工程师 | 电话 |
| 安全员证 | 陕建安 A140001328 | | 一级建造师证号 | | 10121434091201893 |
| 成立时间 | 1940 年 4 月 | | 注册号 | | 610000100018447 |
| 注册资金 | 279016.43 万元 | | 企业资质等级 | | 特级 |
| 在册员工总人数 | 26 463 人 | | | | |
| 各类专业技术人员 | 14 360 人 | | 高级职称人员 | | 1143 人 |
| 教授级高工 | 74 人 | | 中级职称人员 | | 847 人 |
| 各类机械设备 | 4832 台 | | 盾构机 | | 37 台 |
| 经营范围 | 承担铁路综合工程及公路、桥梁工程,市政工程等的施工总承包等业务 | | | | |

图 2-5　投标人企业法人营业执照

图 2-6　投标人资质证书

图 2-7　投标人组织机构代码证

图 2-8　投标人税务登记证　　　　　　　图 2-9　中铁一局集团有限公司安全生产许可证

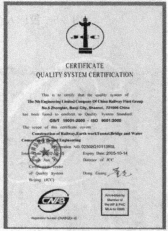

图 2-10　投标人质量体系认证证书

（2）近三年同类工程业绩

中铁一局立足铁路、公路、市政公用、工业与民用建筑、水务与房地产、电务与机电安装工程六大主导产业，沿产业链在上游提供工程咨询、BT、BOT、EPC、水务及房地产投资、轨道设计、建筑材料、建筑构配件生产等业务服务，在下游开展水务运营、铁路（承包）运输和基础设施代维等业务。近年来，在国家大力发展高速铁路的状况下，中铁一局也是不断在建同类工程项目：我国重点工程之一的襄渝铁路二线与本标段工程类似。这条铁路穿越四省一市，全长783km。于2014年8月正式动工，其走向从襄阳至重庆等14个地区，见表2-2。

（3）中国铁建第一工程局集团有限公司部分荣誉展示

中国铁建第一工程局集团有限公司以自己的实力铸就了一座座精品工程。获得过中国建筑工程最具有权威性的鲁班奖14项、詹天佑土木工程大奖

图2-11　投标人环境管理体系认证证书

12项；获得过国家颁发的优质工程奖32项等；中铁一局先后累计多达100多项的科研成果，拥有专利权多达232项。

表2-2　　　　　　　　　　　　　投标人完成项目情况

| 建设单位 | 中铁一局集团有限公司 |
| --- | --- |
| 工程名称 | 襄渝铁路二线工程 |
| 工程质量 | 合格 |
| 开工日期 | 2014年8月8日 |
| 竣工日期 | 2017年9月20日 |
| 正线数目 | 783km |
| 铁路等级 | 国铁I级 |
| 项目经理 | 汪×× |
| 工程造价 | 147.3亿元 |

主要获奖及荣誉证书如图2-12所示、信用等级证书如图2-13所示。

图2-12　获奖及荣誉证书

图 2-13　投标人信用等级

**任务 2.1.3　投标人财务（财务、信贷、社保等）**

（1）中国铁建第一工程局集团有限公司近年财务状况

资产负债表：资产负债表也称财务状况表，表示企业在一段日期（通常为各会计期末）的财务状况的主要会计报表。资产负债表见表 2-3。

表 2-3　　　　　　　　　　　　　资产负债表

编制单位：中国铁建第一工程局集团有限公司　　　　2014 年 12 月 31 日　　　　单位：元

| 资　　产 | 年末余额 | 年初余额 | 负债和所有权益 | 年末余额 | 年初余额 |
|---|---|---|---|---|---|
| 流动资产： | | （略） | 流动负债： | | （略） |
| 货币资金（以公允价值计量且其变动计入） | 16 488 681 | 7 896 249 | 短期借款（以公允价值计量且其变动计入） | 4 901 978 | 1 243 090 |
| 当期损益的金融资产 | 1317 | 1789 | 当期损益的金融负债 | 17 700 | — |
| 应收账款 | 8 043 861 | 4 891 040 | 应付账款 | 8 474 862 | 7 340 224 |
| 其他应收款 | 31 997 998 | 16 938 033 | 应交税费 | 424 839 | 432 181 |
| 一年内到期的非流动资产 | 1 203 000 | 4 364 109 | 其他应付款 | 29 819 687 | 6 804 199 |
| 流动资产合计 | 60 447 441 | 39 499 422 | 一年内到期的非流动负债 | 2 030 844 | 1 267 676 |
| 非流动资产： | | | 流动负债合计 | 49 967 471 | 23 748 401 |
| 可供出售金融资产 | 2 789 240 | 2 620 000 | 非流动负债： | | |
| 长期应收款 | 14 488 737 | 11 730 142 | 长期借款 | 472 422 | 1 474 424 |
| 无形资产 | 626 942 | 640 630 | 非流动负债合计 | 24 406 792 | 26 406 604 |
| 长期待摊费用 | 4701 | 36 343 | 负债合计 | 74 374 263 | 40 164 006 |
| 非流动资产合计 | 98 494 179 | 86 163 474 | 股本 | 21 299 900 | 21 299 900 |
| 资产总计 | 149 042 630 | 124 762 879 | 负债和股东权益总计 | 149 042 630 | 124 762 897 |

利润表：利润表是反映企业一定会计期间内生产经营成果的会计报表，见表 2-4。

表 2-4　　　　　　　　　　　　　利润表

编制单位：中国铁建第一工程局集团有限公司　　　　2014 年 12 月 31 日　　　　单位：元

| 项　　目 | 本年发生额 | 上年发生额 |
|---|---|---|
| 一、营业收入 | 22 701 767 | 23 687 461 |
| 减：营业成本 | 21 498 240 | 22 677 831 |
| 营业税金附加 | 49 070 | 94 927 |
| 资产减值损失 | 242 781 | 63 413 |

续表

| 项　　目 | 本年发生额 | 上年发生额 |
|---|---|---|
| 加：公允价值变动收益（损失） | 17 700 | 10 184 |
| 投资收益 | 6 786 042 | 3 460 843 |
| 其中：对联营企业和合营企业的投资收益 | 104 046 | 34 414 |
| 二、营业利润 | 7 723 484 | 429 896 |
| 加：营业外收入 | 4802 | 10 063 |
| 其中：非流动资产处置利得 | 733 | 1432 |
| 减：营业外支出 | 1146 | 1904 |
| 其中：非流动资产处置损失 | 63 | 348 |
| 三、利润总额 | 7 727 241 | 4 304 044 |
| 减：所得税费用 | 244 262 | 208 410 |
| 四、净利润 | 7 482 979 | 4 094 444 |
| 五、其他综合收益 | 11 290 | 1600 |
| 六、综合收益总额 | 7 494 269 | 4 096 104 |

　　**现金流量表**：现金流量表分析一家机构在短期内有没有足够现金去应付开销，见表 2-5。

表 2-5　　　　　　　　　　　　　　　现金流量表

编制单位：中国铁建第一工程局集团有限公司　　　2014 年 12 月 31 日　　　　　　单位：元

| 项　　目 | 本年发生额 | 上年发生额 |
|---|---|---|
| 一、经营活动产生的现金流量 | | |
| 销售商品、提供劳务收到的现金 | 21 401 847 | 16 791 444 |
| 收到的税费返还 | 626 | 608 |
| 收到其他与经营活动有关的现金 | 304 861 | 1 104 890 |
| 经营活动现金流入小计 | 21 708 334 | 17 897 042 |
| 购买商品、接受劳务支付的现金 | 18 861 192 | 19 477 102 |
| 支付给职工以及为职工支付的现金 | 240 714 | 272 614 |
| 支付的各项税费 | 601 640 | 294 194 |
| 支付其他与经营活动有关的现金 | 2 632 700 | 282 248 |
| 经营活动现金流出小计 | 22 346 246 | 20 427 149 |
| 经营活动产生的现金流量净额 | 637 912 | 2 430 117 |
| 二、投资活动产生的现金流量 | | |
| 收回投资收到的现金 | 13 990 908 | 13 106 407 |
| 取得投资收益收到的现金 | 8 377 224 | 4 332 400 |
| 处置固定资产、无形资产和其他长期资产收回的现金净额 | 2483 | 2894 |
| 处置子公司及其他营业单位收到的现金净额 | — | 430 200 |
| 投资活动现金流入小计 | 22 370 616 | 18 871 902 |
| 购建固定资产、无形资产和其他长期资产支付的现金 | 20 797 | 18 964 |

续表

| 项　目 | 本年发生额 | 上年发生额 |
|---|---|---|
| 投资支付的现金 | 36 034 148 | 14 193 433 |
| 处置子公司及其他营业单位支付的现金净额 | 2 447 468 | |
| 支付其他与投资活动有关的现金 | — | 332 940 |
| 投资活动现金流出小计 | 38 603 413 | 14 444 438 |
| 投资活动产生的现金流量净额 | 16 232 897 | 4 326 464 |
| 三、筹资活动产生的现金流量 | | |
| 吸收投资收到的现金 | 2 982 000 | — |
| 取得借款收到的现金 | 29 828 419 | 4 497 942 |
| 筹资活动现金流入小计 | 32 810 419 | 4 497 942 |
| 偿还债务支付的现金 | 4 217 946 | 4 279 871 |
| 分配股利、利润或偿付利息支付的现金 | 3 101 484 | 2 649 899 |
| 筹资活动现金流出小计 | 7 349 269 | 7 949 770 |
| 筹资活动产生的现金流量净额 | 24 441 140 | 2 461 818 |
| 四、汇率变动对现金及现金等价物的影响 | 2343 | 76 918 |
| 五、现金及现金等价物净增加（减少）额 | 8 482 694 | 742 389 |
| 加：年初现金及现金等价物余额 | 7 893 761 | 8 636 140 |
| 六、年末现金及现金等价物余额 | 16 476 444 | 7 893 761 |

（2）信贷证明

信贷证明是根据投标人的要求，以出具《信贷证明书》的形式，向招标人承诺，当投标人中标后，在中标项目实施过程中，满足投标人在《信贷证明书》项下承诺限额内用于该项目正常、合理信用需求的一种信贷业务，信贷证明如文 2-5 所示。银行对本企业的资信证明如图 2-14 所示。

文 2-5　信贷证明

中海建国际招标有限公司：

根据中铁二局集团有限公司的申请，现出具最高限额为4000万元的信贷证明，供四川大渡河瀑布沟水电站库区公路复建工程中标后该项目施工过程中信用额度证明之用。本《银行信贷证明书》的有效期为：　2016　年　4　月　26　至　2018　年　4　月　12　日。

我行以本《银行信贷证明书》的形式承诺：在上述有效期内，我行将在不违背《中华人民共和国商业银行法》、《贷款通则》等有关法律、法规及我行相关信贷规章的前提下，对中铁二局集团有限公司在上述限额内提出的信贷申请予以满足，且保证：该银行信贷未包括在我行对其现有信贷余额当中。本《银行信贷证明书》在出现以下任一情况时自动失效：申请人未通过资格预审、未中标、《银行信贷证明书》有效期届满或银行义务履行完毕。

本《银行信贷证明书》由签开行负责人或授权代理人签发并加盖签开行公章后生效。

签开行：　　　　　　（公章）
签发日期：　2016　年　4　月　26　日

图 2-14　资信证明书

（3）社保证明

社会保险登记证就是公司用来购买社保用的，公司购买社保或者办理社保证明时候都需要这个证件。投标企业为响应招标单位要求，在投标时需提供企业社保登记证明，如图 2-15 所示。

图 2-15　企业社会保险登记证

### 任务 2.1.4　项目部构建（机构、人员、机械）

（1）项目部组织机构设置

工程项目组成项目部组织实施。根据本标段工程特点及工程分布情况，组建"中铁一局

（集团）有限公司青藏铁路第二期第二十一标段项目经理部"，项目经理部设项目经理 1 人，质量总监 1 人，项目副经理 1 人，总工程师 1 人，项目经理部 6 部 2 室 1 队，共 40 人。

1）项目由专业施工技术、管理人员组成项目经理部。组织机构实行项目经理部和工区共同管理，项目经理部和工区配置满足生产、质量、安全等需要的管理部门以及专职人员。现场管理机构标准配置见表 2-6。

表 2-6                              现场管理机构标准配置表

| 序 号 | 机 构 | 单 位 | 数 量 | 配 置 标 准 |
|---|---|---|---|---|
| 1 | 项目经理部 | 个 | 1 | 六部二室一队：质量管理部、安全环保部、工程技术部、工经部、财务部、物资设备部、综合办公室、中心试验室及精测队 |
| 2 | 工 区 | 个 | 1 | 六部二室一队：质量管理部、安全环保部、工程技术部、工经部、财务部、物资设备部、综合办公室、中心试验室及精测队 |
| 3 | 架子队 | 个 | 4 | 队长、副队长、技术主管、技术员、质量员、安全员、试验员、材料员、领工员、工班长 |

2）项目经理部下设 1 个工区，分别对应成立 6 部 2 室 1 队；工区下设 4 个架子队，负责施工和现场管理。项目管理组织机构如图 2-16 所示。

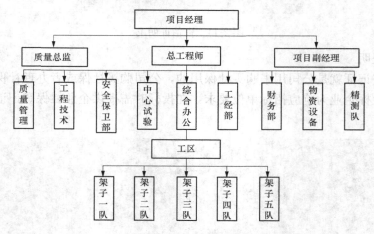

图 2-16  项目组织管理机构图

3）架子队。架子队以内部职工、劳务人员为作业人员，根据工程任务不同，下设若干作业班组。架子队组织机构如图 2-17 所示。

项目组织机构人员资质汇总：为了更直观地看到我投标方在此次项目中所配备的主要人员的资质，我方对拟参加此次的项目组织机构主要领导人员资质进行汇总，见表 2-7。

（2）项目组织机构人员

1）项目经理

项目经理，是指企业在进行一个项目之前建立以项目经理为核心责任制，对项目各方面进行全方位管理的岗位。

项目经理简介：谢××，男，1964 年 10 月生，1987 年毕业于兰州铁路桥梁学校。毕业后到铁道部大桥局参加桥梁建设。一级建造师、A 级安全员证。

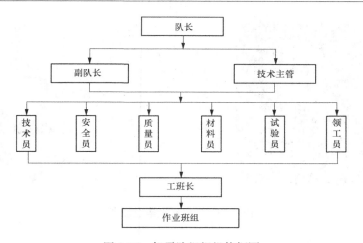

图 2-17  架子队组织机构框图

表 2-7                          项目组织机构主要人员资质汇总表

| 职　务 | 姓　名 | 年　龄 | 职　称 | 职　称　证　号 | 社　保　证　号 |
|---|---|---|---|---|---|
| 项目经理 | 谢×× | 41 | 一级建造师 | 04370134043702344 | 29870221123 |
| 总工程师 | 卢××/高工 | 60 | 一级建造师 | 04370134043704479 | 29870221124 |
| 技术主管 | 白××/高工 | 38 | 二级建造师 | 04370134043704376 | 29870221321 |
| 施工员 | 刘×× | 36 | 工程师 | 1343674484239 | 29870221421 |
| 质检员 | 杨×× | 33 | 工程师 | 1013231048239 | 29870221132 |
| 材料员 | 曹×× | 34 | 助理工程师 | 1123674448670 | 29870221142 |
| 安全员 | 吴×× | 34 | 工程师 | 1017001020204 | 29870221122 |
| 会计员 | 曹×× | 34 | 助理工程师 | 34118100004186 | 29870221120 |
| 试验员 | 陈×× | 34 | 助理工程师 | 1349201284239 | 29870221121 |
| 资料员 | 王×× | 28 | 助理工程师 | 1349201284222 | 29870221143 |

项目经理工作经历及获奖情况：1999 年参加重点工程建设，获优质工程一等奖和鲁班奖；2000 年参加宝兰二线工程。2002 年初负责帕克西桥施工，参与制成世界最大的预应力混凝土预制梁。

项目经理的毕业证书、学士学位证、一级建造师证、A 级安全员证、岗位合格证、社会保险登记证、获奖证书如图 2-18～图 2-24 所示。

图 2-18  项目经理的学士学位证书

图 2-19    项目经理毕业证书

图 2-20    项目经理一级建造师证书

图 2-21    项目经理 A 级安全员证书

2）技术负责人又称首席工程师，是项目技术总负责人。

技术负责人简介：卢××，男，汉族，中共党员，1966 年 6 月生，陕西咸阳人，西南交通大学铁道工程系铁道工程专业毕业，工学学士学位。

技术负责人工作经历：1982 年至 2013 年中国铁道建筑总公司任副总经理。总工程师的

图 2-22　项目经理岗位合格证书

图 2-23　项目经理社会保险登记证

图 2-24　项目经理获奖证书

学士学位证、毕业证书、一级建造师证、A 级安全员证、高级工程师证、社会保险登记证如图 2-25～图 2-30 所示。

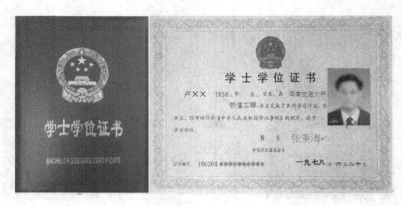

图 2-25　总工程师的学士学位证书

图 2-26　总工程师的毕业证书

图 2-27　总工程师的一级建造师证书

3）技术主管

技术主管主要负责组织公司新技术的研究工作以及现有技术的改进工作等。

技术总管个人简历：白××，男，汉族，本科文化，1978 年 8 月出生于陕西省商洛市，武汉铁路学校毕业，高级测量技师。先后参与了 40 多条重点铁路、公路和工程精测工作。获得近 30 项省部级以上荣誉。

图 2-28　总工程师的 A 级安全员证书

图 2-29　总工程师的高级工程师证书

图 2-30　总工程师的社会保险登记证

　　技术总管的学士学位证、毕业证书、二级建造师证、安全员证、高级工程师证、社会保险证如图 2-31～图 2-36 所示。

图 2-31　技术总管的学士学位证书

图 2-32　技术总管的毕业证书

图 2-33　技术总管的二级建造师证书

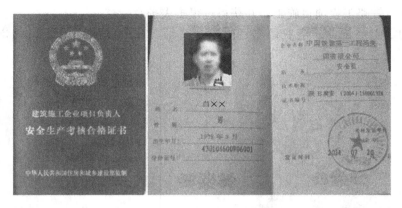

图 2-34　技术总管的 B 级安全员证书

图 2-35　技术总管的高级工程师证书

图 2-36　技术总管的社会保险登记证

4）施工员

施工员指已掌握专业施工技术，可以从事该技术领域本工程项目现场施工的技术人员。

施工员简历及工作经历：刘××，男，1980 年 3 月出生，2004 年毕业于兰州交通大学土木工程专业，2006 年毕业参加工作，被分配到中国铁建第一工程局集团有限公司，先后参加了多个重点铁路工程项目施工，并获得过很多表扬及荣誉。

施工员的学士学位证、毕业证书、岗位合格证、社会保险登记证如图 2-37～图 2-40 所示。

图 2-37　施工员的学士学位证书

图 2-38　施工员的毕业证书

图 2-39　施工员的岗位合格证书

图 2-40　施工员的社会保险登记证

5）质检员

质检员是指已经掌握了专业基础理论和专业技术，可以从事该领域本项目质量控制的专业技术人员，主要负责质量管理工作。

质检员简历及工作经历：杨××，男，1983 年 11 月出生，2008 年毕业于兰州交通大学土木工程专业，2009 年开始参加工作，被分配到中国铁建第一工程局集团有限公司，先后参加了多个重点铁路工程项目的质检工作，并获得很多奖励及荣誉。

质检员的学士学位证、毕业证书、质检员证、社会保险登记证如图 2-41～图 2-44 所示。

图 2-41　质检员的学士学位证书

图 2-42　质检员的毕业证书

图 2-43  质检员的岗位合格证书

图 2-44  质检员的社会保险登记证

6） 安全员

安全员负责本项目安全生产的日常监督与管理工作，做好定期与不定期的安全检查，控制安全事故的发生，制订安全事故预案。安全员必须具备 C 级安全员证书。

安全员个人简历及工作经历：吴××，男，1981 年 4 月出生，2006 年毕业于大连交通大学土木工程专业，2007 年开始参加工作，被分配到中国铁建第一工程局集团有限公司，先后担任过多个重点铁路工程项目的安全，并获得过多次表扬。安全员的学士学位证、毕业证书、安全员证、社会保险证如图 2-45～图 2-48 所示。

图 2-45  安全员的学士学位证书

图 2-46　安全员的毕业证书

图 2-47　安全员的岗位合格证书（安全员 C 证）

图 2-48　安全员的社会保险登记证

7）试验员

试验员负责本项目工地试验工作。

试验员个人简历及工作经历：陈××，男，1982 年 4 月出生，2007 年毕业于中南大学土木工程专业，2008 年开始参加工作，被分配到中国铁建第一工程局集团有限公司，先后担任了多个重点铁路工程项目的试验员工作，并获得过多次表扬。

　　试验员的学士学位证、毕业证书、试验员证、社会保险登记证如图 2-49～图 2-52 所示。

图 2-49　试验员的学士学位证书

图 2-50　试验员的毕业证书

图 2-51　试验员的岗位合格证书

图 2-52　试验员的社会保险登记证

8）材料员

材料员主要负责对该项目的材料进场数量的验收，出场的数量、品种记录，对材料的保管工作，及时向技术负责人汇报数量，以便做下一步材料计划。

材料员个人简历及工作经历：曹××，男，1982 年 8 月出生，2007 年毕业于中南大学土木工程专业，2008 年开始参加工作，被分配到中国铁建第一工程局集团有限公司，先后担任过多个重点铁路工程项目材料员，并获得过多次表扬。

材料员的学士学位证、毕业证书、材料员证、社会保险登记证如图 2-53～图 2-56。

图 2-53　材料员的学士学位证书

图 2-54　材料员的毕业证书

图 2-55　材料员的岗位合格证书

图 2-56　材料员的社会保险登记证

9）会计员

会计员主要负责本项目工地财务，包括财务建账、经费支付、发票审核并报账。

材料员个人简历及工作经历：曹××，女，1982 年 8 月出生，2007 年毕业于陕西财经学院会计专业，2008 年开始参加工作，被分配到中国铁建第一工程局集团有限公司，先后担任过多个重点铁路工程项目会计员，并获得过多次表扬。

会计员的学士学位证、毕业证书、会计从业资格证、社会保险登记证如图 2-57～图 2-60 所示。

图 2-57　会计员的学士学位证书

图 2-58　会计员的毕业证书

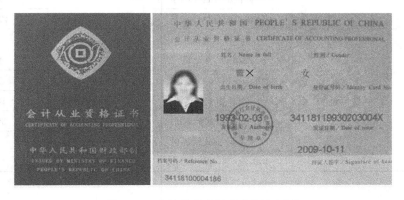

图 2-59　会计员的会计从业资格证书

图 2-60　会计员的社会保险登记证

（3）拟建项目的机械设备

我方遵循机械的先进性和节省造价原则，对拟建工程青藏铁路第二十一标段项目进行了机械设备配套。我方将本项目分为四个分部工程。各个分部工程机械配套如下。

1）路基工程

路基与桥涵、隧道和轨道等组成铁道线路的整体，是铁道线路的重要组成部分。路基工程土方拟采用机械设备见表 2-8。

表 2-8　　　　　　　　　　　　　　　　　路基工程土方拟采用机械设备表

| 路 基 种 类 | | 主 导 机 械 | 辅 助 机 械 | 水平运距/m |
|---|---|---|---|---|
| 路堤 | 路侧取土 | 自行平地机 | 73.4kW 推土机 | 0 |
| | | 73.4kW 推土机 | | 10～40 |
| | | 102.9～147kW 推土机 | | 10～80 |
| | | 6～8m³ 拖式铲运机 | | 100～240 |
| | | 9～12m³ 拖式铲运机 | | 240～800 |
| | 运远取土 | 6～8m³ 拖式铲运机 | 无 | ≤700 |
| | | 9～12m³ 拖式铲运机 | | ≤1000 |
| | | 9m³ 以上自行铲运机 | | ＞400 |
| | | 挖掘机配合自卸汽车 | | 400～4000 |
| | | 装载机配合自卸汽车 | | 400～4000 |
| 路堑 | 路侧弃土 | 自行平地机 | 43.8kW 推土机 | |
| | | 73.4kW 推土机 | | 10～40 |
| | | 102.9～147kW 推土机 | | 10～80 |
| | | 6～8m³ 拖式铲运机 | | 100～240 |
| | | 6～8m³ 拖式铲运机 | | 300～600 |
| | | 9～12m³ 拖式铲运机 | | ≤1000 |
| | | 102.9～147kW 推土机 | | ＜100 |

## 2）桥涵工程

桥涵是铁路工程的重要组成部分，往往是铁路工程的施工控制工程。明挖基础施工拟采用机具配备表见表 2-9。

表 2-9　　　　　　　　　　桥涵工程明挖基础施工拟采用主要机具配备表

| 名　　称 | 单　位 | 数　量 | 名　　称 | 单　位 | 数　量 |
|---|---|---|---|---|---|
| 单斗挖掘机（正反铲） | 台 | 1 | 倾卸汽车或自卸三轮车 | 台 | |
| 凿岩机 | 台 | 2～4 | 推土机 | 台 | 1 |
| 风镐 | 台 | 6～10 | 打夯机 | 台 | 2 |
| 交流弧焊机（≤40kVA） | 台 | 1 | 镐、锹、撬杠等工具 | 件 | 若干 |

## 3）轨道工程

轨道是铁道线路的上部建筑，铁路轨道施工是指在已建成的先期工程如路基、桥涵和隧道等线路下部建筑之上进行轨道铺设的工作。轨道铺设工作能否如期完成，直接影响铁路交付运营的期限。铺轨拟采用机械设备见表 2-10。

表 2-10　　　　　　　　　　　隧道工程铺轨拟采用机具配备表

| 名　　称 | 规　格 | 数　量 | 名　　称 | 规　格 | 数　量 |
|---|---|---|---|---|---|
| 走行龙门架 | 10t | 6 台 | 手电钻 | 单相 | 4 台 |
| 固定龙门架 | 4t | — | 电焊机 | 标准 | 2 台 |
| 锚固台车 | 标准 | 1 套 | 氧焊设备 | 标准 | 2 套 |

续表

| 名　称 | 规格 | 数量 | 名　称 | 规格 | 数量 |
|---|---|---|---|---|---|
| 翻枕器 | 标准 | 1 套 | 充电机 | 标准 | 1 台 |
| 慢动卷扬机 | 4t | 2 台 | 滚轮平板车 | $N_{60}$ | 80 辆 |
| 快动卷扬机 | 3t | 1 台 | 车床 | 标准 | 1 台 |
| 快动卷扬机 | 1t | 1 台 | 刨床 | 标准 | 1 台 |
| 散枕台车 | 标准 | | 钻床 | 标准 | 1 台 |

4）隧道工程

隧道是一种修建在地下的建筑物，受地质和水文地质条件的制约，因而施工环境差、难度大、技术复杂。隧道工程每一洞口施工拟采用机具配备表见表 2-11。

表 2-11　　　　　　隧道工程每一洞口施工拟采用机具配备表

| 名　称 | 单位 | 隧 道 长 度/m | | | |
|---|---|---|---|---|---|
| | | 400～1000 | 1000～2000 | 2000～4000 | 4000～6000 |
| 空气压缩机 | $m^3/min$ | 30～40 | 40～60 | 80～100 | 120～140 |
| 凿岩机（带气腿） | 台 | 14～20 | 20～30 | 24～34 | 40～40 |
| 锻钎机 | 台 | 1 | 1 | 1～2 | 1～2 |
| 装岩机 | 台 | 1 | 1～2 | 2～4 | 3～4 |
| 胶带运输机 | 台 | — | | 2～3 | 2～3 |
| 电瓶车 | 台 | 1～2 | 3～4 | 4～4 | 6～8 |

5）工地检测及实验室仪器设备

根据合同工程施工组织设计的工程进度安排，按照经济适用、合理配置的原则，所配备设备达到技术先进、性能可靠的要求，以满足施工需要。工地检测及实验室仪器设备见表 2-12。

表 2-12　　　　　　工地检测及实验室仪器设备表

| 名　称 | 规格 | 数量 | 名　称 | 规格 | 数量 |
|---|---|---|---|---|---|
| 核子密度仪 | MC-3 | 8 | 万能材料试验机 | WE-1000KN | 3 |
| Evd 动态变形模量测试仪 | LFG-K | 8 | 金属探伤仪 | WE | 3 |
| Ev2 静态变形模量测试仪 | PDG-K | 4 | 混凝土振动台 | $1m^2$ | 7 |
| 静力触探仪 | JTY-1A/3t | 4 | 自动混凝土渗透仪 | HS-4 | 8 |
| 相对密度仪 | XD-1 | 8 | 石子压碎仪 | $\phi200mm$ | 5 |
| 水平测斜仪 | ZCX | 8 | 全球定位仪 GPS | 徕卡 | 2 |
| 沉降观测仪 | 自制 | 8 | 徕卡全站仪 | GAR701，1s | 5 |
| 智能数码多点位移计 | (100.001) | 8 | 自动安放水准仪 | 1.5mm/1km | 10 |

# 2.2　造　价　部　分

## 任务 2.2.1　房建工程造价编制

进入 21 世纪以来，建筑行业飞速发展，工程项目管理体制也一直经受着重大的改革。

随着与国际市场的接轨，我国的工程造价管理模式也在不断演进，建设工程造价的计价方式共经历了三次重大的变革，从定额计价模式逐步转变为工程量清单计价模式，《建设工程工程量清单计价规范》（GB 50500—2013）于 2013 年 7 月开始实施，是工程造价面临的第四次革新。建设工程实行工程量清单计价规范的造价管理面临着新的机遇和挑战，实行工程量清单进行招投标，不仅是快速实现与国际通行惯例接轨的重要手段，更是政府加强宏观管理转变职能的有效途径，同时可以更好地营造公开、公平、公正的市场竞争环境。

（1）《建设工程工程量清单计价规范》的一般规定

◆ 工程量清单应由具有编制招标文件能力的招标人，或受其委托具有相应资质的工程造价咨询机构进行编制；

◆ 工程量清单应作为招标文件的组成部分；

◆ 工程量清单应由分部分项工程量清单、措施项目清单、其他项目清单、规费、税金项目清单组成；

◆ 分部分项工程量清单应包括项目编码、项目名称、项目特征、计量单位和工程数量；

◆ 工程量清单计价应包括按招标文件规定，完成工程量清单所列项目的全部费用，包括分部分项工程费、措施项目费、其他项目费和规费、税金；

◆ 投标报价应根据招标文件中的工程量清单和有关要求、施工现场实际情况及拟订的施工方案或施工组织设计、依据企业定额和市场价格信息或参照建设行政主管部门发布的社会平均消耗量定额进行编制。

（2）工程量清单计价与定额计价的区别

◆ 工程量清单计价实行量价分离的原则。建设项目工程量由招标人提供，投标人依据企业的技术能力和管理水平自主报价，所有投标人在招标过程中都站在同一起跑线上竞争，建设工程项目承发包在公开、公平的情况下进行。定额计价，企业不分大小，一律按照国家统一的预算定额计算工程量，按规定的费率计价，其所报的工程造价实际上是社会平均价。

◆ 工程量清单计价业主与承包商风险共担，业主提供量，投标人提供价，风险分摊。

◆ 工程量清单计价方式中项目实体和措施分离，这样加大了承包企业的竞争力度，鼓励企业采用合理技术措施，提高技术水平和生产效率。市场竞争机制可以充分发挥。按定额方式计价的人工、材料、机械消耗量反映的是社会平均技术，不能充分体现企业自身的"个性"竞争的空间有限。

◆ 清单计价方式，企业需要根据自己的实际消耗量计算，在目前多数企业没有企业定额的情况下，现行全国统一定额仍然可作为消耗量定额的重要参考。

（3）工程量清单计价的基本程序

房建类工程量清单计价的基本程序主要依据建设工程工程量清单计价规范，如图 2-61 所示。

本节主要针对房建类工程量清单计价中投标报价进行阐述，房建类建设项目的招标控制价见《土建类专业毕业设计项目化教程——工程招标》。

（4）投标价编制的依据

◆ 《建设工程工程量清单计价规范》；

◆ 国家或省级、行业建设主管部门颁发的计价办法；

◆ 企业定额、国家或省级、行业建设主管部门颁发计价定额；

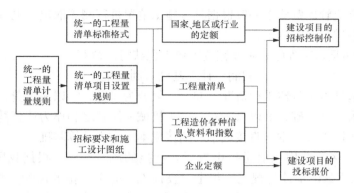

图 2-61　工程量清单计价程序示意图

◆ 招标文件、工程量清单及其补充通知、答疑纪要；

◆ 建设工程设计文件及相关资料；

◆ 施工现场情况、工程特点及拟订的投标施工组织设计或施工方案；

◆ 与建设项目相关的标准、规范等技术资料；

◆ 市场价格信息或工程造价管理机构发布的工程造价信息。

（5）工程量清单计价模式下各项费用的计算

1）分部分项工程费

$$分部分项工程费 = \Sigma（分部分项清单工程量 \times 综合单价） \tag{2-1}$$

其中，分部分项清单工程量：根据设计图纸和《建设工程工程量清单计价规范》中的工程量计算规则计算。

综合单价：指完成一个规定计量单位的分部分项清单工程量所需的费用，包括人工费、材料费、施工机械使用费和企业管理费与利润，以及一定范围内的风险费用。

◆ 人工费：人工费是指直接从事建筑安装工程施工的生产工人开支的各项费用。

$$人工费 = \Sigma（定额工日消耗量 \times 相应工日单价） \tag{2-2}$$

其中，相应等级的人工工日单价包括计时工资或计件工资、奖金、津贴、补贴、加班加点工资和特殊情况下支付的工资。但随着劳动工资构成的变化和国家推行的社会保障和福利政策的变化，人工工日单价在各地区、各行业有不同的构成。

◆ 材料费：

$$材料费 = \Sigma（定额材料消耗量 \times 相应材料单价） \tag{2-3}$$

其中，相应材料单价包括材料原价、运杂费、运输损耗费、采购及保管费。

◆ 施工机械使用费：

$$施工机械使用费 = \Sigma（定额台班消耗量 \times 相应台班单价） \tag{2-4}$$

其中，相应台班单价包括折旧费、大修理费、经常修理费、安拆费及场外运费、人工费、燃料动力费和税费。

◆ 企业管理费：企业管理费是指建筑安装企业组织施工生产和经营管理所需费用。

$$企业管理费 = 计算基础 \times 企业管理费费率 \tag{2-5}$$

其中，计算基础由于具体工程情况不同，一般分为 3 种：①以人工费、材料费、施工机械使用费之和作为计算基础；②以人工费、施工机械使用费之和作为计算基础；③以人工费作为计算基础。企业管理费费率一般根据具体施工情况进行测算取定，也可以按照工程所在地政府规定的费率进行调整确定。

◆ 利润。利润是指工程施工企业完成承包工程获得的盈利。

$$利润＝计算基础×利润率 \quad (2\text{-}6)$$

其中，计算基础由于具体工程情况不同，一般分为 4 种：①以人工费、材料费、施工机械使用费之和作为计算基础；②以人工费、施工机械使用费之和作为计算基础；③以人工费作为计算基础；④以工程成本（直接成本和间接成本）作为计算基础。

◆ 风险费用。风险费用一般是指由投标人承担的风险费用。根据我国工程建设特点，《2013 建设工程工程量清单计价规范》规定：投标人应完全承担的风险是技术和管理风险，如管理费和利润等；应不完全承担的是市场风险，如材料价格风险（控制在 5％以内）、施工机械使用费的风险（控制在 10％以内），超过者予以调整。

2) 措施项目费

措施项目费一般分为两类，按不同的方法计算其费用。

◆ 可以计算工程量的措施项目费。

$$措施项目费＝\Sigma（措施项目清单工程量×综合单价） \quad (2\text{-}7)$$

◆ 不宜计算工程量的措施项目费。不宜计算工程量的措施项目，其费用的发生和金额的大小与使用的时间，施工方法，及其工程量多少关系不大，均以"项"为单位的方式计价。而安全文明施工费，应按照国家规定计价，不得作为竞争性费用。

◆ 其他项目费。其他项目费是指完成工程量清单所列的各其他项目所需要的费用，包括暂列金额、暂估价、计日工及其总承包服务费。

暂列金额是指招标人在工程量清单中暂定并包括在合同价款中的一笔款项，应根据工程特点，按有关计价规定估算。

暂估价是指招标人在工程量清单中提供的用于支付必然发生但是暂时不能确定价格的材料的单价和专业工程的相关金额，其中的材料、工程设备暂估价应根据工程造价信息或参照市场价格估算；专业工程暂估价应分不同专业，按有关计价规定估算。

计日工是指在施工中，完成发包人提出的施工图以外的相关零星工程项目，计日工应列出项目和数量。

总承包服务费是指总承包人配合协调发包人进行的工程项目分包自行采购设备材料的管理和服务、资料汇总等需要的费用。发包人应在工程开工后的 28 天内向承包人预付总承包服务费的 20％，分包进场后，其余部分与进度款同期支付。发包人未按合同约定向承包人支付总承包服务费，承包人可不履行总包服务义务，由此造成的损失（如有）由发包人承担。

◆ 规费。

$$规费＝\Sigma（计算基础×规费费率） \quad (2\text{-}8)$$

其中，计算基础和各项规费费率，一般按国家有关部门和当地政府的规定执行。

◆ 税金。

$$税金＝含税工程造价×纳税税率 \quad (2\text{-}9)$$
$$税金＝不含税工程造价×计税税率 \quad (2\text{-}10)$$

其中，税金是指国家税法规定的应计入建筑安装工程造价内的营业税、城市维护建设税、教育费附加以及地方教育附加。

◆ 工程价款的调整。

① 采用价格指数调整价格差额。按照《中华人民共和国标准施工招标文件》（2007 版）中规定，因人工、材料和设备等价格波动影响合同价格时，根据投标函附录中的价格指数和权重表约定的数据，计算价格差额和调整价格。

$$\Delta P = P_0\left[A + \left(B_1 \times \frac{F_{t1}}{F_{01}} + B_2 \times \frac{F_{t2}}{F_{02}} + B_3 \times \frac{F_{t3}}{F_{03}} + \cdots + B_n \times \frac{F_{tn}}{F_{0n}}\right) - 1\right] \quad (2\text{-}11)$$

式中　　　　　　　　$\Delta P$——需调整的价格差额；

$P_0$——约定的付款证书中承包人应得到的已完成工程量金额；

$A$——定值权重；

$B_1，B_2，B_3，\cdots，B_n$——各可调因子的变值权重，即在投标函投标总报价中所占比例；

$F_{t1}，F_{t2}，F_{t3}，\cdots，F_{tn}$——各可调因子的现行价格指数；

$F_{01}，F_{02}，F_{03}，\cdots，F_{0n}$——各可调因子的基本价格指数。

② 采用造价信息调整价格差额。施工过程中，由于人工、材料、机械设备台班价格波动影响合同价格时，人工、机械使用费按照国家或省、自治区、直辖市建设行政管理部门，行业建设管理或其授权的工程造价管理机构发布的人工成本、机械信息台班单价或相关系数进行调整；需要进行调整的材料单价和采购数量应由监理人员复核确认，作为调整工程价格合同差额的依据。

（6）项目成果示例

房建工程造价表格包括：投标总价表（见表 2-13）、单位工程造价汇总表（见表 2-14）、分部分项工程量清单计价表（见表 2-15）、措施项目清单计价表（见表 2-16）、其他项目清单计价表（见表 2-17）、计日工计价表（见表 2-18）、规费税金项目清单计价表（见表 2-19）、措施项目分析表（见表 2-20）、分部分项工程量清单综合单价分析表（见表 2-21）、措施项目综合单价分析表（见表 2-22）、实物量消耗统计表（见表 2-23）。以下房建工程造价成果示例节选自 2012 级工程管理专业优秀毕业生赵××同学的毕业设计的造价部分。

表 2-13　　　　　　　　　　　　投标总价

项目名称：长安大学附属中学

投标总价（小写）：¥3 517 263

大写：叁佰伍拾叁万叁仟壹佰壹拾捌元

投　标　人：　长安第四建筑公司　（单位签字盖章）

法定代表人：　　张海军　　（签字）

编　制　人：　　赵宝亮　　（签字）

编制时间：　2016 年 5 月 9 日

表 2-14                              单位工程造价汇总表

| 序 号 | 项 目 名 称 | 计 算 方 法 | 造价（元） |
|---|---|---|---|
| 1 | 分部分项工程费 | 直接工程费＋可能发生的差价 | 2 475 560＋0.00 | 2 475 560 |
| 2 | 措施项目费（含安全及文明施工措施费） | 直接工程费＋可能发生的差价 | 504 986＋0.00 | 504 986 |
| 3 | 其他项目费 | 直接工程费＋可能发生的差价 | 140 753＋0.00 | 140 753 |
| 4 | 规费 | | 279 981 |
| 5 | 不含税工程造价 | | 3 401 279 |
| 6 | 税金 | | 115 984 |
| 7 | 含税工程造价 | | 3 517 263 |

表 2-15                          分部分项工程量清单计价表

| 序号 | 项目编码 | 项目名称 | 项 目 特 征 | 计量单位 | 工程数量 | 综合单价 | 合价 |
|---|---|---|---|---|---|---|---|
| | | | | | | 金额（元） | |
| 1.1　土方工程 | | | | | | | |
| 1 | 010101001001 | 平整场地 | 土壤类别为Ⅱ类土； | m² | 472.20 | 8.24 | 3891 |
| 2 | 010101003001 | 挖基础土方 | ①土壤类别为Ⅱ类土；②独立基础；③垫层的宽 2.2m；④挖土深 1.15m；⑤弃土坑边 | m³ | 5.57 | 65.64 | 365 |
| 3 | 010101003002 | 挖基础土方 | ①土壤类别为Ⅱ类土；②独立基础；③垫层的宽 2.5m；④挖土深 1.15m；⑤弃土坑边 | m³ | 93.44 | 167.06 | 15 609 |
| 4 | 010101003003 | 挖基础土方 | ①土壤类别为Ⅱ类土；②独立基础；③垫层的宽 2.8m；④挖土深 1.15m；⑤弃土坑边 | m³ | 63.11 | 204.09 | 12 880 |
| 5 | 010101003004 | 挖基础土方 | ①土壤类别为Ⅱ类土；②独立基础；③垫层的宽 3.1m；④挖土深 1.15m；⑤弃土坑边 | m³ | 386.80 | 100.18 | 38 751 |
| 6 | 010101006001 | 管沟土方 | ①土壤类别为Ⅱ类土；②管外径 200mm；③弃土坑边；④分层碾压夯实；⑤坑边取土 | m | 211.28 | 35.25 | 7448 |
| 7 | 010103001001 | 土方回填 | ①基础素土回填；②密实度≥0.96；③分层碾压夯实；④坑边取土 | m³ | 230.00 | 96.50 | 22 194 |
| 8 | 010103001002 | 土方回填 | ①房心素土回填；②密实度≥0.96；③分层碾压夯实；④坑边取土 | m³ | 139.93 | 36.49 | 5106 |
| | | 小　计 | | | | | 106 249 |
| 1.3　砌筑工程 | | | | | | | |
| 9 | 010302004001 | 空心砖墙 | ①非承重多孔黏土砖；②一砖外墙；③墙厚 240mm；④ M5.0 混合砂浆砌筑 | m³ | 219.72 | 249.16 | 5 474 617 |
| 10 | 010301004002 | 空心砖墙 | ①非承重多孔黏土砖；②一砖内墙；③墙厚 240mm；④ M5.0 混合砂浆砌筑 | m³ | 1393.33 | 249.16 | 347 161 |

| 序号 | 项目编码 | 项目名称 | 项 目 特 征 | 计量单位 | 工程数量 | 金额（元）综合单价 | 合价 |
|---|---|---|---|---|---|---|---|
| | | | **1.3　砌筑工程** | | | | |
| 11 | 010301004003 | 空心砖墙 | ①非承重多孔黏土砖；②半砖内墙；③墙厚120mm；④M5.0混合砂浆砌筑 | m³ | 50.86 | 258.81 | 131 625 |
| 12 | 010302006001 | 零星砌砖 | ①花池；②M2.5混合砂浆 | m³ | 0.29 | 446.13 | 129 |
| 13 | 010302006002 | 零星砌砖 | ①砖台阶；②M5.0混合砂浆 | m³ | 14.09 | 238.65 | 3364 |
| 14 | 010302006003 | 零星砌砖 | ①隔热板四角下部砌三皮砖架空；②M5水泥砂浆；③截面尺寸120mm×120mm | m³ | 2.39 | 2132.96 | 5098 |
| 15 | 010303003001 | 检查井 | ①截面尺寸600mm×600mm；②M5水泥砂浆 | 座 | 1.00 | 608.27 | 608 |
| 16 | 010306002001 | 砖地沟 | ①截面尺寸400mm×400mm；②1：2.5水泥砂浆 | m | 10.00 | 55.55 | 556 |
| | | | 小　计 | | | | 424 825 |
| | | | **1.4　混凝土及钢筋混凝土工程** | | | | |
| 17 | 010401002001 | 独立基础 | C40普通砾石混凝土 | m³ | 271.21 | 536.26 | 145 439 |
| 18 | 010401006001 | 垫层 | ①C15混凝土垫层、厚100mm；②宽2200mm | m³ | 0.48 | 356.17 | 172 |
| 19 | 010401006002 | 垫层 | ①C15混凝土垫层、厚100mm；②宽2500mm | m³ | 8.13 | 356.17 | 2894 |
| 20 | 010401006003 | 垫层 | ①C15混凝土垫层、厚100mm；②宽2800mm | m³ | 5.49 | 356.17 | 1955 |
| 21 | 010401006004 | 垫层 | ①C15混凝土垫层、厚100mm；②宽3100mm | m³ | 33.64 | 356.17 | 11 980 |
| 22 | 010401006005 | 垫层 | C15混凝土花池垫层、厚15mm | m³ | 0.08 | 356.17 | 28 |
| 23 | 010402001001 | 矩形柱 | ①柱顶标高15.3m；②截面500mm×500mm；③C30普通砾石混凝土 | m³ | 214.20 | 963.58 | 206 400 |
| 24 | 010403001001 | 基础梁 | ①梁底标高−1.350；②截面250mm×450mm；③C40普通砾石混凝土 | m³ | 11.81 | 765.36 | 9041 |
| 25 | 010403002001 | 矩形梁（框架梁） | ①C30普通砾石混凝土；②截面350mm×600mm | m³ | 65.74 | 979.87 | 64 415 |
| 26 | 010403002002 | 矩形梁 | ①C30普通砾石混凝土；②截面250mm×500mm | m³ | 15.60 | 979.87 | 15 285 |
| 27 | 010405001001 | 有梁板 | ①板厚100mm；②C30普通砾石混凝土 | m³ | 32.19 | 955.12 | 30 744 |
| 28 | 010405001002 | 有梁板 | ①板厚120mm；②C30普通砾石混凝土 | m³ | 78.23 | 903.82 | 70 705 |
| 29 | 010405003001 | 平板 | ①板厚100mm；②C30普通砾石混凝土 | m³ | 32.51 | 658.10 | 21 393 |

续表

| 序号 | 项目编码 | 项目名称 | 项 目 特 征 | 计量单位 | 工程数量 | 金额（元） | |
|------|----------|----------|-------------|----------|----------|----------|----------|
| | | | | | | 综合单价 | 合价 |
| 1.4　混凝土及钢筋混凝土工程 | | | | | | | |
| 30 | 010405003002 | 平板 | ①板厚110mm；②C30普通砾石混凝土 | m³ | 10.67 | 658.10 | 7023 |
| 31 | 010405003003 | 隔热板 | ①板厚100mm；②C30普通砾石混凝土；③500mm×500mm | m³ | 47.22 | 988.40 | 46 672 |
| 32 | 010405007001 | 挑檐板 | C30普通砾石混凝土 | m³ | 3.63 | 979.87 | 3560 |
| 33 | 010405008001 | 雨棚 | C30普通砾石混凝土 | m³ | 11.94 | 765.51 | 9140 |
| 34 | 010406001001 | 直行楼梯 | C30普通砾石混凝土 | m² | 99.22 | 234.38 | 23 255 |
| 35 | 010407002001 | 散水、坡道 | ①60mm厚C15混凝土，撒1∶1水泥沙子压实赶光；②15mm厚3∶7灰土垫层 | m³ | 53.62 | 51.29 | 2750 |
| 36 | 010416001001 | 现浇混凝土钢筋 | Φ8钢筋 | t | 16.09 | 5561.89 | 89 467 |
| 37 | 010416001002 | 现浇混凝土钢筋 | Φ10钢筋 | t | 7.99 | 5093.35 | 40 709 |
| 38 | 010416001003 | 现浇混凝土钢筋 | Φ12钢筋 | t | 2.40 | 5093.35 | 12 208 |
| 39 | 010416001004 | 现浇混凝土钢筋 | Φ16钢筋 | t | 0.70 | 5093.35 | 3581 |
| 40 | 010416001005 | 现浇混凝土钢筋 | Φ18钢筋 | t | 0.90 | 5093.35 | 4604 |
| 41 | 010416001006 | 现浇混凝土钢筋 | Φ20钢筋 | t | 0.87 | 5093.35 | 4421 |
| 42 | 010416001007 | 现浇混凝土钢筋 | Φ22钢筋 | t | 0.36 | 5093.35 | 1813 |
| 43 | 010416003001 | 钢筋网片 | ①Φ4钢筋；②架空隔热板 | t | 0.24 | 20 704.33 | 4990 |
| 44 | 010410003001 | 过梁 | ①预制，单个体积：0.1m³；②每层门窗洞口上；③C20普通砾石混凝土 | m³ | 18.01 | 605.65 | 10 907 |
| 45 | 010412008001 | 井盖板 | ①截面尺寸900mm×900mm；②C20普通砾石混凝土 | m³ | 0.38 | 805.19 | 306 |
| | | | 小　计 | | | | 845 857 |
| 1.7　屋面及防水工程 | | | | | | | |
| 46 | 010702001001 | 屋面卷材防水 | ①4厚SBS防水卷材热熔法；②25mm厚1∶2.5水泥砂浆找平；③1.2mm厚氯化乙烯橡胶 | m² | 550.14 | 50.30 | 27 671 |
| 47 | 010702004001 | 屋面排水管 | ①直径100mmPVC落水管；②PVC方形落水口；③铸铁落水口 | m | 85.50 | 32.57 | 2785 |
| 48 | 01072005001 | 屋面天沟、沿沟 | ①20mm厚1∶3水泥砂浆找平；②4mm厚SBS防水卷材热熔法 | m² | 0.60 | 25.16 | 15 |

续表

| 序号 | 项目编码 | 项目名称 | 项 目 特 征 | 计量单位 | 工程数量 | 金额（元） | |
|---|---|---|---|---|---|---|---|
| | | | | | | 综合单价 | 合价 |
| 1.7　屋面及防水工程 | | | | | | | |
| 49 | 010703002001 | 涂膜防水 | ①25mm 厚 1：2.5 水泥砂浆找平；②石油沥青一遍 | m² | 178.68 | 61.58 | 11 002 |
| 50 | 010703003001 | 砂浆防水 | ①雨棚板顶部；②20mm 厚 1：2 水泥砂浆 | m² | 47.76 | 13.57 | 648 |
| 51 | 010703003002 | 砂浆防水 | ①雨棚板内立面；②20mm 厚 1：2 水泥砂浆 | m² | 7.55 | 13.58 | 102 |
| 52 | 010703003003 | 砂浆防潮 | ①墙基防潮层；②1：2.5 水泥砂浆加防水剂 | m² | 47.73 | 11.93 | 569 |
| 小　　计 | | | | | | | 42 793 |
| 1.8　隔热保温工程 | | | | | | | |
| 53 | 010803001001 | 保温隔热屋面 | 200mm 厚加气混凝土保温 | m² | 472.2 | 58.43 | 27 592 |
| 54 | 010803001002 | 保温隔热屋面 | ①1：6 水泥焦砟找坡；②最薄处 30mm 厚，坡度 2% | m² | 472.3 | 5.71 | 2697 |
| 小　　计 | | | | | | | 30 289 |
| 2.1　楼地面工程 | | | | | | | |
| 55 | 020102002001 | 块料楼地面 | ①150mm 厚 3：7 灰土夯实；②60mm 厚 C15 混凝土；③25mm 厚 1：2 干硬性水泥砂浆；④800mm×800mm 全瓷地板砖厚 8mm | m² | 1065.12 | 155.45 | 165 573 |
| 56 | 020102002002 | 卫生间块料楼地面 | ①150mm 厚 3：7 灰土夯实；②1：3 水泥砂浆找坡最薄处 20mm 厚；③30mm 厚 1：3 干硬水泥砂浆结合层；④60mm 厚 C15 混凝土；⑤200mm×200mm 防滑地砖厚 8mm；⑥1.5mm 厚高分子涂抹防水分隔条 | m² | 178.68 | 275.36 | 49 201 |
| 57 | 020105003001 | 块料踢脚线 | ①6mm 厚 1：2.5 水泥砂浆打底扫毛；②6mm 厚 1：2.5 水泥砂浆找平；③5mm 厚 1：1 水泥细砂浆；④8mm 厚全瓷地砖 | m² | 185.35 | 125.02 | 23 172 |
| 58 | 020106002001 | 块料楼梯面层 | ①素水泥浆一道；②20mm 厚 1：3 干硬水泥砂浆找平层；③5mm 厚 1：2.5 水泥砂浆结合层；④300mm×300mm 防滑地砖厚 8mm | m² | 99.22 | 66.92 | 6640 |
| 59 | 020107002001 | 楼梯硬木扶手 | 硬木扶手，油漆：底油一道调和漆两道 | m | 99.86 | 121.37 | 12 120 |

续表

| 序号 | 项目编码 | 项目名称 | 项 目 特 征 | 计量单位 | 工程数量 | 金额（元）综合单价 | 金额（元）合价 |
|---|---|---|---|---|---|---|---|
| | | | | | | 综合单价 | 合价 |
| 2.1　楼地面工程 | | | | | | | |
| 60 | 020108002001 | 台阶 | ①6mm 厚 1：2.5 水泥砂浆打底扫毛；②6mm 厚 1：2.5 水泥砂浆找平；③5mm 厚 1：1 水泥细砂浆；④300mm×300mm 防滑地砖厚 8mm | m² | 21.42 | 174.29 | 3733 |
| | | 小　计 | | | | | 249 461 |
| 2.2　墙、柱面工程 | | | | | | | |
| 61 | 020201001001 | 内墙面抹灰 | ①7mm 厚 1：3 水泥砂浆打底扫毛；②7mm 厚 1：3 水泥砂浆找平扫毛；③6mm 厚 1：2.5 水泥砂浆压实扫毛；④内墙抹灰 | m² | 5812.52 | 15.77 | 91 669 |
| 62 | 020201002001 | 墙面装饰抹灰 | ①7mm 厚 1：3 水泥砂浆打底扫毛；②7mm 厚 1：3 水泥砂浆找平扫毛；③刷素水泥浆一道；④外墙抹灰；⑤10mm 厚 1：1.5 水泥石子罩面，露出石子 | m² | 1186.82 | 49.02 | 58 178 |
| 63 | 020202001001 | 柱面抹灰 | ①12mm 厚 1：2 水泥砂浆；②8mm 厚 1：2.5 水泥砂浆抹面 | m² | 860.78 | 29.21 | 25 141 |
| 64 | 020204003001 | 块料墙面（卫生间墙面） | ①8mm 厚陶瓷面砖，白水泥擦缝；②4mm 厚强力胶粉黏结层；③1.5mm 厚聚氨酯防水涂料防水层；④9mm 厚 1：0.5：3 水泥石灰膏砂浆 | m² | 660.59 | 200.62 | 132 530 |
| 65 | 020206003001 | 块料零星项目（雨篷挑檐板外立侧） | ①面砖规模 100mm×100mm；②4mm 厚聚合物水泥砂浆结合层；③6mm 厚 1：2.5 水泥砂浆找平；④12mm 厚 1：3 水泥砂浆打底找毛 | m² | 79.48 | 200.62 | 15 946 |
| 66 | 020210001001 | 全玻璃幕墙 | 玻璃幕墙 | m² | 188.64 | 548.55 | 103 478 |
| | | 小　计 | | | | | 388 787 |
| 2.3　天棚工程 | | | | | | | |
| 67 | 020301001001 | 天棚抹灰 | ①刷素水泥浆一道；②5mm 厚 1：0.3：3 水泥石灰膏打底扫毛；③5mm 厚 1：0.3：2.5 水泥石灰砂浆找平 | m² | 365.88 | 24.97 | 9135.41 |
| 68 | 20302001001 | 天棚吊顶 | ①灰板条平顶；②40mm×50mm 平顶筋 | m² | 105.96 | 821.54 | 87 050 |
| | | 小　计 | | | | | 90 633 |

续表

| 序号 | 项目编码 | 项目名称 | 项 目 特 征 | 计量单位 | 工程数量 | 综合单价 | 合价 |
|---|---|---|---|---|---|---|---|
| | | | | | | 金额（元） | |

2.4 门窗工程

| 序号 | 项目编码 | 项目名称 | 项 目 特 征 | 计量单位 | 工程数量 | 综合单价 | 合价 |
|---|---|---|---|---|---|---|---|
| 69 | 020402004001 | 胶合板门 | ①M-1 尺寸 1000mm×2400mm；②现场制作 | 樘 | 78 | 845.70 | 65 965 |
| 70 | 020402005001 | 塑钢门 | ①M-2 尺寸 3600mm×3000mm；②成品购买 | 樘 | 1 | 4069.08 | 4069 |
| 71 | 020402004002 | 胶合板门 | ①M-3 尺寸 2700mm×3000mm；②现场制作 | 樘 | 2 | 1308.53 | 2617 |
| 72 | 020402004003 | 胶合板门 | ①M-4 尺寸 1800mm×2400mm；②现场制作 | 樘 | 8 | 1001.60 | 8013 |
| 73 | 020406001001 | 金属推拉窗 | ① C-1 尺寸 1200mm × 2100mm；②铝合金外框；③成品购买 | 樘 | 72 | 717.54 | 51 663 |
| 74 | 020406001002 | 金属推拉窗 | ① C-2 尺寸 1800mm × 2100mm；②铝合金外框；③成品购买 | 樘 | 6 | 1148.57 | 6891 |
| 75 | 020406001003 | 金属推拉窗 | ① C-3 尺寸 2000mm × 2100mm；②铝合金外框；③成品购买 | 樘 | 6 | 1276.19 | 7657 |
| 76 | 020409003001 | 石材窗户台 | ①5mm 厚 1：0.3：2.5 水泥石灰砂浆找平；②8mm 厚全瓷地砖 | m | 109.20 | 86.28 | 9422 |
| 77 | 020406010001 | 特殊五金 | ①弹子锁安装；②门眼 | 套 | 78.00 | 38.03 | 2966 |
| 78 | 020406010002 | 特殊五金 | ①防盗门扣；②高档门拉手 | 个 | 10.00 | 359.71 | 3597 |
| | | 小　计 | | | | | 160 946 |

2.5 油漆、涂料裱糊工程

| 序号 | 项目编码 | 项目名称 | 项 目 特 征 | 计量单位 | 工程数量 | 综合单价 | 合价 |
|---|---|---|---|---|---|---|---|
| 79 | 020501001001 | 门油漆 | ①外门；②外侧用栗红色，内侧用乳白色；③刷清漆两遍 | m² | 221.76 | 51.87 | 11 503 |
| 80 | 020501001002 | 门油漆 | ①内门；②全部用乳白色；③刷清漆两遍 | m² | 221.76 | 51.87 | 11 503 |
| 81 | 020501001003 | 门油漆 | ①外门；②外侧用栗红色，内侧用乳白色；③刷清漆两遍 | m² | 16.20 | 51.87 | 840 |
| 82 | 020501001004 | 门油漆 | ①内门；②全部用乳白色；③刷清漆两遍 | m² | 16.20 | 51.87 | 840 |
| 83 | 020503001001 | 木扶手油漆 | 满刮腻子、清油两遍 | m | 99.86 | 3.40 | 340 |
| 84 | 020506001001 | 抹灰面油漆 | ①内墙粉刷；②腻子刮平；③刷乳胶漆 3 遍 | m² | 5812.52 | 19.50 | 113 344 |
| 85 | 020506001002 | 抹灰面油漆 | ①天棚粉刷；②腻子刮平；③刷乳胶漆 2 遍 | m² | 365.88 | 37.89 | 13 863 |
| | | 小　计 | | | | | 135 719 |
| | | 合　计 | | | | | 2 475 560 |

表 2-16　　　　　　　　　　　　措施项目清单计价表

| 序　号 | 项 目 名 称 | 计量单位 | 金额（元） |
|---|---|---|---|
| | 通用项目 | | |
| 1 | 安全及文明施工措施费 | 项 | 114 267 |
| 1.1 | 安全及文明施工 | 项 | 78 183 |
| 1.2 | 环境保护 | 项 | 12 028 |
| 1.3 | 临时设施 | 项 | 24 056 |
| 2 | 测量放线、定位复测、检验试样费 | 项 | 7565 |
| 3 | 冬雨季、夜间施工 | 项 | 14 203 |
| 4 | 二次搬运 | 项 | 6197 |
| 5 | 其他 | 项 | 0.00 |
| | 专业工程项目 | | |
| 6 | 脚手架 | 项 | 31 183 |
| 7 | 混凝土模板及支撑 | 项 | 328 253 |
| 8 | 垂直运输及超高降效 | 项 | 3318 |
| | 措施项目费（不含安全及文明施工措施费） | | 390 718 |
| | 措施项目费（含安全及文明施工措施费） | | 504 986 |

表 2-17　　　　　　　　　　　　其他项目清单计价表

| 序　号 | 项 目 名 称 | 计 量 单 位 | 金额（元） |
|---|---|---|---|
| 1 | 暂列金额 | 元 | 130 000.00 |
| 2 | 专业工程暂估价 | 元 | 0.00 |
| 3 | 总承包服务费 | 项 | 0.00 |
| 4 | 计日工 | 项 | 10 753 |
| | 合　　计 | | 140 753 |

表 2-18　　　　　　　　　　　　计日工计价表

| 序　号 | 名　　称 | 计量单位 | 工程数量 | 金额（元） 综合单价 | 金额（元） 合　价 |
|---|---|---|---|---|---|
| 1 | 人工 | 工日 | 2311.00 | 85 | 196 435 |
| | 小　　计 | | | | 196 435 |
| 2 | 材料 | | | | |
| 2.1 | 红砖 | 千块 | 1 | 230 | 230 |
| 2.2 | 净砂 | m³ | 45 | 40.37 | 1816.65 |
| 2.3 | 颗粒直径 2～4mm 砾石 | m³ | 55 | 53.94 | 2966.7 |
| | 小　　计 | | | | 5013.35 |
| | 合　　计 | | | | 10 753.35 |

**表 2-19**　　　　　　　　　　　规费、税金项目清单计价表

| 序号 | 项目名称 | 计算基础 | 费率（%） | 金额（元） |
|---|---|---|---|---|
| 一 | 安全文明施工措施费 | 分部分项工程费＋措施项目费（不含安全及文明措施费）＋其他项目费 | | |
| 1 | 安全文明施工费 | 2 475 560＋390 718＋140 753＝3 007 031 | 2.60 | 78 183 |
| 2 | 环境保护费 | 3 007 031 | 0.40 | 12 028 |
| 3 | 临时设施费 | 3 007 031 | 0.80 | 24 056 |
| | 安全文明措施费合计 | | | 114 267 |
| 二 | 规费 | 分部分项工程费＋措施项目费（含安全及文明措施费）＋其他项目费 | | |
| 1 | 社会保障费 | 2 475 560＋504 986＋140 753＝3 121 299 | 4.30 | 134 216 |
| 1.1 | 养老保险 | 3 121 299 | 3.55 | 110 806 |
| 1.2 | 失业保险 | 3 121 299 | 0.15 | 4682 |
| 1.3 | 医疗保险 | 3 121 299 | 0.45 | 14 046 |
| 1.4 | 工伤保险 | 3 121 299 | 0.07 | 2185 |
| 1.5 | 残疾人就业保险 | 3 121 299 | 0.04 | 1249 |
| 1.6 | 女工生育保险 | 3 121 299 | 0.04 | 1249 |
| 2 | 住房公积金 | 3 121 299 | 0.30 | 9364 |
| 3 | 危险作业意外伤害保险 | 3 121 299 | 0.07 | 2185 |
| | 规　费　合　计 | | | 279 981 |
| 三 | 税金 | 不含税工程造价：3 121 299＋279 981 | 3.41 | 115 984 |

**表 2-20**　　　　　　　　　　　措施项目费分析表

| 序号 | 项目编码 | 项目名称 | 单位 | 数量 | 计算方法 | | |
|---|---|---|---|---|---|---|---|
| | | | | | 计算基础 | 费率（%） | 合价（元） |
| 2 | 测量放线、定位复测、检验试验费 | | 项 | 1 | 7565 | | |
| | 2.1 | 人工土石方 | 项 | 1 | 106 249 | 0.36 | 382 |
| | 2.2 | 一般土建 | 项 | 1 | 1 343 765 | 0.42 | 5644 |
| | 2.3 | 装饰 | 项 | 1 | 1 025 546 | 0.15 | 1538 |
| 3 | 冬雨季、夜间施工 | | 项 | 1 | 14 203 | | |
| | 3.1 | 人工土石方 | 项 | 1 | 106 249 | 0.86 | 914 |
| | 3.2 | 一般土建 | 项 | 1 | 1 343 765 | 0.76 | 10 213 |
| | 3.3 | 装饰 | 项 | 1 | 1 025 546 | 0.30 | 3077 |
| 4 | 二次搬运及不利施工环境 | | 项 | 1 | 6197 | | |
| | 4.1 | 人工土石方 | 项 | 1 | 106 249 | 0.76 | 807 |
| | 4.2 | 一般土建 | 项 | 1 | 1 343 765 | 0.34 | 4569 |
| | 4.3 | 装饰 | 项 | 1 | 1 025 546 | 0.08 | 820 |
| 5 | 其他 | | 项 | 1 | 0 | | |

**表 2-21　分部分项工程量清单综合单价分析表**

| 序号 | 编码 | 项目名称 | 单位 | 工程量 | 人工费（元） | 材料费（元） | 机械费（元） | 风险 | 管理费（元） | 利润（元） | 综合单价（元） |
|---|---|---|---|---|---|---|---|---|---|---|---|
| | | | | | | | | 其 | 中 | | |
| | | 1.1 土方工程 | | | | | | | | | |
| 1 | 010101001001 | 平整场地 | m² | 472.20 | 7.74 | 0.00 | 0.00 | 0.00 | 0.28 | 0.22 | 8.24 |
| | 1-19 | 平整场地 | 100m² | 7.00 | 3657.01 | 0.00 | 0.00 | 0.00 | 130.92 | 105.32 | |
| 2 | 010101003001 | 挖基础土方 | m³ | 5.57 | 61.66 | 0.00 | 0.00 | 0.00 | 2.21 | 1.78 | 65.64 |
| | 1-9 | 人工挖地坑 | 100m³ | 0.09 | 343.19 | 0.00 | 0.00 | 0.00 | 12.29 | 9.88 | |
| 3 | 010101003002 | 挖基础土方 | m³ | 93.44 | 143.32 | 14.48 | 0.00 | 0.00 | 5.13 | 4.13 | 167.06 |
| | 1-9 | 人工挖地坑 | 100m³ | 1.44 | 5466.36 | 0.00 | 0.00 | 0.00 | 195.70 | 157.43 | |
| | 1-20 | 钻探及回填孔 | 100m³ | 8.26 | 7925.41 | 1352.95 | 0.00 | 0.00 | 283.73 | 228.25 | |
| 4 | 010101003003 | 挖基础土方 | m³ | 63.11 | 181.68 | 14.48 | 0.00 | 0.00 | 4.39 | 3.53 | 204.09 |
| | 1-9 | 人工挖地坑 | 100m³ | 0.93 | 3540.75 | 0.00 | 0.00 | 0.00 | 126.76 | 101.97 | |
| | 1-20 | 钻探及回填孔 | 100m³ | 8.26 | 7925.41 | 1352.95 | 0.00 | 0.00 | 283.73 | 228.25 | |
| 5 | 010101003004 | 挖基础土方 | m³ | 386.80 | 67.62 | 14.48 | 0.00 | 0.00 | 10.02 | 8.06 | 100.18 |
| | 1-9 | 人工挖地坑 | 100m³ | 4.79 | 18 230.70 | 0.00 | 0.00 | 0.00 | 652.66 | 525.04 | |
| | 1-20 | 钻探及回填孔 | 100m³ | 8.26 | 7925.41 | 1352.95 | 0.00 | 0.00 | 283.73 | 228.25 | |
| 6 | 010101006001 | 管沟土方 | m | 211.28 | 33.11 | 0.00 | 0.00 | 0.00 | 1.19 | 0.95 | 35.25 |
| | 1-5 | 人工挖沟槽 | 100m³ | 2.11 | 6995.82 | 0.00 | 0.00 | 0.00 | 250.45 | 201.48 | |
| 7 | 010103001001 | 土方回填 | 100m³ | 230.00 | 87.28 | 0.73 | 2.85 | 0.00 | 3.12 | 2.51 | 96.50 |
| | 1-26 | 回填夯实素土 | 100m³ | 6.08 | 20 074.30 | 168.11 | 655.17 | 0.00 | 718.66 | 578.14 | |
| 8 | 010103001002 | 土方回填 | m³ | 139.93 | 33.01 | 0.28 | 1.08 | 0.00 | 1.18 | 0.95 | 36.49 |
| | 1-26 | 回填夯实素土 | 100m³ | 1.40 | 4618.39 | 38.68 | 150.73 | 0.00 | 165.34 | 133.01 | |

续表

1.3　砌筑工程

| 序号 | 编码 | 项目名称 | 单位 | 工程量 | 其中 | | | | | | 综合单价（元） |
|---|---|---|---|---|---|---|---|---|---|---|---|
| | | | | | 人工费（元） | 材料费（元） | 机械费（元） | 风险 | 管理费（元） | 利润（元） | |
| 9 | 010302004001 | 空心砖墙 | m³ | 219.72 | 102.42 | 125.90 | 1.57 | 0.00 | 11.75 | 7.52 | 249.16 |
| | 3-40 | 非承重重黏土多孔砖墙 | 10m³ | 21.97 | 22 503.69 | 27 664.13 | 345.85 | 0.00 | 2581.25 | 1651.25 | |
| 10 | 010301004002 | 空心砖墙 | m³ | 1393.33 | 102.42 | 125.90 | 1.57 | 0.00 | 11.75 | 7.52 | 249.16 |
| | 3-40 | 非承重重黏土多孔砖墙 | 10m³ | 139.33 | 142 702.38 | 175 426.20 | 2193.11 | 0.00 | 16 368.44 | 10 471.06 | |
| 11 | 010301004003 | 空心砖墙 | m³ | 50.86 | 121.61 | 116.13 | 1.06 | 0.00 | 12.20 | 7.81 | 258.81 |
| | 3-39 | 非承重重黏土多孔砖墙 | 10m³ | 5.09 | 6184.52 | 5906.18 | 54.06 | 0.00 | 620.60 | 397.00 | |
| 12 | 010302006001 | 零星砌块 | m³ | 0.29 | 244.03 | 164.47 | 3.13 | 0.00 | 21.03 | 13.46 | 446.13 |
| | 3-25 换 | M2.5零星砌体 | 10m³ | 0.03 | 70.77 | 47.70 | 0.91 | 0.00 | 6.10 | 3.90 | |
| 13 | 010302006002 | 零星砌块 | 10m² | 14.09 | 112.82 | 105.54 | 1.85 | 0.00 | 11.25 | 7.20 | 238.65 |
| | 3-27 | 砖砌台阶 | 10m² | 3.99 | 1590.09 | 1487.43 | 26.01 | 0.00 | 158.59 | 101.45 | |
| 14 | 010302006003 | 零星砌块 M5水泥砂浆 | 10m³ | 2.39 | 1002.20 | 957.10 | 8.76 | 0.00 | 100.57 | 64.33 | 2132.96 |
| | 3-25 | 零星砌体 | 10m³ | 0.24 | 290.64 | 277.56 | 2.54 | 0.00 | 29.16 | 18.66 | |
| 15 | 010303003001 | 检查井 | 座 | 1.00 | 310.90 | 247.65 | 4.04 | 0.00 | 27.58 | 18.09 | 608.27 |
| | 1-9 | 人工挖地坑 | 100m³ | 0.02 | 76.10 | 0.00 | 0.00 | 0.00 | 2.72 | 2.19 | |
| | 3-56 | 矩形检查井 M5.0 水泥砂浆 | 10m³ | 0.15 | 234.81 | 247.65 | 4.04 | 0.00 | 24.86 | 15.90 | |
| 16 | 010306002001 | 砖地沟 | m | 10.00 | 19.38 | 31.36 | 0.51 | 0.00 | 2.62 | 1.68 | 55.55 |
| | 3-26 | 砖砌地沟 | 10m³ | 0.19 | 193.82 | 313.65 | 5.12 | 0.00 | 26.19 | 16.76 | |

1.4　混凝土及钢筋混凝土工程

| 序号 | 编码 | 项目名称 | 单位 | 工程量 | 人工费（元） | 材料费（元） | 机械费（元） | 风险 | 管理费（元） | 利润（元） | 综合单价（元） |
|---|---|---|---|---|---|---|---|---|---|---|---|
| 17 | 010401002001 | 独立基础 | m³ | 271.21 | 195.97 | 278.07 | 20.75 | 0.00 | 25.28 | 16.17 | 536.26 |
| | 4-1 换 | C40碎石混凝土 | 10m³ | 271.21 | 40 475.68 | 60 989.63 | 4808.59 | 0.00 | 5430.60 | 3474.01 | |
| | 4-21 | 独立基础 | 10m³ | 271.21 | 12 009.27 | 12 955.80 | 800.08 | 0.00 | 1316.60 | 842.24 | |
| | 4-29 | 混凝土基础垫层 | m³ | 47.73 | 665.38 | 1471.10 | 19.57 | 0.00 | 110.17 | 70.48 | |

续表

**1.4　混凝土及钢筋混凝土工程**

| 序号 | 编码 | 项目名称 | 单位 | 工程量 | 人工费（元） | 材料费（元） | 其中 | | | | 综合单价（元） |
| --- | --- | --- | --- | --- | --- | --- | --- | --- | --- | --- | --- |
| | | | | | | | 机械费（元） | 风险 | 管理费（元） | 利润（元） | |
| 18 | 010401006001 | 垫层 | m³ | 0.48 | 149.24 | 161.66 | 17.73 | 0.00 | 16.79 | 10.74 | 356.17 |
| | 4-1换 | C15砾石混凝土 垫层 | m³ | 0.48 | 72.23 | 78.25 | 8.58 | 0.00 | 8.13 | 5.20 | |
| 19 | 010401006002 | 垫层 | m³ | 8.13 | 149.24 | 161.66 | 17.73 | 0.00 | 16.79 | 10.74 | 356.17 |
| | 4-1换 | C15砾石混凝土 垫层 | m³ | 8.13 | 1212.58 | 1313.52 | 144.06 | 0.00 | 136.44 | 87.29 | |
| 20 | 010401006003 | 垫层 | m³ | 5.49 | 149.24 | 161.66 | 17.73 | 0.00 | 16.79 | 10.74 | 356.17 |
| | 4-1换 | C15砾石混凝土 垫层 | m³ | 5.49 | 819.03 | 887.21 | 97.30 | 0.00 | 92.16 | 58.96 | |
| 21 | 010401006004 | 垫层 | m³ | 33.64 | 149.24 | 161.66 | 17.73 | 0.00 | 16.79 | 10.74 | 356.17 |
| | 4-1换 | C15砾石混凝土 垫层 | m³ | 33.64 | 5019.69 | 5437.56 | 596.35 | 0.00 | 564.84 | 361.33 | |
| 22 | 010401006005 | 垫层 | m³ | 0.08 | 149.24 | 161.66 | 17.73 | 0.00 | 16.79 | 10.74 | 356.17 |
| | 4-1换 | C15砾石混凝土 垫层 | m³ | 0.08 | 11.94 | 12.93 | 1.42 | 0.00 | 1.34 | 0.86 | |
| 23 | 010402001001 | 矩形柱 | m³ | 214.20 | 499.38 | 353.69 | 36.02 | 0.00 | 45.43 | 29.06 | 963.58 |
| | 4-1换 | C30砾石混凝土 | m³ | 214.20 | 31967.21 | 42796.60 | 3797.77 | 0.00 | 4014.50 | 2568.12 | |
| | 4-31 | 矩形柱截面1.8m以内 | m³ | 214.20 | 74999.99 | 32963.24 | 3917.72 | 0.00 | 5717.12 | 3657.30 | |
| 24 | 010403001001 | 基础梁 | m³ | 11.81 | 371.46 | 307.02 | 27.71 | 0.00 | 36.09 | 23.08 | 765.36 |
| | 4-1换 | C30砾石混凝土 | m³ | 11.81 | 1762.90 | 2360.11 | 209.44 | 0.00 | 221.39 | 141.62 | |
| | 4-36 | 基础梁（框架梁） | m³ | 11.81 | 2624.97 | 1266.54 | 117.89 | 0.00 | 204.88 | 131.06 | |
| 25 | 010403002001 | 矩形梁（框架梁） | m³ | 65.74 | 520.70 | 347.75 | 35.67 | 0.00 | 46.20 | 29.55 | 979.87 |
| | 4-1换 | C30砾石混凝土 | m³ | 65.74 | 9810.80 | 13134.36 | 1165.54 | 0.00 | 1232.06 | 788.16 | |
| | 4-37 | 梁及框架梁 | m³ | 65.74 | 24419.19 | 9726.00 | 1179.35 | 0.00 | 1805.08 | 1154.73 | |
| 26 | 010403002002 | 矩形梁 | m³ | 15.60 | 520.70 | 347.75 | 35.67 | 0.00 | 46.20 | 29.55 | 979.87 |
| | 4-1换 | C30砾石混凝土 | m³ | 15.60 | 2327.96 | 3116.60 | 276.57 | 0.00 | 292.35 | 187.02 | |
| | 4-37 | 梁及框架梁 | m³ | 15.60 | 5794.33 | 2307.84 | 279.84 | 0.00 | 428.32 | 274.00 | |

续表

### 1.4 混凝土及钢筋混凝土工程

| 序号 | 编码 | 项目名称 | 单位 | 工程量 | 人工费(元) | 材料费(元) | 其中 机械费(元) | 风险 | 管理费(元) | 利润(元) | 综合单价(元) |
|---|---|---|---|---|---|---|---|---|---|---|---|
| 27 | 010405001001 | 有梁板 | m³ | 32.19 | 493.64 | 344.33 | 43.31 | 0.00 | 45.03 | 28.81 | 955.12 |
|  | 4-1换 | C30砾石混凝土 | m³ | 32.19 | 4803.86 | 6431.24 | 570.71 | 0.00 | 603.28 | 385.92 |  |
|  | 4-48 | 有梁板 | m³ | 32.19 | 11 085.82 | 4652.25 | 823.39 | 0.00 | 846.29 | 541.38 |  |
| 28 | 010405001002 | 有梁板 | m³ | 78.23 | 472.32 | 323.13 | 38.50 | 0.00 | 42.61 | 27.26 | 903.82 |
|  | 4-1换 | C30砾石混凝土 | m³ | 78.23 | 11 674.93 | 15 629.99 | 1387.00 | 0.00 | 1466.16 | 937.92 |  |
|  | 4-49 | 有梁板 | m³ | 78.23 | 25 274.29 | 9648.01 | 1624.82 | 0.00 | 1867.56 | 1194.70 |  |
| 29 | 010405002001 | 平板 | m³ | 32.51 | 308.32 | 272.78 | 26.12 | 0.00 | 31.03 | 19.85 | 658.10 |
|  | 4-1换 | C30砾石混凝土 | m³ | 32.51 | 4851.49 | 6495.01 | 576.37 | 0.00 | 609.26 | 389.75 |  |
|  | 4-50 | 平板 | m³ | 32.51 | 5171.37 | 2372.43 | 272.74 | 0.00 | 399.43 | 255.52 |  |
| 30 | 010405002002 | 平板 | m³ | 10.67 | 308.32 | 272.78 | 26.12 | 0.00 | 31.03 | 19.85 | 658.10 |
|  | 4-1换 | C30砾石混凝土 | m³ | 10.67 | 1592.72 | 2132.28 | 189.22 | 0.00 | 200.02 | 127.95 |  |
|  | 4-50 | 平板 | m³ | 10.67 | 1697.73 | 778.86 | 89.54 | 0.00 | 131.13 | 83.88 |  |
| 31 | 010405003001 | 隔热板 | m³ | 47.22 | 514.14 | 355.09 | 42.76 | 0.00 | 46.60 | 29.81 | 988.40 |
|  | 4-1换 | C30砾石混凝土 | m³ | 47.22 | 7047.11 | 9434.43 | 837.21 | 0.00 | 884.99 | 566.14 |  |
|  | 4-51 | 平板 | m³ | 47.22 | 17 230.58 | 7332.79 | 1181.92 | 0.00 | 1315.58 | 841.59 |  |
| 32 | 010405007001 | 挑檐板 | m³ | 3.63 | 520.70 | 347.75 | 35.67 | 0.00 | 46.20 | 29.55 | 979.87 |
|  | 4-1换 | C30砾石混凝土 | m³ | 3.63 | 542.25 | 725.94 | 64.42 | 0.00 | 68.10 | 43.56 |  |
|  | 4-54 | 天沟、挑檐、悬挑构件 | m³ | 3.63 | 1349.66 | 537.56 | 65.18 | 0.00 | 99.77 | 63.82 |  |
| 33 | 010405008001 | 雨棚 | m³ | 11.94 | 383.43 | 290.47 | 32.42 | 0.00 | 36.09 | 23.09 | 765.51 |
|  | 4-1换 | C30砾石混凝土 | m³ | 11.94 | 1781.93 | 2385.58 | 211.70 | 0.00 | 223.78 | 143.15 |  |
|  | 4-58 | 雨棚 | 10m² | 4.78 | 2796.25 | 1082.62 | 175.42 | 0.00 | 207.17 | 132.53 |  |

续表

1.4　混凝土及钢筋混凝土工程

| 序号 | 编码 | 项目名称 | 单位 | 工程量 | 人工费（元） | 材料费（元） | 其中 | | | | 综合单价（元） |
| | | | | | | | 机械费（元） | 风险（元） | 管理费（元） | 利润（元） | |
|---|---|---|---|---|---|---|---|---|---|---|---|
| 34 | 010406001001 | 直行楼梯 | m² | 99.22 | 124.74 | 82.41 | 9.11 | 0.00 | 11.05 | 7.07 | |
| | 4-1换 | C30砾石混凝土 | m³ | 26.67 | 3980.13 | 5328.46 | 472.85 | 0.00 | 499.83 | 319.75 | 234.38 |
| | 4-56 | 整体楼梯普通 | 10m² | 9.92 | 8396.05 | 2848.19 | 430.99 | 0.00 | 596.60 | 381.65 | |
| 35 | 010407002001 | 散水、坡道 | m² | 53.62 | 28.64 | 18.22 | 0.93 | 0.00 | 2.12 | 1.39 | 51.29 |
| | 1-28 | 回填夯实3：7灰土 | 100m³ | 0.053 6 | 308.72 | 241.85 | 5.77 | 0.00 | 11.05 | 8.89 | |
| | 8-27 | 混凝土散水面层一次抹光 | 100m² | 0.536 2 | 1226.72 | 734.92 | 44.02 | 0.00 | 102.49 | 65.56 | |
| 36 | 010416001001 | 现浇混凝土钢筋 | t | 16.09 | 1421.88 | 3667.82 | 42.19 | 0.00 | 262.24 | 167.76 | 5561.89 |
| | 4-6 | 圆钢 φ10以内 | t | 16.09 | 22 871.94 | 58 999.45 | 678.66 | 0.00 | 4218.31 | 2698.50 | |
| 37 | 010416001002 | 现浇混凝土钢筋 | t | 7.99 | 642.88 | 3942.38 | 114.32 | 0.00 | 240.15 | 153.63 | 5093.35 |
| | 4-8 | 螺纹钢 φ10以上（包括φ10） | t | 7.99 | 5138.22 | 31 509.47 | 913.70 | 0.00 | 1919.39 | 1227.85 | |
| 38 | 010416001003 | 现浇混凝土钢筋 | t | 2.40 | 642.88 | 3942.38 | 114.32 | 0.00 | 240.15 | 153.63 | 5093.35 |
| | 4-8 | 螺纹钢 φ10以上（包括φ10） | t | 2.40 | 1540.85 | 9449.10 | 274.00 | 0.00 | 575.59 | 368.21 | |
| 39 | 010416001004 | 现浇混凝土钢筋 | t | 0.70 | 642.88 | 3942.38 | 114.32 | 0.00 | 240.15 | 153.63 | 5093.35 |
| | 4-8 | 螺纹钢 φ10以上（包括φ10） | t | 0.70 | 451.94 | 2771.49 | 80.37 | 0.00 | 168.82 | 108.00 | |
| 40 | 010416001005 | 现浇混凝土钢筋 | t | 0.90 | 642.88 | 3942.38 | 114.32 | 0.00 | 240.15 | 153.63 | 5093.35 |
| | 4-8 | 螺纹钢 φ10以上（包括φ10） | t | 0.90 | 581.16 | 3563.91 | 103.35 | 0.00 | 217.09 | 138.88 | |
| 41 | 010416001006 | 现浇混凝土钢筋 | t | 0.87 | 642.88 | 3942.38 | 114.32 | 0.00 | 240.15 | 153.63 | 5093.35 |
| | 4-8 | 螺纹钢 φ10以上（包括φ10） | t | 0.87 | 558.02 | 3421.99 | 99.23 | 0.00 | 208.45 | 133.35 | |
| 42 | 010416001007 | 现浇混凝土钢筋 | t | 0.36 | 642.88 | 3942.38 | 114.32 | 0.00 | 240.15 | 153.63 | 5093.35 |
| | 4-8 | 螺纹钢 φ10以上（包括φ10） | t | 0.36 | 228.87 | 1403.49 | 40.70 | 0.00 | 85.49 | 54.69 | |
| 43 | 010416003001 | 钢筋网片 | t | 0.24 | 3904.08 | 14 384.05 | 815.51 | 0.00 | 976.20 | 624.48 | 20 704.33 |
| | 4-13 | 预应力钢丝束 | t | 0.24 | 940.88 | 3466.56 | 196.54 | 0.00 | 235.26 | 150.50 | |

续表

| 序号 | 编码 | 项目名称 | 单位 | 工程量 | 人工费（元） | 材料费（元） | 其中 机械费（元） | 风险 | 管理费（元） | 利润（元） | 综合单价（元） |
|---|---|---|---|---|---|---|---|---|---|---|---|
| | | **1.4 混凝土及钢筋混凝土工程** | | | | | | | | | |
| 44 | 010412008001 | 井盖板 | m³ | 0.38 | 241.90 | 235.00 | 81.93 | 0.00 | 28.56 | 18.27 | 605.65 |
| | 4-1 | C20砾石混凝土 | m³ | 0.38 | 56.71 | 66.22 | 6.74 | 0.00 | 6.63 | 4.24 | |
| | 4-110 | 矩形大井盖 | m³ | 0.38 | 35.21 | 23.08 | 24.40 | 0.00 | 4.23 | 2.70 | |
| 45 | 010410003001 | 过梁 | m³ | 18.01 | 329.64 | 303.49 | 109.81 | 0.00 | 37.96 | 24.29 | 805.19 |
| | 4-1换 | C30砾石混凝土 | m³ | 18.01 | 2687.51 | 3597.95 | 319.28 | 0.00 | 337.50 | 215.90 | |
| | 4-84 | 过梁 | m³ | 18.01 | 3248.64 | 1867.25 | 1658.18 | 0.00 | 346.15 | 221.44 | |
| | | **1.7 屋面及防水工程** | | | | | | | | | |
| 46 | 010702001001 | 屋面卷材防水 | m² | 550.14 | 11.73 | 34.39 | 0.30 | 0.00 | 2.37 | 1.52 | 50.30 |
| | 8-21换 | 25mm厚水泥砂浆找平 | 100m² | 5.50 | 3771.32 | 3466.64 | 163.78 | 0.00 | 378.23 | 241.96 | |
| | 9-27 | 改性沥青卷材 | 100m² | 5.50 | 2057.08 | 12 116.78 | 0.00 | 0.00 | 724.28 | 463.33 | |
| | 9-63 | 防水层上浅色涂料保护层 | 100m² | 5.50 | 622.54 | 3333.85 | 0.00 | 0.00 | 202.17 | 129.33 | |
| 47 | 010702004001 | 屋面排水管 | m | 85.50 | 7.04 | 23.01 | 0.00 | 0.00 | 1.54 | 0.98 | 32.57 |
| | 9-68 | 塑料制品水落管 | 10m | 8.85 | 464.45 | 1955.32 | 0.00 | 0.00 | 123.65 | 79.10 | |
| | 9-69 | 塑料制品水落斗 | 10个 | 0.60 | 137.76 | 12.17 | 0.00 | 0.00 | 7.66 | 4.90 | |
| 48 | 010702005001 | 屋面天沟、沿沟 | m² | 0.67 | 9.45 | 13.52 | 0.24 | 0.00 | 1.19 | 0.76 | 25.16 |
| | 8-20 | 水泥砂浆找平 | 100m² | 0.01 | 4.48 | 2.84 | 0.16 | 0.00 | 0.38 | 0.24 | |
| | 9-39 | 氯橡胶沥青涂膜 | 100m² | 0.01 | 1.81 | 6.17 | 0.00 | 0.00 | 0.41 | 0.26 | |
| 49 | 010703002001 | 涂膜防水 | m² | 178.68 | 10.76 | 45.80 | 0.26 | 0.00 | 2.90 | 1.86 | 61.58 |
| | 8-20 | 水泥砂浆找平 | 100m² | 1.79 | 1194.12 | 757.57 | 43.06 | 0.00 | 101.93 | 65.21 | |
| | 8-25 | 素水泥浆一道内参建筑胶粉 | 100m² | 1.79 | 168.50 | 132.42 | 2.54 | 0.00 | 15.51 | 9.92 | |
| | 9-84 | 氯化聚乙烯—橡胶共混卷材 | 100m² | 1.79 | 559.70 | 7293.49 | 0.00 | 0.00 | 401.30 | 256.71 | |
| 50 | 010703003001 | 砂浆防水 | m² | 47.76 | 7.56 | 4.72 | 0.24 | 0.00 | 0.64 | 0.41 | 13.57 |
| | 8-15 | 普通防水砂浆 | 100m² | 0.48 | 361.08 | 225.47 | 11.51 | 0.00 | 30.56 | 19.55 | |

续表

| 序号 | 编码 | 项目名称 | 单位 | 工程量 | 其中 | | | | | | 综合单价（元） |
| --- | --- | --- | --- | --- | --- | --- | --- | --- | --- | --- | --- |
| | | | | | 人工费（元） | 材料费（元） | 机械费（元） | 风险 | 管理费（元） | 利润（元） | |
| | | 1.7 屋面及防水工程 | | | | | | | | | |
| 51 | 010703003002 | 砂浆防水 | m² | 7.55 | 7.56 | 4.72 | 0.24 | 0.00 | 0.64 | 0.41 | 13.58 |
| | 8-15 | 普通防水砂浆 | 100m² | 0.08 | 57.08 | 35.64 | 1.82 | 0.00 | 4.83 | 3.09 | |
| 52 | 010703003003 | 砂浆防潮 | m² | 47.73 | 7.15 | 3.63 | 0.23 | 0.00 | 0.56 | 0.36 | 11.93 |
| | 8-19 | 墙基防水砂浆 | 100m² | 0.48 | 341.29 | 173.20 | 10.83 | 0.00 | 26.84 | 17.17 | |
| | | 1.8 隔热保温工程 | | | | | | | | | |
| 53 | 010803001001 | 保温隔热屋面 | m² | 472.20 | 3.80 | 50.11 | 0.00 | 0.00 | 2.76 | 1.76 | 58.43 |
| | 9-50 | 粉煤灰加气混凝土块 | 10m³ | 9.44 | 1796.63 | 23 662.04 | 0.00 | 0.00 | 1300.94 | 832.22 | |
| 54 | 010803001002 | 保温隔热屋面 | m² | 472.30 | 1.77 | 3.50 | 0.00 | 0.00 | 0.27 | 0.17 | 5.71 |
| | 9-56 | 水泥炉渣找坡层 | 10m³ | 1.416 6 | 835.20 | 1653.17 | 0.00 | 0.00 | 127.16 | 81.34 | |
| | | 2.1 楼地面工程 | | | | | | | | | |
| 55 | 020102002001 | 块料楼地面 | m² | 1065.12 | 45.17 | 98.91 | 0.84 | 0.00 | 5.52 | 5.01 | 155.45 |
| | 1-28 | 回填夯实 3：7灰土 | 100m³ | 1.60 | 9202.24 | 241.85 | 5.77 | 0.00 | 329.44 | 265.02 | |
| | 4-1换 | C15普通砾石混凝土 | m³ | 0.64 | 95.38 | 103.32 | 11.33 | 0.00 | 10.73 | 6.87 | |
| | 10-70换 | 25mm厚水泥砂浆1：2 | 100m² | 10.65 | 38 812.21 | 105 001.47 | 882.35 | 0.00 | 5541.86 | 5063.02 | |
| 56 | 020102002002 | 卫生间块料楼地面 | m² | 178.68 | 50.91 | 204.78 | 0.61 | 0.00 | 10.30 | 8.76 | 275.36 |
| | 1-28 | 回填夯实 3：7灰土 | 100m³ | 0.27 | 1543.59 | 241.85 | 5.77 | 0.00 | 55.26 | 44.46 | |
| | 4-1换 | C15砾石混凝土 | m³ | 0.11 | 16.00 | 17.33 | 1.90 | 0.00 | 1.80 | 1.15 | |
| | 9-112 | 丙烯酸酯涂膜 | 100m² | 3.71 | 1299.79 | 6511.05 | 11.33 | 0.00 | 399.13 | 255.33 | |
| | 10-65 | 凹凸假麻石块 | 100m² | 1.79 | 6237.21 | 29 818.49 | 100.65 | 0.00 | 1384.79 | 1265.14 | |
| 57 | 020105003001 | 块料踢脚线 | m² | 185.35 | 45.86 | 70.02 | 0.60 | 0.00 | 4.46 | 4.08 | 125.02 |
| | 10-73 | 踢脚线 | 100m² | 1.85 | 8499.62 | 12 979.13 | 110.97 | 0.00 | 826.89 | 755.44 | |
| 58 | 020106002001 | 块料楼梯面层 | m² | 99.22 | 24.55 | 37.48 | 0.32 | 0.00 | 2.39 | 2.18 | 66.92 |
| | 10-71 | 楼梯 | 100m² | 0.99 | 4549.95 | 6947.88 | 59.40 | 0.00 | 442.64 | 404.40 | |

续表

| 序号 | 编码 | 项目名称 | 单位 | 工程量 | 人工费（元） | 材料费（元） | 机械费（元） | 其中<br>风险 | 管理费（元） | 利润（元） | 综合单价（元） |
|---|---|---|---|---|---|---|---|---|---|---|---|
| | | | | 2.1 楼地面工程 | | | | | | | |
| 59 | 02010700 2001 | 楼梯硬木扶手 | m | 99.86 | 68.89 | 44.19 | 0.00 | 0.00 | 4.33 | 3.96 | 121.37 |
| | 10-204 | 木栏杆 | 100m | 1.00 | 4857.48 | 1783.89 | 0.00 | 0.00 | 254.36 | 232.39 | |
| | 10-209 | 硬木扶手 | 100m | 1.00 | 2022.17 | 2628.81 | 0.00 | 0.00 | 178.13 | 162.74 | |
| 60 | 02010800 2001 | 块料台阶面 | m² | 21.42 | 49.50 | 111.79 | 1.11 | 0.00 | 6.22 | 5.68 | 174.29 |
| | 10-72 | 台阶 | 100m² | 0.21 | 1060.29 | 2394.44 | 23.72 | 0.00 | 133.22 | 121.71 | |
| | | | | 2.2 墙柱面工程 | | | | | | | |
| 61 | 02020100 1001 | 内墙面抹灰 | m² | 5812.52 | 11.76 | 3.27 | 0.21 | 0.00 | 0.58 | 0.53 | 15.77 |
| | 10-247 | 水泥砂浆内砖墙面 | 100m² | 54.74 | 68382.65 | 18984.03 | 1203.13 | 0.00 | 3392.22 | 3099.12 | |
| 62 | 02020100 2001 | 墙面装饰抹灰 | m² | 1186.82 | 39.20 | 7.86 | 0.30 | 0.00 | 1.81 | 1.66 | 49.02 |
| | 10-297 | 水刷豆石浆 | 100m² | 11.87 | 46527.58 | 9330.07 | 353.32 | 0.00 | 2152.88 | 1966.86 | |
| 63 | 02020200 1001 | 柱面抹灰 | m² | 860.78 | 20.61 | 7.32 | 0.28 | 0.00 | 1.08 | 0.99 | 29.21 |
| | 10-240 | 砖面中级石灰砂浆 | 100m² | 8.61 | 17744.36 | 6302.29 | 244.12 | 0.00 | 930.34 | 849.95 | |
| 64 | 02020400 3001 | 块料墙面（卫生间） | m² | 660.59 | 132.07 | 61.05 | 0.73 | 0.00 | 7.42 | 6.78 | 200.62 |
| | 10-404 | 瓷片面砖 | 100m² | 6.61 | 87243.89 | 40326.25 | 478.99 | 0.00 | 4904.28 | 4480.53 | |
| 65 | 02020600 3001 | 块料零星项目（雨蓬挑檐） | m² | 79.48 | 132.07 | 61.05 | 0.73 | 0.00 | 7.42 | 6.78 | 200.62 |
| | 10-404 | 瓷片面砖 | 100m² | 0.79 | 10496.90 | 4851.92 | 57.63 | 0.00 | 590.07 | 539.08 | |
| 66 | 02021000 1001 | 全玻璃幕墙 | m² | 188.64 | 0.00 | 530.00 | 0.00 | 0.00 | 20.30 | 18.55 | 548.55 |
| | 10-652 | 幕墙 | 100m² | 1.89 | 0.00 | 99979.20 | 0.00 | 0.00 | 3829.20 | 3498.34 | |
| | | | | 2.3 天棚工程 | | | | | | | |
| 67 | 02030100 1001 | 天棚抹灰 | m² | 365.88 | 17.51 | 5.60 | 0.16 | 0.00 | 0.89 | 0.81 | 24.97 |
| | 10-654 | 石灰砂浆抹灰 | 100m² | 3.66 | 6405.51 | 2049.00 | 57.08 | 0.00 | 325.99 | 297.83 | |
| 68 | 2030200 1001 | 天棚吊顶 | m² | 105.96 | 244.67 | 520.16 | 0.61 | 0.00 | 29.32 | 26.78 | 821.54 |
| | 10-684 | 方木龙骨天棚 | 100m² | 1.06 | 1929.99 | 4305.86 | 6.47 | 0.00 | 239.08 | 218.42 | |
| | 10-743 | 板条 | 100m² | 1.06 | 681.17 | 1245.39 | 0.00 | 0.00 | 73.79 | 67.41 | |

续表

2.4 门窗工程

| 序号 | 编码 | 项目名称 | 单位 | 工程量 | 人工费（元） | 材料费（元） | 机械费（元） | 风险 | 管理费（元） | 利润（元） | 综合单价（元） |
|---|---|---|---|---|---|---|---|---|---|---|---|
| 69 | 02040200004001 | 胶合板门 | 樘 | 78 | 77.90 | 706.61 | 1.69 | 0.00 | 32.41 | 27.10 | 845.70 |
| | 7-23 | 木门框制作 | 100m² | 1.872 | 1667.05 | 10 196.22 | 131.43 | 0.00 | 612.93 | 392.10 | |
| | 7-24 | 木门框安装 | 100m² | 1.872 | 1901.91 | 128.49 | 0.00 | 0.00 | 103.75 | 66.37 | |
| | 10-983 | 高级装饰木门安装 | 扇 | 78 | 2507.14 | 44 790.72 | 0.00 | 0.00 | 1811.51 | 1654.99 | |
| 70 | 02040200005001 | 塑钢门 | 樘 | 1 | 318.21 | 3460.08 | 3.14 | 0.00 | 157.63 | 130.01 | 4069.08 |
| | B-1 | 采购塑钢门 3600mm×3000mm | 樘 | 1 | | 1000.00 | | | | | |
| | 10-966 | 塑钢门连窗 | 100m² | 0.108 | 318.21 | 2460.08 | 3.14 | 0.00 | 106.53 | 97.32 | |
| 71 | 02040200004002 | 胶合板门 | 樘 | 2 | 186.57 | 1020.98 | 5.69 | 0.00 | 54.23 | 41.06 | 1308.53 |
| | 7-23 | 木门框（有亮）制作 | 100m² | 0.162 | 144.26 | 882.37 | 11.37 | 0.00 | 53.04 | 33.93 | |
| | 7-24 | 木门框（有亮）安装 | 100m² | 0.162 | 164.59 | 11.12 | 0.00 | 0.00 | 8.98 | 5.74 | |
| | 10-983 | 高级装饰木门安装 | 扇 | 2 | 64.29 | 1148.48 | 0.00 | 0.00 | 46.45 | 42.44 | |
| 72 | 02040200004003 | 胶合板门 | 樘 | 8 | 114.50 | 812.50 | 3.03 | 0.00 | 39.76 | 31.80 | 1001.60 |
| | 7-23 | 木门框（有亮）制作 | 100m² | 0.345 6 | 307.76 | 1882.38 | 24.26 | 0.00 | 113.16 | 72.39 | |
| | 7-24 | 木门框（有亮）安装 | 100m² | 0.345 6 | 351.12 | 23.72 | 0.00 | 0.00 | 19.15 | 12.25 | |
| | 10-983 | 高级装饰木门安装 | 扇 | 8 | 257.14 | 4593.92 | 0.00 | 0.00 | 185.80 | 169.74 | |
| 73 | 02040600001001 | 金属推拉窗C-1 | 樘 | 72 | 50.90 | 616.98 | 0.62 | 0.00 | 25.67 | 23.38 | 717.54 |
| | B-2 | 采购金属推拉窗 1200mm×2100mm | 樘 | 72 | | 400.00 | | | | | |
| | 10-951 | 推拉窗安装 | 100m² | 1.81 | 3664.44 | 44 022.42 | 44.54 | 0.00 | 1828.11 | 1670.16 | |
| 74 | 02040600001002 | 金属推拉窗C-2 | 樘 | 6 | 76.34 | 992.13 | 0.93 | 0.00 | 41.92 | 37.25 | 1148.57 |
| | B-3 | 采购金属推拉窗 1800mm×2100mm | 樘 | 6 | 0.00 | 450.00 | | | | | |
| | 10-951 | 推拉窗安装 | 100m² | 0.226 8 | 458.06 | 5502.80 | 5.57 | 0.00 | 228.51 | 208.77 | |
| 75 | 02040600001003 | 金属推拉窗C-3 | 樘 | 6 | 84.83 | 1102.37 | 1.03 | 0.00 | 46.58 | 41.39 | 1276.19 |
| | B-4 | 采购金属推拉窗 2000mm×2100mm | 樘 | 6 | 0.00 | 500.00 | | | | | |
| | 10-951 | 推拉窗安装 | 100m² | 0.252 | 508.95 | 6114.23 | 6.19 | 0.00 | 253.90 | 231.97 | |

续表

| 序号 | 编码 | 项目名称 | 单位 | 工程量 | 人工费（元） | 材料费（元） | 其中 机械费（元） | 其中 风险 | 其中 管理费（元） | 其中 利润（元） | 综合单价（元） |
|---|---|---|---|---|---|---|---|---|---|---|---|
| 76 | 02040900300 1 | 石材窗户台 | m | 109.20 | 17.95 | 62.29 | 0.15 | 0.00 | 3.08 | 2.81 | 86.28 |
|  | 10-1011 | 窗台板 | 100m² | 0.27 | 1959.75 | 6802.48 | 16.12 | 0.00 | 336.21 | 307.16 |  |
| 77 | 02040601000 1 | 特殊五金 | 套 | 78 | 13.93 | 21.50 | 0.00 | 0.00 | 1.36 | 1.24 | 38.03 |
|  | 10-1017 | 弹子锁安装 | 把 | 78 | 668.57 | 1404.00 | 0.00 | 0.00 | 79.38 | 72.52 |  |
|  | 10-1020 | 门服 | 只 | 78 | 417.86 | 273.00 | 0.00 | 0.00 | 26.46 | 24.17 |  |
| 78 | 02040601000 2 | 特殊五金 | 套 | 10 | 32.14 | 303.00 | 0.00 | 0.00 | 12.84 | 11.73 | 359.71 |
|  | 10-1019 | 防盗门扣 | 幅 | 10 | 53.57 | 30.00 | 0.00 | 0.00 | 3.20 | 2.92 |  |
|  | 10-1024 | 高档门把手 | 幅 | 10 | 267.86 | 3000.00 | 0.00 | 0.00 | 125.16 | 114.34 |  |

2.5 油漆、涂料裱糊工程

| 序号 | 编码 | 项目名称 | 单位 | 工程量 | 人工费（元） | 材料费（元） | 其中 机械费（元） | 其中 风险 | 其中 管理费（元） | 其中 利润（元） | 综合单价（元） |
|---|---|---|---|---|---|---|---|---|---|---|---|
| 79 | 02050100100 1 | 门油漆 | m² | 221.76 | 39.43 | 8.90 | 0.00 | 0.00 | 1.85 | 1.69 | 51.87 |
|  | 10-1131 | 单层木门 | 100m² | 2.22 | 8743.68 | 1973.86 | 0.00 | 0.00 | 410.48 | 375.01 |  |
| 80 | 02050100100 2 | 门油漆 | m² | 221.76 | 39.43 | 8.90 | 0.00 | 0.00 | 1.85 | 1.69 | 51.87 |
|  | 10-1131 | 单层木门 | 100m² | 2.22 | 8743.68 | 1973.86 | 0.00 | 0.00 | 410.48 | 375.01 |  |
| 81 | 02050100100 3 | 门油漆 | m² | 16.20 | 39.43 | 8.90 | 0.00 | 0.00 | 1.85 | 1.69 | 51.87 |
|  | 10-1131 | 单层木门 | 100m² | 0.16 | 638.74 | 144.19 | 0.00 | 0.00 | 29.99 | 27.40 |  |
| 82 | 02050100100 4 | 门油漆 | m² | 16.20 | 39.43 | 8.90 | 0.00 | 0.00 | 1.85 | 1.69 | 51.87 |
|  | 10-1131 | 单层木门 | 100m² | 0.16 | 638.74 | 144.19 | 0.00 | 0.00 | 29.99 | 27.40 |  |
| 83 | 02050300100 1 | 木扶手油漆 | m | 99.86 | 2.80 | 0.37 | 0.00 | 0.00 | 0.12 | 0.11 | 3.40 |
|  | 10-1037 | 木扶手 | 100m | 1.00 | 279.25 | 37.39 | 0.00 | 0.00 | 12.13 | 11.08 |  |
| 84 | 02050600100 1 | 抹灰面油漆 | m² | 5812.52 | 12.33 | 5.84 | 0.00 | 0.00 | 0.70 | 0.64 | 19.50 |
|  | 10-1331 | 乳胶漆抹灰面两遍 | 100m² | 54.74 | 65684.88 | 24198.31 | 0.00 | 0.00 | 3442.53 | 3145.08 |  |
|  | 10-1332 | 乳胶漆抹灰面每增加一遍 | 100m² | 55.74 | 5971.86 | 9749.03 | 0.00 | 0.00 | 602.11 | 550.09 |  |
| 85 | 02050600100 2 | 抹灰面油漆 | m² | 365.88 | 12.00 | 20.35 | 0.00 | 0.00 | 2.90 | 2.64 | 37.89 |
|  | 10-1332 | 乳胶漆抹灰面两遍 | 100m² | 3.66 | 4390.56 | 1617.48 | 0.00 | 0.00 | 230.11 | 210.23 |  |

**表 2-22　措施项目综合单价分析表**

| 序号 | 编码 | 项目名称 | 单位 | 数量 | 人工费（元） | 材料费（元） | 机械费（元） | 风险 | 管理费（元） | 利润（元） | 综合单价（元） |
|---|---|---|---|---|---|---|---|---|---|---|---|
| 6 | | 脚手架 | 项 | 1.000 | | | | | | | 31 182.67 |
| | 13-1 | 钢管外脚手架，15m | 100m² | 15.894 | 647.10 | 79.99 | 59.04 | 0.00 | 30.11 | 27.51 | 13 410.50 |
| | 13-8 | 钢管里脚手架，基本层3.6m | 100m² | 15.876 | 918.81 | 104.04 | 20.14 | 0.00 | 39.95 | 36.50 | 17 772.17 |
| | | 混凝土模板及支撑 | 项 | 1.000 | | | | | | | 316 387.87 |
| 7 | 4-21 | 独立基础 | m³ | 271.212 | 44.28 | 47.77 | 2.95 | 0.00 | 4.85 | 3.11 | 27 923.98 |
| | 4-29 | 混凝土基础垫层 | m³ | 47.732 | 13.94 | 30.82 | 0.41 | 0.00 | 2.31 | 1.48 | 2336.71 |
| | 4-31 | 矩形柱截面1.8m以内 | m³ | 214.200 | 350.14 | 153.89 | 18.29 | 0.00 | 26.69 | 17.07 | 121 255.36 |
| | 4-36 | 基础梁 | m³ | 11.813 | 222.22 | 107.22 | 9.98 | 0.00 | 17.34 | 11.10 | 4345.34 |
| | 4-37 | 梁及框架梁 | m³ | 65.738 | 371.46 | 147.95 | 17.94 | 0.00 | 27.46 | 17.57 | 38 284.34 |
| | 4-48 | 有梁板 | m³ | 32.189 | 344.40 | 144.53 | 25.58 | 0.00 | 26.29 | 16.82 | 17 949.13 |
| | 4-49 | 有梁板 | m³ | 78.229 | 323.08 | 123.33 | 20.77 | 0.00 | 23.87 | 15.27 | 39 609.37 |
| | 4-50 | 平板 | m³ | 32.508 | 159.08 | 72.98 | 8.39 | 0.00 | 12.29 | 7.86 | 8471.49 |
| | 4-51 | 平板 | m³ | 47.220 | 364.90 | 155.29 | 25.03 | 0.00 | 27.86 | 17.82 | 27 902.47 |
| | 4-54 | 天沟、挑檐、悬挑构件 | m³ | 3.633 | 633.04 | 311.60 | 28.20 | 0.00 | 49.71 | 31.80 | 3830.89 |
| | 4-58 | 雨棚 | 10m² | 4.776 | 585.48 | 226.68 | 36.73 | 0.00 | 43.38 | 27.75 | 4394.01 |
| | 4-56 | 整体楼梯普通 | 10m² | 9.922 | 846.24 | 287.07 | 43.44 | 0.00 | 60.13 | 38.47 | 12 653.50 |
| | 4-110 | 矩形大井盖 | m³ | 0.380 | 92.66 | 60.74 | 64.20 | 0.00 | 11.12 | 7.11 | 89.62 |
| | 4-84 | 过梁 | m³ | 18.008 | 180.40 | 103.69 | 92.08 | 0.00 | 19.22 | 12.30 | 7341.66 |
| 8 | | 垂直运输机超高降效 | 项 | 1.000 | | | 1779.49 | | | 49.08 | 3318.11 |
| | 14-2 | 现浇框架服务房、卷扬机运输 | 100m² | 1.741 | | | | | 77.29 | | 3318.11 |

表 2-23　　　　　　　　　　　　　实物量消耗表

| 序号 | 名称及规格 | 单位 | 数量 | 序号 | 名称及规格 | 单位 | 数量 |
|---|---|---|---|---|---|---|---|
| 一 | 人工类别 | | | 21 | 防腐漆 | kg | 78.00 |
| 1 | 综合工日 | 工日 | 8047 | 22 | 防锈漆 | kg | 6.00 |
| 2 | 综合工日（装饰） | 工日 | 3842 | 23 | 钢丝绳 | kg | 5.32 |
| 二 | 材料类别 | | | 24 | 螺栓 | kg | 257.21 |
| 1 | 水泥 32.5 | t | 136.24 | 25 | 组合钢模板 | kg | 2354.72 |
| 2 | 水泥 42.5 | t | 47.21 | 三 | 机械类别 | | |
| 3 | 中砂 | m³ | 21.57 | 1 | 固定式塔吊 | 台 | 1 |
| 4 | 净砂 | m³ | 115.64 | 2 | 斗容量 0.8m³ 履带式挖掘机 | 台 | 2 |
| 5 | 碎石 1～3mm | m³ | 42.15 | 3 | 6t 自卸汽车 | 台 | 5 |
| 6 | 砾石 2～4mm | m³ | 236.02 | 4 | 8t 自卸汽车 | 台 | 1 |
| 7 | 非承重黏土多孔砖 | 千块 | 0.89 | 5 | 10t 自卸汽车 | 台 | 5 |
| 8 | 商品混凝土 C10 | m³ | 10.11 | 6 | 光轮压路机 | 台 | 2 |
| 9 | 商品混凝土 C25 | m³ | 541.02 | 7 | 夯实机 | 台 | 2 |
| 10 | 商品混凝土 C30 | m³ | 265.31 | 8 | 振动压路机 | 台 | 3 |
| 11 | 加气混凝土砌块 | m³ | 215.36 | 9 | 混凝土输送泵 | 台 | 2 |
| 12 | 圆钢筋（综合） | t | 54.45 | 10 | 钢筋对焊机 | 台 | 2 |
| 13 | 螺纹钢 | t | 63.41 | 11 | 钢筋电渣压力焊 | 台 | 2 |
| 14 | 建筑胶 | kg | 66.24 | 12 | 钢筋切断机 | 台 | 2 |
| 15 | 氯丁橡胶沥青 | kg | 56.21 | 13 | 钢筋弯曲机 | 台 | 2 |
| 16 | 水泥炉渣 | m³ | 6.58 | 14 | 木工电锯 | 台 | 2 |
| 17 | 塑料管固定卡 | 个 | 64.00 | 15 | 木工压刨 | 台 | 2 |
| 18 | 塑料排水管 DN100 | m | 86.24 | 16 | 切割机 | 台 | 3 |
| 19 | 塑料水落斗 | 个 | 12.00 | 17 | 平板振动器 | 台 | 5 |
| 20 | 塑钢门 | m² | 6.58 | | | | |

### 任务 2.2.2　水利工程造价编制

水利水电工程一般投资多，规模庞大，包括的建筑物及设备种类繁多，形式各异，因此，在编制概预算时，必须深入施工现场，搜集第一手资料，熟悉设计图纸，认真划分工程建设包含的各项费用，既不重复又不遗漏。

（1）水利工程项目划分

在水利工程概预算中，对一个水利工程建设项目要系统地逐级划分为若干个各级项目和费用项目。水利工程很难像一般的基本建设工程严格按单项工程、单位工程来确切划分工程项目。现行的水利工程项目划分按照水利部 2002 年颁发的水总〔2002〕116 号文有关项目划分的规定（以下简称《工程项目划分》）执行。

水利工程按工程性质划分为两类：一类是枢纽工程，包括水库、水电站和其他大型独立建筑物，枢纽工程大多为多目标开发项目，建筑物种类多，布置集中，施工难度大；另一类

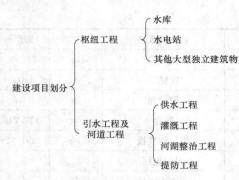

图 2-62　水利工程分类图

是引水工程及河道工程，包括供水工程、灌溉工程、河湖整治工程、堤防工程，这类工程建筑种类少，布置分散，施工难度小，详见图 2-62。

项目划分根据水利工程性质，其工程项目分别按枢纽工程、引水工程及河道工程划分，工程各部分下设一、二、三级项目，详见表 2-24。

第二、三级项目中，仅列示了代表性子目，编制概算时，二、三级项目可根据水利工程初步设计编制规程的工作深度要求和工程情况增减或再划分，以三级项目为例：

表 2-24　　　　　　　建筑工程（一、二级）划分表（部 2002 编规）

| 序号 | 枢纽工程 | | 引水工程及河道工程 | |
| --- | --- | --- | --- | --- |
| | 一级项目 | 二级项目 | 一级项目 | 二级项目 |
| 1 | 挡水工程 | 各类坝（闸）工程 | 渠（管）道工程（堤防工程、疏浚工程） | 渠（管）道工程、堤防修建与加固工程、清淤疏浚工程 |
| 2 | 泄洪工程 | 溢洪道/泄洪洞/冲砂孔（洞）/放空洞 | | |
| 3 | 引水工程 | 发电引水明渠/进水口/隧洞/调压井/高压管道 | | |
| 4 | 发电厂工程 | 地面、地下各类发电厂 | 建筑物工程 | 泵站/水闸/隧洞/渡槽/倒虹吸/跌水/小水电站/排水沟涵/调蓄水库 |
| 5 | 升压变电站 | 升压变电站/开关站 | | |
| 6 | 航运工程 | 上下游引航道/船闸/升船机 | | |
| 7 | 鱼道工程 | 可独立列项/可作为拦河坝的组成部分 | 供电设施工程 | 为生产架设的输电线路/变配电 |
| 8 | 交通工程 | 上坝进厂对外永久道路/桥涵/铁路/码头 | 交通工程 | 公路/铁路/桥梁/码头 |
| 9 | 房屋建筑工程 | 为生产服务的永久房建/室外工程 | 房屋建筑工程 | 房屋建筑工程 |
| 10 | 其他建筑工程 | 内外部观测/动力、照明、通信线路/厂坝区生活设施、环境建设/水情测报/其他 | 其他建筑工程 | 其他建筑工程 |

土方开挖工程，应将土方开挖与砂砾石开挖分列；

石方开挖工程，应将明挖与暗挖，平洞与斜井、竖井分列；

土石方回填工程，应将土方回填与石方回填分列；

混凝土工程，应将不同工程部位、不同标号、不同级配的混凝土分列；

模板工程，应将不同规格形状和材质的模板分列；

砌石工程，应将干砌石、浆砌石、抛石、铅丝（钢筋）笼块石等分列；

钻孔工程，应按使用不同钻孔机械及钻孔的不同用途分列；

灌浆工程，应按不同灌浆种类分列；

机电、金结设备及安装工程，应根据设计提供的设备清单，按分项要求逐一列出；

钢管制作及安装工程，应将不同管径的一般钢管、叉管分列。

（2）水利工程费用组成

水利工程建设项目费用由工程费、独立费用、预备费和建设期融资利息组成，详见图 2-63。

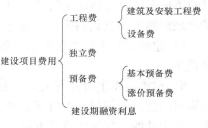

图 2-63　水利工程费用组成图

建筑及安装工程费由直接工程费、间接费、企业利润和税金组成。其中直接工程费含有直接费、其他直接费和现场经费；间接费有企业管理费、财务费用和其他费用；企业利润投标单位可以自行确定；税金包括营业税、城市维护建设税以及教育费附加。

设备费由设备原价、运杂费、运输保险费、采购及保管费组成。

独立费用由建设管理费、生产准备费、科研勘测设计费、建设及施工场地征用费和其他组成。其中建设管理费包含项目建设管理费、工程建设管理费和联合试运转费；生产准备费有生产及管理单位提前进厂费、生产职工培训费、管理用具购置费、备品备件购置费、工器具及生产家具购置费；科研勘测设计费包括工程科学研究试验费和工程勘测设计费；其他费用包括定额编制管理费、工程质量监督费、工程保险费和其他税费。

预备费包括基本预备费和涨价预备费。其中基本预备费主要为解决在工程施工过程中，经上级批准的设计变更和国家政策性变动增加的投资及为意外事故而采取的措施所增加的工程项目和费用；价差预备费主要为解决在工程项目建设过程中，因人工工资、材料和设备价格上涨以及费用标准调整而增加的投资。

建设期融资利息是指根据国家财政金融政策规定，工程在建设期内需偿还并应计入工程总投资的融资利息。

（3）水利工程造价编制依据

毕业设计所编的是水利工程投标文件，所以其中水利工程造价部分指的是水利工程施工图预算文件的编制。水利工程施工图预算的编制依据包括如下。

1）施工图纸、说明书和标准图集。经审定的施工图纸、说明书和标准图集，完整地反映了工程的具体内容、各部分的具体做法、结构尺寸、技术特征以及施工方法，是编制施工图预算的直接依据。

2）现行预算定额及单位估价表。国家和地区都颁发有现行建筑、安装工程预算定额及单位估价表，并有相应的工程量计算规则，是编制施工图预算确定分项工程子目、计算工程量、选用单位估价表、计算直接工程费的重要依据。

3）施工组织设计或施工方案。因为施工组织设计或施工方案中包括了编制施工图预算必不可少的有关资料，如建设地点的土质、地质情况、土石方开挖的施工方法及余土外运方式与运距、施工机械使用情况、结构件预制加工方法及运距、重要的梁板柱的施工方案、重要或特殊机械设备的安装方案等。

4）材料、人工、机械台班预算价格及调价规定。材料、人工、机械台班预算价格是预算定额的三要素，是构成直接工程费的主要因素。尤其是材料费在工程成本中占的比重大，而且在市场经济条件下，材料、人工、机械台班的价格是随市场而变化的。为使预算造价尽可能接近实际，各地区主管部门对此都有明确的调价规定。因此，合理确定材料、人工、机械台班预算价格及其调价规定是编制施工图预算的重要依据。

5）建筑安装工程费用定额。各省、直辖市、自治区和各专业部门规定的费用定额及计算程序。

6）预算工作手册及有关工具书。预算员工作手册和工具书包括了计算各种结构件面积和体积的公式，钢材、木材等各种材料规格、型号及用量数据，各种单位换算比例，特殊断面、结构件的工程量的速算方法，金属材料重量表等。显然，以上这些公式、资料、数据是施工图预算中常常要用到的。所以它是编制施工图预算必不可少的依据。

（4）水利工程造价编制步骤

1）收集基本资料，熟悉设计图纸

编制概预算时，应对工程的内容、性质、组成部分、设计图纸等有充分的了解；对工程的劳力配置、施工方法、运输距离等要清楚；要到施工场地熟悉现场情况，全面收集概预算所需的基本资料。

2）划分工程项目

在编制概预算时要进行项目划分。项目划分办法参考 1991 年原能源部、水利部颁布的《水利水电工程初步设计概算编制办法》中的附录《水利枢纽、水电站、水库工程项目划分》和《其他水利工程项目划分》（以下统一简称《工程项目划分》）。在《工程项目划分》中水利枢纽、水电站、水库工程项目和其他水利工程项目都分为建筑工程、机电设备及安装工程、金属结构设备及安装工程、临时工程、水库淹没处理补偿费和其他费用等六部分，在每部分中又分为三级项目。根据水利水电基本建设《工程项目划分》规定，针对建筑工程项目的内容进行划分。在概算阶段，以三级项目为计算基础；在预算阶段，以三级项目为计算基础，针对工程的具体情况可再分细一些，增列四级项目，甚至五级项目。

3）编制工程概预算单价

建筑工程概预算单价，是完成单位工程量所耗用的直接费、间接费、计划利润和税金的总和。由于水利水电工程目前还缺乏统一的地区单位估价表（概预算单价表），因此，应根据工程的具体情况，按国家和地方颁发的定额、指标来编制。

4）计算工程量

工程量是以物理计量单位来表示各个分项工程的结构构件、材料等的数量。工程量要按照《水利水电工程设计工程量计算规定》计算，在计算工程量时，应根据工程的部件、设计图纸，按工程项目的划分，分别计算。工程量的计算单位应与定额的计算单位相对应。

为了准确地计算工程量，必须注意：①工程细目的工作内容和范围必须与概预算定额中相应工程细目相一致；②计算规则或计算方法与定额规定相一致；③按定额编号的顺序列出工程细目，避免漏算或重复计算。

5）计算工程概预算总造价及编制概预算书

概、预算书按一定的表格形式进行填写，将各工程量与概预算单价相乘得到各项造价，某单位工程中各部分分项工程的造价之和即为单位工程的预算造价，工程项目中各单位工程的造价汇总得工程项目的造价。工程项目预算造价除以建筑物的工程数量指标（如面积、体积、长度）得单位造价指标。

6) 进行工料机械台班分析

编制施工图预算时，要进行工料台班分析。它是建筑安装企业进行经济核算、提高施工管理水平的措施之一，是施工单位的计划、劳动、物资财务部门进行施工计划和组织的主要依据。

(5) 水利工程造价程序模块

在搜集各种现场资料、定额等文件并划分好工程项目以后，应编制工程的人工预算单价，材料预算价格，施工机械台班费，水、电、风、砂、石单价，作为编制概预算单价的基础资料，然后编写分部分项工程预算，汇总分部分项工程预算之后得单位工程或单项工程预算。最后汇总单位、单项工程预算以及其他费用，编制工程总预算。

水利工程造价编制由五大模块组成，即工程量表—基础单价表—单价分析—建筑安装工程预算表—总价、清单、实物消耗量表。五大程序模块的划分如图 2-64 所示。

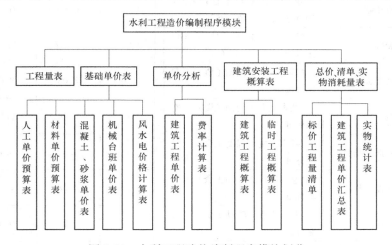

图 2-64　水利工程造价编制程序模块划分

(6) 项目成果示例

水利工程造价表格包括：投标总价（见表 2-25）、人工单价预算表（见表 2-26）、材料单价预算表（见表 2-27）、混凝土砂浆单价表（见表 2-28）、机械台班单价表（见表 2-29）、风水电价格计算表（见表 2-30）、建筑工程单价表（见表 2-31）、建筑工程单价汇总表（见表 2-32）、实物量消耗统计表（见表 2-33）、标价工程量清单（见表 2-34）。以下水利工程造价成果示例节选自一位工程管理专业优秀毕业设计的造价部分。

**表 2-25**　　　　　　　　　　　　　　　**投标总价**

| |
|---|
| 工　程　名　称：××市××区沈河站南街办—向阳街办防洪工程 |
| 合　同　编　号：_____LWQ—YHFH—SG_____ |
| 投标总价（小写）：_____1359.61 万元_____ |
| 　　　　　（大写）：__壹仟叁佰伍拾玖万陆仟壹佰圆整__ |
| 投　　标　　人：中国水利水电第五工程局有限公司（签字或盖章） |
| 法 定 代 表 人 |
| （或委托代理人）：_____（签字或盖章） |

**表 2-26**　　　　　　　　　　　**人工单价预算表**

建筑工的人工预算单价（元/工日）

| 序号 | 项目 | 计算公式 | 初级工 | 中级工 | 高级工 | 工长 |
|---|---|---|---|---|---|---|
| 1 | 基本工资 | 基本工资标准×地区工资系数×12月/年应工作日数×1.068 | 9.70 | 14.30 | 17.87 | 19.66 |
| 2 | 辅助工资 | (1)＋(2)＋(3)＋(4) | 4.56 | 7.70 | 7.85 | 7.92 |
| | (1) 地区津贴 | | | | | |
| | (2) 施工津贴 | 津贴标准×365×0.95/年应工作日数×1.068 | 2.95 | 5.90 | 5.90 | 5.90 |
| | (3) 夜餐津贴 | 津贴标准×30% | 1.20 | 1.20 | 1.20 | 1.20 |
| | (4) 加班津贴 | 基本工资（元/工日）×3×10/年应工作日数×35% | 0.41 | 0.60 | 0.75 | 0.82 |
| 3 | 工资附加费 | (1)＋(2)＋(3)＋(4)＋(5)＋(6)＋(7) | 3.56 | 10.67 | 12.47 | 13.38 |
| | (1) 福利基金 | （基本工资＋辅助工资）×费率标准 | 1.00 | 3.08 | 3.60 | 3.86 |
| | (2) 经费 | （基本工资＋辅助工资）×费率标准 | 0.14 | 0.44 | 0.51 | 0.55 |
| | (3) 养老保险基金 | （基本工资＋辅助工资）×费率标准 | 1.43 | 4.40 | 5.14 | 5.52 |
| | (4) 医疗保险基金 | （基本工资＋辅助工资）×费率标准 | 0.29 | 0.88 | 1.03 | 1.10 |
| | (5) 工伤保险金 | （基本工资＋辅助工资）×费率标准 | 0.21 | 0.33 | 0.39 | 0.41 |
| | (6) 失业保险金 | （基本工资＋辅助工资）×费率标准 | 0.14 | 0.44 | 0.51 | 0.55 |
| | (7) 住房公积金 | （基本工资＋辅助工资）×费率标准 | 0.36 | 1.10 | 1.29 | 1.38 |
| 4 | 人工工日预算单价 | 1＋2＋3 | 17.82 | 32.66 | 38.19 | 40.96 |
| 5 | 人工工时预算单价 | 人工工日预算单价/8 | 2.23 | 4.08 | 4.77 | 5.12 |

**表 2-27**　　　　　　　　　　　**材料单价预算表**

主要材料预算价格计算表

| 编号 | 名称规格 | 单位 | 单位毛重 | 运费（元） | 价　格（元） | | | | | |
|---|---|---|---|---|---|---|---|---|---|---|
| | | | | | 原价 | 运杂费 | 包装费 | 采购及保管费（%） | 运输保险费（%） | 预算价格 |
| 1 | 水泥 32.5 | t | 1.01 | 2.50 | 320 | 2.53 | 15.00 | 3.0 | 0.05 | 347.81 |
| 2 | 水泥 42.5 | t | 1.01 | 2.50 | 400 | 2.53 | 15.00 | 3.0 | 0.05 | 430.25 |
| 3 | 柴油 | kg | 1.005 | 0.50 | 4.6 | 0.50 | 0.50 | 3.0 | 0.05 | 5.77 |

续表

主要材料预算价格计算表

| 编号 | 名称规格 | 单位 | 单位毛重 | 运费（元） | 价 格（元） | | | | | |
|------|----------|------|----------|-----------|------|--------|--------|----------------------|----------------------|----------|
| | | | | | 原价 | 运杂费 | 包装费 | 采购及保管费（%） | 运输保险费（%） | 预算价格 |
| 4 | 汽油 | kg | 1.005 | 0.50 | 5.60 | 0.50 | 0.50 | 3.0 | 0.05 | 6.80 |
| 5 | 粗砂 | m³ | 1.01 | 1.16 | 27 | 1.17 | 1.00 | 3.0 | 0.05 | 30.06 |
| 6 | 保水剂 | kg | 1 | 0.5 | 89.50 | 0.50 | 0.50 | 3.0 | 0.05 | 93.26 |
| 7 | 卵石 | m³ | 1.01 | 1.00 | 32 | 1.01 | 0.00 | 3.0 | 0.05 | 34.02 |
| 8 | 碎石 | m³ | 1.01 | 1.00 | 38 | 1.01 | 0.00 | 3.0 | 0.05 | 40.20 |
| 9 | 砂 | m³ | 1.01 | 2.00 | 36 | 2.02 | 0.50 | 3.0 | 0.05 | 39.69 |
| 10 | 块石 | m³ | 1.03 | 1.00 | 30 | 1.03 | 1.00 | 3.0 | 0.05 | 33.01 |
| 11 | 砂浆 | m³ | 1.01 | 1.20 | 300 | 1.21 | 1.50 | 3.0 | 0.05 | 311.94 |
| 12 | 水 | m³ | | | 0.38 | | | 3.0 | 0.05 | 0.39 |
| 13 | 电 | 度 | | | 0.55 | | | 3.0 | 0.05 | 0.57 |
| 14 | 钢筋 | t | 1.005 | 20 | 4500 | 20.10 | 0.80 | 3.0 | 0.05 | 4658.78 |
| 15 | 电焊条 | kg | 1 | 0.5 | 15 | 0.50 | 0.00 | 3.0 | 0.05 | 15.97 |
| 16 | 黏土 | m³ | 1.01 | 1 | 10 | 1.01 | 0.00 | 3.0 | 0.05 | 11.35 |
| 17 | 沥青 | t | 1.005 | 10 | 1400 | 10.05 | 1.00 | 3.0 | 0.05 | 1454.08 |
| 18 | 石屑 | m³ | 1.01 | 0.8 | 29 | 0.81 | 0.00 | 3.0 | 0.05 | 30.72 |
| 19 | 矿粉 | t | 1.005 | 2.00 | 95 | 2.01 | 1.00 | 3.0 | 0.05 | 101.00 |
| 20 | 锯材 | m³ | 1.005 | 1.00 | 1200 | 1.01 | 1.00 | 3.0 | 0.05 | 1238.67 |
| 21 | 复合土工膜 | m² | 1.005 | 0.50 | 3 | 0.50 | 0.00 | 3.0 | 0.05 | 3.61 |
| 22 | 工程胶 | kg | 1.005 | 0.50 | 40 | 0.50 | 0.00 | 3.0 | 0.05 | 41.74 |
| 23 | 土工布 | m² | 1.005 | 0.50 | 8 | 0.50 | 0.00 | 3.0 | 0.05 | 8.76 |
| 24 | 草皮 | m² | 1.01 | 0.60 | 15 | 0.61 | 0.00 | 3.0 | 0.05 | 16.08 |
| 25 | 铁丝 | kg | 1.005 | 0.00 | 7 | 0.00 | 0.00 | 3.0 | 0.05 | 7.21 |
| 26 | 橡胶止水带 | m | 1.005 | 0.5 | 30 | 0.50 | 0.00 | 3.0 | 0.05 | 31.43 |
| 27 | 钢管 | kg | 1.005 | 0.50 | 5 | 0.50 | 0.00 | 3.0 | 0.05 | 5.67 |
| 28 | 管件 | kg | 1.005 | 0.5 | 25 | 0.50 | 0.00 | 3.0 | 0.05 | 26.28 |
| 29 | 阀门 | 个 | 1 | 0.5 | 16 | 0.50 | 0.00 | 3.0 | 0.05 | 17.00 |
| 30 | 铅油 | kg | 1.005 | 0.5 | 150 | 0.50 | 0.00 | 3.0 | 0.05 | 155.09 |
| 31 | 组合钢模板 | t | 1.01 | 20 | 4000 | 20.20 | 0.00 | 3.0 | 0.05 | 4142.81 |

续表

主要材料预算价格计算表

| 编号 | 名称规格 | 单位 | 单位毛重 | 运费（元） | 价 格（元） | | | | | |
|------|----------|------|----------|------------|------|------|------|------|------|------|
| | | | | | 原价 | 运杂费 | 包装费 | 采购及保管费（%） | 运输保险费（%） | 预算价格 |
| 32 | 型钢 | t | 1.01 | 20 | 2800 | 20.20 | 0.00 | 3.0 | 0.05 | 2906.21 |
| 33 | 卡扣件 | kg | 1.005 | 0.5 | 15 | 0.50 | 0.00 | 3.0 | 0.05 | 15.98 |
| 34 | 铁件 | kg | 1.005 | 0.5 | 4 | 0.50 | 0.00 | 3.0 | 0.05 | 4.64 |
| 35 | 铁钉 | kg | 1.005 | 0.5 | 5 | 0.50 | 1.00 | 3.0 | 0.05 | 6.70 |
| 36 | 专用钢模板 | t | 1.01 | 20 | 4500 | 20.20 | 2.00 | 3.0 | 0.05 | 4660.12 |
| 37 | 砖 | 千块 | 1.01 | 10 | 220 | 10.10 | 0.00 | 3.0 | 0.05 | 237.11 |
| 38 | 水泥砂浆 | m³ | 1.02 | 0.50 | 350 | 0.51 | 3.00 | 3.0 | 0.05 | 364.29 |
| 39 | 竹席 | m² | 1.005 | 0.50 | 15 | 0.50 | 0.00 | 3.0 | 0.05 | 15.98 |
| 40 | 石棉水泥瓦 | 张 | 1.03 | 1.00 | 10 | 1.03 | 0.00 | 3.0 | 0.05 | 11.37 |
| 41 | 石灰 | t | 1.01 | 0.50 | 70 | 0.51 | 0.00 | 3.0 | 0.50 | 72.66 |
| 42 | 脊瓦 | 张 | 1.03 | 1.00 | 2 | 1.03 | 0.00 | 3.0 | 0.05 | 3.12 |
| 43 | 红砖 | 千块 | 1.01 | 10.00 | 220 | 10.10 | 0.00 | 3.0 | 0.05 | 237.11 |
| 44 | 玻璃 | m² | 1.005 | 2.00 | 75 | 2.01 | 0.00 | 3.0 | 3.0 | 79.36 |
| 45 | 铅丝 8# | kg | 1.005 | 0.5 | 7 | 0.50 | 0.00 | 3.0 | 0.05 | 7.73 |
| 46 | 竹子 | t | 1.01 | 20 | 750 | 20.20 | 0.00 | 3.0 | 0.05 | 793.68 |
| 47 | 橡胶止水圈 | 根 | 1.005 | 0.5 | 30 | 0.50 | 0.00 | 3.0 | 0.05 | 31.43 |
| 48 | 格宾（厚500mm） | m² | 1.005 | 0.40 | 32 | 0.40 | 0.00 | 3.0 | 0.05 | 33.39 |
| 49 | 格宾（厚1000mm） | m² | 1.005 | 0.40 | 45 | 0.40 | 0.00 | 3.0 | 0.05 | 46.79 |

表 2-28　　　　　　　　　　　　混凝土、砂浆单价表

| 编号 | 砂浆、混凝土标号 | 水 泥 | | 砂 子 | | 石 子 | | 水 | | 单价（元/m³） |
|------|------------------|-------|-------|-------|-------|-------|-------|-------|-------|------|
| | | 数量（kg） | 金额（元） | 数量（m³） | 金额（元） | 数量（m³） | 金额（元） | 数量（m³） | 金额（元） | |
| 1 | 混凝土 C25 | 280 | 98.17 | 0.49 | 40.49 | 0.81 | 75.2 | 0.15 | 0.14 | 214.01 |
| 2 | M7.5 砂浆 | 261 | 91.51 | 1.04 | 85.94 | | | 0.15 | 0.14 | 177.59 |

表 2-29

**机械台班单价表**

施工机械使用费

| 序号 | 定额号 | 机械规格名称 | 第一类费用（元） | | | | 人工（工时） | 第二类费用（元） | | | | | | 其他 | 台班合计（元） |
|---|---|---|---|---|---|---|---|---|---|---|---|---|---|---|---|
| | | | 折旧费 | 修理及设备替换费 | 安装拆卸费 | 合计（元） | | 汽油 kg | 柴油 kg | 电 kW·h | 风 m³ | 水 m³ | 合计（元） | | |
| 1 | 1016 | 挖掘机 2.0m³ | 28.77 | 29.63 | 2.42 | 60.82 | 2.7 | | 14.2 | | | | 156.28 | | 217.10 |
| 2 | 1025 | 反铲挖掘机 | 71.3 | 73.8 | | 145.1 | 2.4 | | | 106 | | | 69.9 | | 215.0 |
| 3 | 1028 | 装载机 1m³ | 13.1 | 9.2 | | 22.3 | 1.3 | | 10.4 | | | | 111.7 | | 134.0 |
| 4 | 1043 | 推土机 74kW | 19.0 | 22.8 | 0.86 | 42.6 | 2.4 | | 10.6 | | | | 118.2 | | 160.8 |
| 5 | 1042 | 推土机 59kW | 10.8 | 13.0 | 0.49 | 24.3 | 2.4 | | 8.4 | | | | 95.7 | | 120.0 |
| 6 | 1058 | 拖拉机 26kW | 2.3 | 2.9 | 0.3 | 5.5 | 2.4 | | 6.4 | | | | 75.3 | | 80.7 |
| 7 | 1059 | 拖拉机 37kW | 3.7 | 3.8 | 0.3 | 7.8 | 2.4 | | 7.1 | | | | 82.4 | | 90.3 |
| 8 | 1061 | 拖拉机 59kW | 5.7 | 6.8 | 0.4 | 12.9 | 2.4 | | 7.9 | | | | 90.6 | | 103.5 |
| 9 | 1089 | 羊脚碾 5~7t | 1.27 | 1.06 | | 2.3 | 2.4 | | | | | | 0 | | 2.3 |
| 10 | 1092 | 内燃压路机 12~15t | 10.12 | 17.28 | | 27.4 | 2.4 | | 6.5 | | | | 76.3 | | 103.7 |
| 11 | 1094 | 刨毛机 | 8.36 | 10.87 | 0.4 | 19.6 | 2.4 | | 7.4 | | | | 85.5 | | 105.1 |
| 12 | 1095 | 蛙式夯实机 2.8kW | 0.2 | 1.0 | | 1.2 | 2.0 | | | 2.5 | | | 9.6 | | 10.8 |
| 13 | 2032 | 混凝土泵 30m³/h | 30.0 | 20.8 | 2.13 | 52.9 | 2.4 | | | 27.0 | | | 25.1 | | 78.0 |
| 14 | 2047 | 振动器 1.1kW | 0.3 | 1.4 | | 1.7 | | | | 1 | | | 0.57 | | 2.3 |
| 15 | 2051 | 振动器平板式 2.2kW | 0.4 | 1.5 | | 1.9 | | | | 2 | | | 1.1 | | 3.0 |
| 16 | 2052 | 变频机组 8.5kVA | 3.3 | 8.1 | | 11.4 | | | | 6 | | | 3.4 | | 14.8 |
| 17 | 2080 | 风水枪 | 0.2 | 0.35 | | 0.55 | | | | | 203 | 4 | 21.9 | | 22.4 |
| 18 | 2080 | 风砂枪 | 0.2 | 0.35 | | 0.55 | | | | | 203 | 4 | 21.9 | | 22.4 |
| 19 | 3004 | 载重汽车 5t | 8.5 | 11.3 | | 19.8 | 1.3 | 7.2 | | | | | 54.3 | | 74.1 |
| 20 | 3012 | 自卸汽车 5t | 11.4 | 5.4 | | 16.8 | 1.3 | | 8.8 | | | | 95.3 | | 112.1 |
| 21 | 3013 | 自卸汽车 8t | 22.9 | 14.2 | | 37.1 | 1.3 | | 9.8 | | | | 105.6 | | 142.7 |
| 22 | 3015 | 自卸汽车 10t | 30.5 | 18.3 | | 48.8 | 1.3 | | 10.8 | | | | 115.8 | | 164.6 |
| 23 | 3074 | 胶轮车 | 0.4 | 1.0 | | 1.4 | 1.3 | 2.0 | | | | | 18.9 | | 20.3 |
| 24 | 3123 | V型斗车 0.6m³ | 0.5 | 0.3 | 1.0 | 1.8 | | | | | | | 0 | | 1.8 |

续表

施工机械使用费

| 序号 | 定额号 | 机械规格名称 | 第一类费用 | | | | 人工 | 第二类费用 | | | | | | 其他 | 台班合计 |
| | | | 折旧费 | 修理及设备替换费 | 安装拆卸费 | 合计(元) | 工时 | 汽油 kg | 柴油 kg | 电 kW·h | 风 m³ | 水 m³ | 合计(元) | | (元) |
|---|---|---|---|---|---|---|---|---|---|---|---|---|---|---|---|
| 25 | 4028 | 塔式起重机 6t | 24.87 | 8.9 | 2.1 | 35.9 | 2.2 | | | 21.0 | | | 20.9 | | 56.8 |
| 26 | 4030 | 塔式起重机 10t | 41.37 | 16.9 | 3.1 | 61.4 | 2.7 | | | 36.7 | | | 31.8 | | 93.2 |
| 27 | 4090 | 汽车起重机 16t | 38.5 | 26.3 | | 64.8 | 3.2 | | 11.2 | | | | 127.6 | | 192.4 |
| 28 | 4092 | 汽车起重机 25t | 75.3 | 40.8 | | 116.1 | 2.7 | | 12.3 | | | | 136.9 | | 253.0 |
| 29 | 4128 | 电动葫芦 3t | 0.7 | 1.1 | | 1.8 | | | | 4.0 | | | 2.3 | | 4.1 |
| 30 | 4148 | 卷扬机单筒快速 3t | 3.9 | 1.0 | 0.3 | 5.2 | 1.3 | | | 10.0 | | | 11 | | 16.2 |
| 31 | 5094 | 电磁给料机 | 2.4 | 3.2 | 0.3 | 5.9 | 1.3 | | | 2.0 | | | 6.4 | | 12.3 |
| 32 | 6021 | 灰浆搅拌机 | 1.3 | 2.1 | 0.3 | 3.7 | 1.3 | | | 6.0 | | | 8.7 | | 12.4 |
| 33 | 6022 | 混凝土搅拌机 0.8cm³ | 4.2 | 5.8 | 1.2 | 11.2 | 1.3 | | | 18.0 | | | 15.5 | | 26.7 |
| 34 | 6024 | 灌浆泵低压泥浆 | 2.1 | 7.2 | 1.2 | 10.5 | 2.0 | | | 13.0 | | | 15.5 | | 26.0 |
| 35 | 6038 | 振冲器 ZCQ-75 | 18.9 | 10.3 | 1.75 | 31 | 1.3 | | | 46.0 | | | 31.4 | | 62.3 |
| 36 | 9023 | 离心水泵 22kW | 0.3 | 1.8 | 1.2 | 3.3 | 1.3 | | | 20.0 | | | 16.6 | | 19.9 |
| 37 | 9038 | 潜水泵 2.2kW | 0.3 | 2.1 | 1.2 | 3.6 | 1.3 | | | 2.0 | | | 6.4 | | 10.0 |
| 38 | 9043 | 污水泵 7.5kW | 0.3 | 2.8 | 1.2 | 4.3 | 1.3 | | | 21.0 | | | 17.2 | | 21.5 |
| 39 | 9126 | 电焊机 25kVA | 0.3 | 0.3 | 0.1 | 0.7 | 1.3 | | | 14.5 | | | 13.5 | | 14.2 |
| 40 | 9135 | 对焊机 150kVA | 1.7 | 2.6 | 0.8 | 5.1 | 1.3 | | | 80.0 | | | 52.7 | | 57.7 |
| 41 | 9143 | 钢筋弯曲机 | 0.5 | 1.5 | 0.2 | 2.2 | 1.3 | | | 6.0 | | | 8.7 | | 10.9 |
| 42 | 9146 | 钢筋切断机 20kW | 1.2 | 1.7 | 0.3 | 3.2 | 1.3 | | | 17.0 | | | 15.0 | | 18.1 |
| 43 | 9147 | 钢筋调直机 14kW | 1.6 | 2.7 | 0.4 | 4.7 | 1.3 | | | 7.0 | | | 9.3 | | 14.0 |
| 44 | 2097 | 堆料机 | 20.3 | 12.4 | 1.9 | 34.6 | 1.3 | | | 8.0 | | | 9.8 | | 44.4 |
| 45 | 2048 | 振动器 1.5kW | 1.4 | 1.9 | | 3.3 | 1.3 | | | 2.0 | | | 6.4 | | 9.7 |
| 46 | 3011 | 自卸汽车 3.5t | 8.4 | 3.8 | | 12.2 | 1.3 | 8.8 | | | | | 65.2 | | 77.4 |
| 47 | 3017 | 自卸汽车 15t | 42.9 | 30 | | 72.9 | 1.3 | | 13 | | | | 136.3 | | 209.2 |
| 48 | 3019 | 自卸汽车 20t | 51.5 | 32.8 | | 84.3 | 1.3 | | 16 | | | | 166.9 | | 251.2 |
| 49 | 9022 | 离心水泵 11~17kW | 0.3 | 2.4 | 1.2 | 3.9 | 1.3 | | | 16.0 | | | 14.4 | | 18.2 |

表 2-30

### 风水电价格计算表

施工用风价格

| 序号 | 计算项目 | | | | | | 供风价格（元/m³） |
|---|---|---|---|---|---|---|---|
| | 空压机总费用（元） | 水泵总费用（元） | 空压机额定容量之和 | 能量利用系数 | 供风损耗率（%） | 供风设施维修摊销费（元/m³） | |
| 1 | 240.47 | 26.83 | 103 | 0.85 | 18 | 0.04 | 0.10 |

施工用水价格

| 序号 | 计算项目 | | | | | 供水价格（元/m³） |
|---|---|---|---|---|---|---|
| | 水泵台时总费用（元） | 能量利用系数 | 水泵额定容量之和（m³/h） | 供水损耗率（%） | 维修摊销费（元） | |
| 1 | 76 | 0.8 | 124 | 15 | 0.04 | 0.94 |

施工用电价格

| 序号 | 计算项目 | | | 供电设施维修摊销费 | | | 供电价格（元/kW·h） |
|---|---|---|---|---|---|---|---|
| | 基本电价（元/kW·h） | 高压线损耗率（%） | 配电设备及线路损耗率（%） | 年用电（元/kW·h） | 年维修费（万元） | 摊销费（元/kW·h） | |
| 1 | 0.42 | 7 | 10 | 650 | 13 | 0.02 | 0.52 |

表 2-31

### 建筑工程单价表
### 分项工程单价表

| 定额名称： | 挖掘机挖土方 | | | | 定额编号： | 1 |
|---|---|---|---|---|---|---|
| 定额依据： | 10 361 | | | | 定额单位： | 100m³（自然方） |
| 编号 | 名称及规格 | 单位 | 数量 | 单价（元） | 合计（元） | |
| 一、 | 直接工程费 | | | | 100 | |
| 1 | 直接费 | | | | 89 | |
| ① | 人工费 | 工日 | 4.10 | | 12 | |
| | 工长 | 工时 | | 7 | 0 | |
| | 初级工 | 工时 | 4.10 | 3 | 12 | |
| ② | 零星材料费 | % | 5.00 | | 4 | |
| ③ | 挖掘机 6m³ | 台时 | 0.95 | 76 | 72 | |
| 2 | 其他直接费 | % | 3.00 | | 3 | |
| 3 | 现场经费 | % | 9.00 | | 8 | |
| 二、 | 间接费 | % | 9.00 | | 9 | |
| 三、 | 企业利润 | % | 7.00 | | 8 | |
| 四、 | 税金 | % | 3.22 | | 4 | |
| | 合计 | | | | 120 | |

## 分项工程单价表

| 定额名称： | 建筑物回填土石 | | | | 定额编号： | 2 |
|---|---|---|---|---|---|---|
| 定额依据： | 10 465 | | | | 定额单位： | 100m³（实方） |
| 编号 | 名称规格 | 单位 | 数量 | 单价（元） | 合计（元） | |
| 一、 | 直接费 | | | | 2858 | |
| 1 | 基本直接费 | | | | 2634 | |
| ① | 人工费 | 工日 | 457.40 | | 2312 | |
| | 工长 | 工时 | 226.40 | 7 | 1609 | |
| | 初级工 | 工时 | 231.00 | 3 | 703 | |
| ② | 零星材料费 | ％ | 5.00 | | 125 | |
| ③ | 机械使用费 | 台班 | | | 197 | |
| | 蛙式打夯机 | 台班 | 14.40 | 14 | 197 | |
| 2 | 其他直接费 | ％ | 3.00 | | 79 | |
| 3 | 现场经费 | ％ | 9.00 | | 145 | |
| 二、 | 间接费 | ％ | 9.00 | | 257 | |
| 三、 | 企业利润 | ％ | 9.00 | | 280 | |
| 四、 | 税金 | ％ | 7.00 | | 238 | |
| | 合计 | | | | 3633 | |

## 分项工程单价表

| 定额名称： | 拖拉机压实 | | | | 定额编号： | 3 |
|---|---|---|---|---|---|---|
| 定额依据： | 10 473 | | | | 定额单位： | 100m³（实方） |
| 编号 | 名称规格 | 单位 | 数量 | 单价（元） | 合计（元） | |
| 一、 | 直接费 | | | | 229 | |
| 1 | 基本直接费 | | | | 204 | |
| ① | 人工费 | 工日 | 20.00 | | 61 | |
| | 工长 | 工时 | 0.00 | 7 | 0 | |
| | 初级工 | 工时 | 20.00 | 3 | 61 | |
| ② | 零星材料费 | ％ | 10.00 | | 19 | |
| ③ | 机械使用费 | | | | 125 | |
| | 拖拉机 74kW | 台班 | 1.89 | 35 | 66 | |
| | 推土机 74kW | 台班 | 0.50 | 56 | 28 | |
| | 蛙式打夯机 2.8kW | 台班 | 1.00 | 14 | 14 | |
| | 刨毛机 | 台班 | 0.50 | 33 | 17 | |
| 2 | 其他直接费 | ％ | 3.00 | | 6 | |
| 3 | 现场经费 | ％ | 9.00 | | 18 | |
| 二、 | 间接费 | ％ | 9.00 | | 21 | |
| 三、 | 企业利润 | ％ | 7.00 | | 17 | |
| 四、 | 税金 | ％ | 3.22 | | 9 | |
| | 合计 | | | | 275 | |

## 分项工程单价表

| 定额名称： | 人工铺筑砂石垫层 | | | | 定额编号： | 4 |
|---|---|---|---|---|---|---|
| 定额依据： | 30 002 | | | | 定额单位： | 100m³（砌体方） |
| 编号 | 名称规格 | 单位 | 数量 | 单价（元） | 合计（元） | |
| 一、 | 直接费 | | | | 5139 | |
| 1 | 基本直接费 | | | | 4588 | |
| ① | 人工费 | 工日 | 492.80 | | 1540 | |
| | 工长 | 工时 | 9.90 | 7 | 70 | |
| | 初级工 | 工时 | 482.90 | 3 | 1470 | |
| ② | 材料费 | | | | 3048 | |
| | 碎石 | m³ | 81.60 | 31 | 2500 | |
| | 砂 | m³ | 20.40 | 27 | 549 | |
| 2 | 其他直接费 | % | 3.00 | | 138 | |
| 3 | 现场经费 | % | 9.00 | | 413 | |
| 二、 | 间接费 | % | 9.00 | | 413 | |
| 三、 | 企业利润 | % | 7.00 | | 389 | |
| 四、 | 税金 | % | 3.22 | | 191 | |
| | 合计 | | | | 6132 | |

## 分项工程单价表

| 定额名称： | 反铲挖掘机干砌石 | | | | 定额编号： | 5 |
|---|---|---|---|---|---|---|
| 定额依据： | 30 055 | | | | 定额单位： | 100m³（砌体方） |
| 编号 | 名称规格 | 单位 | 数量 | 单价（元） | 合计（元） | |
| 一、 | 直接费 | | | | 30 795 | |
| 1 | 基本直接费 | | | | 29 959 | |
| ① | 人工费 | 工日 | 20.00 | | 61 | |
| | 工长 | 工时 | 0.00 | 7 | 0 | |
| | 初级工 | 工时 | 20.00 | 3 | 61 | |
| ② | 材料费 | | | | 27 868 | |
| | 块石 | m³ | 510.00 | 55 | 27 868 | |
| ③ | 机械使用费 | | | | 1015 | |
| | 反铲挖掘机 2m³ | 台时 | 4.80 | 211 | 1015 | |
| 2 | 其他直接费 | % | 3.00 | | 836 | |
| 3 | 现场经费 | % | 9.00 | | 2508 | |
| 二、 | 间接费 | % | 9.00 | | 2508 | |
| 三、 | 企业利润 | % | 7.00 | | 2331 | |
| 四、 | 税金 | % | 3.22 | | 1147 | |
| | 合计 | | | | 36 782 | |

## 分项工程单价表

| 定额名称： | 干砌块石 | | | | 定额编号： | 6 |
|---|---|---|---|---|---|---|
| 定额依据： | 30 014 | | | | 定额单位： | 100m³ |
| 编号 | 名称规格 | 单位 | 数量 | 单价（元） | 合计（元） | |
| 一、 | 直接费 | | | | 9948 | |
| 1 | 基本直接费 | | | | 8882 | |
| ① | 人工费 | 工日 | 493.70 | | 1900 | |
| | 工长 | 工时 | 9.90 | 7 | 70 | |
| | 中级工 | 工时 | 138.30 | 6 | 778 | |
| | 初级工 | 工时 | 345.50 | 3 | 1051 | |
| ② | 材料费 | | | | 6339 | |
| | 块石 | m³ | 116.00 | 55 | 6339 | |
| ③ | 机械使用费 | | | | 644 | |
| | 胶轮车 | 台时 | 78.30 | 8 | 644 | |
| 2 | 其他直接费 | % | 3.00 | | 266 | |
| 3 | 现场经费 | % | 9.00 | | 799 | |
| 二、 | 间接费 | % | 9.00 | | 895 | |
| 三、 | 企业利润 | % | 7.00 | | 759 | |
| 四、 | 税金 | % | 3.22 | | 374 | |
| | 合计 | | | | 11 976 | |

## 分项工程单价表

| 定额名称： | 浆砌块石 | | | | 定额编号： | 7 |
|---|---|---|---|---|---|---|
| 定额依据： | 30 019 | | | | 定额单位： | 100m³ |
| 编号 | 名称规格 | 单位 | 数量 | 单价（元） | 合计（元） | |
| 一、 | 直接费 | | | | 39 600 | |
| 1 | 基本直接费 | | | | 21 327 | |
| ① | 人工费 | 工日 | 742.90 | | 3055 | |
| | 工长 | 工时 | 14.90 | 7 | 106 | |
| | 中级工 | 工时 | 284.10 | 6 | 1598 | |
| | 初级工 | 工时 | 443.90 | 3 | 1351 | |
| ② | 材料费 | | | | 16 880 | |
| | 块石 | m³ | 108.00 | 55 | 5902 | |
| | 砂浆 | m³ | 35.30 | 311 | 10 979 | |
| ③ | 机械使用费 | | | | 1392 | |
| | 灰浆搅拌机 | 台时 | 6.35 | 14 | 87 | |
| | 胶轮车 | 台时 | 158.68 | 8 | 1305 | |
| 2 | 其他直接费 | % | 3.00 | | 640 | |
| 3 | 现场经费 | % | 9.00 | | 1919 | |
| 二、 | 间接费 | % | 9.00 | | 3564 | |
| 三、 | 企业利润 | % | 7.00 | | 3021 | |
| 四、 | 税金 | % | 3.22 | | 1487 | |
| | 合计 | | | | 47 672 | |

## 分项工程单价表

| 定额名称： | 墙 | | | | 定额编号： | *8* |
|---|---|---|---|---|---|---|
| 定额依据： | 40 071 | | | | 定额单位： | 100m³ |
| 编号 | 名称规格 | 单位 | 数量 | 单价（元） | 合计（元） | |
| 一、 | 直接费 | | | | 16 772 | |
| 1 | 基本直接费 | | | | 16 277 | |
| ① | 人工费 | 工日 | 272.20 | | 1323 | |
| | 工长 | 工时 | 8.20 | 7 | 58 | |
| | 高级工 | 工时 | 19.00 | 7 | 126 | |
| | 中级工 | 工时 | 152.40 | 6 | 857 | |
| | 初级工 | 工时 | 92.60 | 3 | 282 | |
| ② | 材料费 | | | | 14 096 | |
| | 混凝土 | m³ | 103.00 | 136 | 14 022 | |
| | 水 | m³ | 120.00 | 1 | 74 | |
| ③ | 机械使用费 | | | | 858 | |
| | 振动器 1.1kW | 台时 | 40.05 | 3 | 101 | |
| | 风水枪 | 台时 | 10.00 | 15 | 146 | |
| | 混凝土泵 30m³/h | 台时 | 7.65 | 80 | 611 | |
| 2 | 其他直接费 | % | 3.00 | | 488 | |
| 3 | 现场经费 | % | 9.00 | | 7 | |
| 二、 | 间接费 | % | 9.00 | | 7 | |
| 三、 | 企业利润 | % | 7.00 | | 982 | |
| 四、 | 税金 | % | 3.22 | | 483 | |
| | 合计 | | | | 1472 | |

## 分项工程单价表

| 定额名称： | 其他混凝土 | | | | 定额编号： | *9* |
|---|---|---|---|---|---|---|
| 定额依据： | 40 099 | | | | 定额单位： | 100m³ |
| 编号 | 名称规格 | 单位 | 数量 | 单价（元） | 合计（元） | |
| 一 | 直接费 | | | | 16 965 | |
| 1 | 基本直接费 | | | | 16 470 | |
| ① | 人工费 | 工日 | 362.50 | | 1699 | |
| | 工长 | 工时 | 10.90 | 7 | 77 | |
| | 高级工 | 工时 | 18.10 | 7 | 120 | |
| | 中级工 | 工时 | 188.50 | 6 | 1060 | |
| | 初级工 | 工时 | 145.00 | 3 | 441 | |
| ② | 材料费 | | | | 14 096 | |
| | 混凝土 | m³ | 103.00 | 136 | 14 022 | |
| | 水 | m³ | 120.00 | 1 | 74 | |
| ③ | 机械使用费 | | | | 676 | |
| | 振动器 1.1kW | 台时 | 20.00 | 2 | 39 | |
| | 风水枪 | 台时 | 26.00 | 24 | 637 | |
| 2 | 其他直接费 | % | 3.00 | | 494 | |
| 3 | 现场经费 | % | 9.00 | | 1482 | |
| 二、 | 间接费 | % | 9.00 | | 1527 | |
| 三、 | 企业利润 | % | 7.00 | | 1294 | |
| 四、 | 税金 | % | 3.22 | | 637 | |
| | 合计 | | | | 20 423 | |

**分项工程单价表**

| 定额名称： | 胶带输送机运砂石 | | | | 定额编号： | 10 |
|---|---|---|---|---|---|---|
| 定额依据： | 60 166 | | | | 定额单位： | 100m³（成品堆方） |
| 编号 | 名称规格 | 单位 | 数量 | 单价（元） | 合计（元） | |
| 一 | 直接费 | | | | 37 | |
| 1 | 基本直接费 | | | | 33 | |
| ① | 人工费 | 工日 | 3.00 | | 9 | |
| | 初级工 | 工时 | 3.00 | 3 | 9 | |
| ② | 零星材料费 | ％ | 15.00 | | 4 | |
| ③ | 机械使用费 | | | | 20 | |
| | 电磁给料机 | 组时 | 0.18 | 14 | 3 | |
| | 推土机 132kW | 台时 | 0.09 | 103 | 9 | |
| | 堆料机 | 台时 | 0.18 | 45 | 8 | |
| 2 | 其他直接费 | ％ | 3.00 | | 1 | |
| 3 | 现场经费 | ％ | 9.00 | | 3 | |
| 二、 | 间接费 | ％ | 9.00 | | 3 | |
| 三、 | 企业利润 | ％ | 7.00 | | 3 | |
| 四、 | 税金 | ％ | 3.22 | | 1 | |
| | 合计 | | | | 45 | |

**分项工程单价表**

| 定额名称： | 人工装砂石料胶轮车运输 | | | | 定额编号： | 11 |
|---|---|---|---|---|---|---|
| 定额依据： | 60 030 | | | | 定额单位： | 100m³（成品堆方） |
| 编号 | 名称规格 | 单位 | 数量 | 单价（元） | 合计（元） | |
| 一 | 直接费 | | | | 1174 | |
| 1 | 基本直接费 | | | | 1048 | |
| ① | 人工费 | 工日 | 169.00 | | 514 | |
| | 初级工 | 工时 | 169.00 | 3 | 514 | |
| ② | 零星材料费 | ％ | 2.00 | | 21 | |
| ③ | 机械使用费 | | | | 513 | |
| | 胶轮车 | 台时 | 62.40 | 8 | 513 | |
| 2 | 其他直接费 | ％ | 3.00 | | 31 | |
| 3 | 现场经费 | ％ | 9.00 | | 94 | |
| 二、 | 间接费 | ％ | 9.00 | | 106 | |
| 三、 | 企业利润 | ％ | 7.00 | | 90 | |
| 四、 | 税金 | ％ | 3.22 | | 44 | |
| | 合计 | | | | 1413 | |

## 分项工程单价表

| 定额名称： | 人工装砂石料斗车运输 | | | 定额编号： | | *12* |
|---|---|---|---|---|---|---|
| 定额依据： | 60 035 | | | 定额单位： | | 100m³（成品堆方） |
| 编号 | 名称规格 | 单位 | 数量 | 单价（元） | 合计（元） | |
| 一、 | 直接费 | | | | 356 | |
| 1 | 基本直接费 | | | | 318 | |
| ① | 人工费 | 工日 | 94.00 | | 286 | |
| | 初级工 | 工时 | 94.00 | 3 | 286 | |
| ② | 零星材料费 | % | 4.00 | | 12 | |
| ③ | 机械使用费 | | | | 19 | |
| | V 型斗车 0.6m³ | 台时 | 18.00 | 1 | 19 | |
| 2 | 其他直接费 | % | 3.00 | | 10 | |
| 3 | 现场经费 | % | 9.00 | | 29 | |
| 二、 | 间接费 | % | 9.00 | | 32 | |
| 三、 | 企业利润 | % | 7.00 | | 27 | |
| 四、 | 税金 | % | 3.22 | | 13 | |
| | 合计 | | | | 428 | |

## 分项工程单价表

| 定额名称： | 钢筋制作与安装 | | | 定额编号： | | *13* |
|---|---|---|---|---|---|---|
| 定额依据： | 40 289 | | | 定额单位： | | t |
| 编号 | 名称规格 | 单位 | 数量 | 单价（元） | 合计（元） | |
| 一、 | 直接费 | | | | 3663 | |
| 1 | 基本直接费 | | | | 3271 | |
| ① | 人工费 | 工日 | 102.90 | | 85 | |
| | 工长 | 工时 | 10.30 | 7 | 73 | |
| | 高级工 | 工时 | 28.80 | 7 | 190 | |
| | 中级工 | 工时 | 36.00 | 6 | 202 | |
| | 初级工 | 工时 | 27.80 | 3 | 85 | |
| ② | 材料费 | | | | 2926 | |
| | 钢筋 | t | 1.02 | 2796 | 2851 | |
| | 铁丝 | kg | 4.00 | 7 | 28 | |
| | 电焊条 | kg | 7.22 | 6 | 46 | |
| ③ | 机械使用费 | | | | 260 | |
| | 钢筋调直机 14kW | 台时 | 0.60 | 17 | 10 | |
| | 风砂枪 | 台时 | 1.50 | 24 | 37 | |
| | 钢筋切断机 20kW | 台时 | 0.40 | 15 | 6 | |
| | 钢筋弯曲机 | 台时 | 1.05 | 13 | 13 | |
| | 电焊机 25kVA | 台时 | 10.00 | 15 | 152 | |
| | 对焊机 150 型 | 台时 | 0.40 | 52 | 21 | |
| | 载重汽车 5t | 台时 | 0.45 | 26 | 12 | |
| | 塔式起重机 10t | 台时 | 0.10 | 95 | 9 | |
| 2 | 其他直接费 | % | 3.00 | | 98 | |
| 3 | 现场经费 | % | 9.00 | | 294 | |
| 二、 | 间接费 | % | 9.00 | | 330 | |
| 三、 | 企业利润 | % | 7.00 | | 279 | |
| 四、 | 税金 | % | 3.22 | | 138 | |
| | 合计 | | | | 4410 | |

## 分项工程单价表

| 定额名称： | 隧洞衬砌 | | | | 定额编号： | 14 |
|---|---|---|---|---|---|---|
| 定额依据： | 40 039 | | | | 定额单位： | 100m³ |
| 编号 | 名称规格 | 单位 | 数量 | 单价（元） | 合计（元） | |
| 一 | 直接费 | | | | 19 633 | |
| 1 | 基本直接费 | | | | 17 529 | |
| ① | 人工费 | 工日 | 471.40 | 22 | 2233 | |
| | 工长 | 工时 | 14.10 | 7 | 100 | |
| | 高级工 | 工时 | 23.60 | 7 | 156 | |
| | 中级工 | 工时 | 254.60 | 6 | 1432 | |
| | 初级工 | 工时 | 179.10 | 3 | 545 | |
| ② | 材料费 | | | | 14 047 | |
| | 混凝土 | m³ | 103.00 | 136 | 14 022 | |
| | 水 | m³ | 40.00 | 1 | 25 | |
| ③ | 机械使用费 | | | 106 | 1249 | |
| | 振动器 1.1kW | 台时 | 30.60 | 2 | 59 | |
| | 风水枪 | 台时 | 20.20 | 24 | 495 | |
| | 混凝土泵 30m³/h | 台时 | 8.70 | 80 | 695 | |
| 2 | 其他直接费 | % | 3.00 | | 526 | |
| 3 | 现场经费 | % | 9.00 | | 1578 | |
| 二、 | 间接费 | % | 9.00 | | 1767 | |
| 三、 | 企业利润 | % | 7.00 | | 1498 | |
| 四、 | 税金 | % | 3.22 | | 737 | |
| | 合计 | | | | 23 635 | |

## 分项工程单价表

| 定额名称： | 止水 | | | | 定额编号： | 15 |
|---|---|---|---|---|---|---|
| 定额依据： | 40 263 | | | | 定额单位： | 100 延长米 |
| 编号 | 名称规格 | 单位 | 数量 | 单价（元） | 合计（元） | |
| 一 | 直接费 | | | | 4551 | |
| 1 | 基本直接费 | | | | 4064 | |
| ① | 人工费 | 工日 | 148.10 | | 781 | |
| | 工长 | 工时 | 7.40 | 7 | 53 | |
| | 高级工 | 工时 | 51.90 | 7 | 343 | |
| | 中级工 | 工时 | 44.40 | 6 | 250 | |
| | 初级工 | 工时 | 44.40 | 3 | 135 | |
| ② | 材料费 | | | | 3283 | |
| | 橡胶止水带 | m | 103.00 | 32 | 3283 | |
| 2 | 其他直接费 | % | 3.00 | | 122 | |
| 3 | 现场经费 | % | 9.00 | | 366 | |
| 二、 | 间接费 | % | 9.00 | | 410 | |
| 三、 | 企业利润 | % | 7.00 | | 347 | |
| 四、 | 税金 | % | 3.22 | | 171 | |
| | 合计 | | | | 5479 | |

## 分项工程单价表

| 定额名称： | 伸缩缝 | | | 定额编号： | 16 |
|---|---|---|---|---|---|
| 定额依据： | 40 288 | | | 定额单位： | 100m² |
| 编号 | 名称规格 | 单位 | 数量 | 单价（元） | 合计（元） |
| 一 | 直接费 | | | | 6461 |
| 1 | 基本直接费 | | | | 5769 |
| ① | 人工费 | 工日 | 229.70 | | 1210 |
| | 工长 | 工时 | 11.50 | 7 | 82 |
| | 高级工 | 工时 | 80.40 | 7 | 532 |
| | 中级工 | 工时 | 68.90 | 6 | 387 |
| | 初级工 | 工时 | 68.90 | 3 | 210 |
| ② | 材料费 | | | | 4531 |
| | 锯材 | m³ | 2.20 | 1243 | 2734 |
| | 沥青 | m² | 1.24 | 1450 | 1797 |
| ③ | 机械使用费 | | | 8 | 28 |
| | 胶轮车 | 台时 | 3.36 | 8 | 28 |
| 2 | 其他直接费 | % | 3.00 | | 173 |
| 3 | 现场经费 | % | 9.00 | | 519 |
| 二、 | 间接费 | % | 9.00 | | 582 |
| 三、 | 企业利润 | % | 7.00 | | 493 |
| 四、 | 税金 | % | 3.22 | | 243 |
| | 合计 | | | | 7778 |

## 分项工程单价表

| 定额名称： | 预制渡槽槽身 | | | 定额编号： | 17 |
|---|---|---|---|---|---|
| 定额依据： | 40 103 | | | 定额单位： | 100m³ |
| 编号 | 名称规格 | 单位 | 数量 | 单价（元） | 合计（元） |
| 一 | 直接费 | | | | 26 751 |
| 1 | 基本直接费 | | | | 23 885 |
| ① | 人工费 | 工日 | 1063.40 | | 5275 |
| | 工长 | 工时 | 42.50 | 7 | 302 |
| | 高级工 | 工时 | 138.30 | 7 | 914 |
| | 中级工 | 工时 | 531.70 | 6 | 2990 |
| | 初级工 | 工时 | 350.90 | 3 | 1068 |
| ② | 材料费 | | | | 17 161 |
| | 锯材 | m³ | 3.04 | 1243 | 3777 |
| | 铁件 | kg | 42.82 | 5 | 203 |
| | 铁钉 | kg | 10.55 | 6 | 59 |
| | 混凝土 | m³ | 102.00 | 128 | 13 010 |
| | 水 | m³ | 180.00 | 1 | 112 |
| ③ | 机械使用费 | | | | 1449 |
| | 振动器 1.1kW | 台时 | 44.00 | 2 | 85 |
| | 搅拌机 0.4m³ | 台时 | 18.36 | 28 | 519 |
| | 胶轮车 | 台时 | 92.80 | 8 | 763 |
| | 载重汽车 5t | 台时 | 0.60 | 26 | 16 |
| | 振动器 平板式 2.2kW | 台时 | 26.46 | 3 | 66 |
| 2 | 其他直接费 | % | 3.00 | | 717 |
| 3 | 现场经费 | % | 9.00 | | 2150 |
| 二、 | 间接费 | % | 9.00 | | 2408 |
| 三、 | 企业利润 | % | 7.00 | | 2041 |
| 四、 | 税金 | % | 3.22 | | 1005 |
| | 合计 | | | | 32 205 |

## 分项工程单价表

| 定额名称： | 预制混凝土拱、拱波、横系梁及排架 | | | | 定额编号： | 18 |
|---|---|---|---|---|---|---|
| 定额依据： | 40 104 | | | | 定额单位： | 100m³ |
| 编号 | 名称规格 | 单位 | 数量 | 单价（元） | 合计（元） | |
| 一 | 直接费 | | | | 615 295 | |
| 1 | 基本直接费 | | | | 549 370 | |
| ① | 人工费 | 工日 | 1027.00 | | 5094 | |
| | 工长 | 工时 | 41.10 | 7 | 292 | |
| | 高级工 | 工时 | 133.50 | 7 | 883 | |
| | 中级工 | 工时 | 513.50 | 6 | 2888 | |
| | 初级工 | 工时 | 338.90 | 3 | 1031 | |
| ② | 材料费 | | | | 542 776 | |
| | 锯材 | m³ | 0.39 | 1243 | 485 | |
| | 组合钢模板 | kg | 85.43 | 4141 | 353 751 | |
| | 型钢 | kg | 59.20 | 2899 | 171 610 | |
| | 卡扣件 | kg | 41.69 | 16 | 682 | |
| | 铁件 | kg | 30.13 | 73 | 2198 | |
| | 电焊条 | kg | 6.90 | 6 | 44 | |
| | 铁钉 | kg | 1.49 | 6 | 8 | |
| | 混凝土 | m³ | 102.00 | 136 | 13 886 | |
| | 水 | m³ | 180.00 | 1 | 112 | |
| ③ | 机械使用费 | | | | 1501 | |
| | 振动器 1.1kW | 台时 | 44.00 | 2 | 85 | |
| | 搅拌机 0.4m³ | 台时 | 18.36 | 28 | 519 | |
| | 胶轮车 | 台时 | 92.80 | 8 | 763 | |
| | 载重汽车 5t | 台时 | 0.52 | 26 | 14 | |
| | 电焊机 25kVA | 台时 | 7.88 | 15 | 120 | |
| 2 | 其他直接费 | % | 3.00 | | 16 481 | |
| 3 | 现场经费 | % | 9.00 | | 49 443 | |
| 二、 | 间接费 | % | 9.00 | | 55 377 | |
| 三、 | 企业利润 | % | 7.00 | | 46 947 | |
| 四、 | 税金 | % | 3.22 | | 23 107 | |
| | 合计 | | | | 740 726 | |

## 分项工程单价表

| 定额名称： | 预制混凝土块 | | | | 定额编号： | 19 |
|---|---|---|---|---|---|---|
| 定额依据： | 40 110 | | | | 定额单位： | 100m³ |
| 编号 | 名称规格 | 单位 | 数量 | 单价（元） | 合计（元） | |
| 一 | 直接费 | | | | 23 360 | |
| 1 | 基本直接费 | | | | 20 857 | |
| ① | 人工费 | 工日 | 1219.10 | | 6047 | |
| | 工长 | 工时 | 48.80 | 7 | 347 | |

续表

| 定额名称： | 预制混凝土块 | | | | 定额编号： | 19 |
|---|---|---|---|---|---|---|
| 定额依据： | 40 110 | | | | 定额单位： | 100m³ |
| 编号 | 名称规格 | 单位 | 数量 | 单价（元） | 合计（元） | |
| | 高级工 | 工时 | 158.50 | 7 | 1048 | |
| | 中级工 | 工时 | 609.50 | 6 | 3428 | |
| | 初级工 | 工时 | 402.30 | 3 | 1224 | |
| ② | 材料费 | | | | 13 758 | |
| | 锯材 | m³ | 0.39 | 1243 | 485 | |
| | 铁件 | kg | 30.13 | 5 | 143 | |
| | 铁钉 | kg | 1.49 | 6 | 8 | |
| | 混凝土 | m³ | 102.00 | 128 | 13 010 | |
| | 水 | m³ | 180.00 | 1 | 112 | |
| ③ | 机械使用费 | | | | 1052 | |
| | 塔式起重机 10t | 台时 | 10.00 | 95 | 947 | |
| | 振动器 1.1kW | 台时 | 35.00 | 2 | 68 | |
| | 载重汽车 5t | 台时 | 1.44 | 26 | 37 | |
| 2 | 其他直接费 | % | 3.00 | | 626 | |
| 3 | 现场经费 | % | 9.00 | | 1877 | |
| 二、 | 间接费 | % | 9.00 | | 2102 | |
| 三、 | 企业利润 | % | 7.00 | | 1782 | |
| 四、 | 税金 | % | 3.22 | | 877 | |
| | 合计 | | | | 28 122 | |

<h2 align="center">分项工程单价表</h2>

| 定额名称： | 斗车运混凝土 | | | | 定额编号： | 20 |
|---|---|---|---|---|---|---|
| 定额依据： | 40 150 | | | | 定额单位： | 100m³ |
| 编号 | 名称规格 | 单位 | 数量 | 单价（元） | 合计（元） | |
| 一 | 直接费 | | | | 413 | |
| 1 | 基本直接费 | | | | 369 | |
| ① | 人工费 | 工日 | 100.90 | | 307 | |
| | 初级工 | 工时 | 100.90 | 3 | 307 | |
| ② | 零星材料费 | % | 6.00 | | 21 | |
| ③ | 机械使用费 | | | | 41 | |
| | V 型斗车 0.6m³ | 台时 | 38.00 | 1 | 41 | |
| 2 | 其他直接费 | % | 3.00 | | 11 | |
| 3 | 现场经费 | % | 9.00 | | 33 | |
| 二、 | 间接费 | % | 9.00 | | 37 | |
| 三、 | 企业利润 | % | 7.00 | | 32 | |
| 四、 | 税金 | % | 3.22 | | 16 | |
| | 合计 | | | | 498 | |

**分项工程单价表**

| 定额名称： | 砌体砂浆抹面 | | | | 定额编号： | 21 |
|---|---|---|---|---|---|---|
| 定额依据： | 40 150 | | | | 定额单位： | 100m² |
| 编号 | 名称规格 | 单位 | 数量 | 单价（元） | 合计（元） | |
| 一 | 直接费 | | | | 1308 | |
| 1 | 基本直接费 | | | | 1168 | |
| ① | 人工费 | 工日 | 92.30 | | 395 | |
| | 工长 | 工时 | 1.80 | 7 | 13 | |
| | 中级工 | 工时 | 41.40 | 6 | 233 | |
| | 初级工 | 工时 | 49.10 | 3 | 149 | |
| ② | 材料费 | | | | 715 | |
| | 砂浆 | m³ | 2.30 | 311 | 715 | |
| ③ | 机械使用费 | | | | 58 | |
| | 搅拌机 | 台时 | 0.41 | 28 | 12 | |
| | 胶轮车 | 台时 | 5.59 | 8 | 46 | |
| 2 | 其他直接费 | % | 3.00 | | 35 | |
| 3 | 现场经费 | % | 9.00 | | 105 | |
| 二、 | 间接费 | % | 9.00 | | 118 | |
| 三、 | 企业利润 | % | 7.00 | | 100 | |
| 四、 | 税金 | % | 3.22 | | 49 | |
| | 合计 | | | | 1575 | |

**分项工程单价表**

| 定额名称： | 底板 | | | | 定额编号： | 22 |
|---|---|---|---|---|---|---|
| 定额依据： | 40 059 | | | | 定额单位： | 100m³ |
| 编号 | 名称规格 | 单位 | 数量 | 单价（元） | 合计（元） | |
| 一 | 直接费 | | | | 17 070 | |
| 1 | 基本直接费 | | | | 15 241 | |
| ① | 人工费 | 工日 | 365.20 | | 1708 | |
| | 工长 | 工时 | 11.00 | 7 | 78 | |
| | 高级工 | 工时 | 14.60 | 7 | 97 | |
| | 中级工 | 工时 | 193.50 | 6 | 1088 | |
| | 初级工 | 工时 | 146.10 | 3 | 445 | |
| ② | 材料费 | | | | 13 200 | |
| | 混凝土 | m³ | 103.00 | 128 | 13 138 | |
| | 水 | m³ | 100.00 | 1 | 62 | |
| ③ | 机械使用费 | 台班 | | | 333 | |
| | 振动器1.1kW | 台时 | 40.05 | 2 | 78 | |
| | 风水枪 | 台时 | 10.44 | 24 | 256 | |
| 2 | 其他直接费 | % | 3.00 | | 457 | |
| 3 | 现场经费 | % | 9.00 | | 1372 | |
| 二、 | 间接费 | % | 9.00 | | 1536 | |
| 三、 | 企业利润 | % | 7.00 | | 1302 | |
| 四、 | 税金 | % | 3.22 | | 641 | |
| | 合计 | | | | 20 549 | |

## 分项工程单价表

| 定额名称： | 墩 | | | | 定额编号： | 23 |
| --- | --- | --- | --- | --- | --- | --- |
| 定额依据： | 40 067 | | | | 定额单位： | 100m³ |
| 编号 | 名称规格 | 单位 | 数量 | 单价（元） | 合计（元） | |
| 一 | 直接费 | | | | 17 189 | |
| 1 | 基本直接费 | | | | 15 348 | |
| ① | 人工费 | 工日 | 388.40 | | 1826 | |
| | 工长 | 工时 | 11.70 | 7 | 83 | |
| | 高级工 | 工时 | 15.50 | 7 | 102 | |
| | 中级工 | 工时 | 209.70 | 6 | 1179 | |
| | 初级工 | 工时 | 151.50 | 3 | 461 | |
| ② | 材料费 | | | | 13 181 | |
| | 混凝土 | m³ | 103.00 | 128 | 13 138 | |
| | 水 | m³ | 70.00 | 1 | 43 | |
| ③ | 机械使用费 | 台班 | | | 340 | |
| | 振动器 1.5kW | 台时 | 20.00 | 3 | 63 | |
| | 变频机组 8.5kVA | 台时 | 10.00 | 15 | 146 | |
| | 风水枪 | 台时 | 5.36 | 24 | 131 | |
| 2 | 其他直接费 | % | 3.00 | | 460 | |
| 3 | 现场经费 | % | 9.00 | | 1381 | |
| 二、 | 间接费 | % | 9.00 | | 1547 | |
| 三、 | 企业利润 | % | 7.00 | | 1312 | |
| 四、 | 税金 | % | 3.22 | | 646 | |
| | 合计 | | | | 20 694 | |

## 分项工程单价表

| 定额名称： | 混凝土板预制及砌筑 | | | | 定额编号： | 24 |
| --- | --- | --- | --- | --- | --- | --- |
| 定额依据： | 40 112 | | | | 定额单位： | 100m³ |
| 编号 | 名称规格 | 单位 | 数量 | 单价（元） | 合计（元） | |
| 一 | 直接费 | | | | 506 729 | |
| 1 | 基本直接费 | | | | 452 436 | |
| ① | 人工费 | 工日 | 1742.00 | | 8641 | |
| | 工长 | 工时 | 69.70 | 7 | 495 | |
| | 高级工 | 工时 | 226.50 | 7 | 1498 | |
| | 中级工 | 工时 | 871.00 | 6 | 4899 | |
| | 初级工 | 工时 | 574.80 | 3 | 1749 | |
| ② | 材料费 | | | | 442 405 | |
| | 专用钢模板 | kg | 91.94 | 4658 | 428 286 | |
| | 铁件 | kg | 17.79 | 5 | 84 | |
| | 混凝土 | m³ | 102.00 | 136 | 13 886 | |
| | 水 | m³ | 240.00 | 1 | 149 | |
| ③ | 机械使用费 | 台班 | | | 1391 | |
| | 搅拌机 | 台时 | 18.36 | 28 | 519 | |
| | 胶轮车 | 台时 | 92.80 | 8 | 763 | |
| | 载重汽车 5t | 台时 | 1.28 | 26 | 33 | |
| | 振动器 平板式 2.2kW | 台时 | 29.92 | 3 | 75 | |
| 2 | 其他直接费 | % | 3.00 | | 13 573 | |
| 3 | 现场经费 | % | 9.00 | | 40 719 | |
| 二、 | 间接费 | % | 9.00 | | 45 606 | |
| 三、 | 企业利润 | % | 7.00 | | 38 663 | |
| 四、 | 税金 | % | 3.22 | | 19 030 | |
| | 合计 | | | | 610 028 | |

## 分项工程单价表

| 定额名称： | 混凝土管安装 | | | 定额编号： | | 25 |
|---|---|---|---|---|---|---|
| 定额依据： | 40 126 | | | 定额单位： | | 100 延长米 |
| 编号 | 名称规格 | 单位 | 数量 | 单价（元） | 合计（元） | |
| 一 | 直接费 | | | | 46 561 | |
| 1 | 基本直接费 | | | | 41 572 | |
| ① | 人工费 | 工日 | 597.60 | | 3181 | |
| | 工长 | 工时 | 23.90 | 7 | 170 | |
| | 高级工 | 工时 | 203.20 | 7 | 1343 | |
| | 中级工 | 工时 | 209.20 | 6 | 1177 | |
| | 初级工 | 工时 | 161.30 | 3 | 491 | |
| ② | 材料费 | | | | 37 338 | |
| | 锯材 | m³ | 1.00 | 1243 | 1243 | |
| | 型钢 | kg | 12.00 | 2899 | 34 786 | |
| | 铁丝 | kg | 40.00 | 7 | 277 | |
| | 水泥砂浆 | m³ | 1.00 | 363 | 363 | |
| | 橡胶止水圈 | 根 | 21.00 | 32 | 669 | |
| ③ | 机械使用费 | 台班 | | | 1053 | |
| | 卷扬机 3t | 台时 | 45.00 | 16 | 715 | |
| | 电动葫芦 3t | 台时 | 85.00 | 4 | 338 | |
| 2 | 其他直接费 | % | 3.00 | | 1247 | |
| 3 | 现场经费 | % | 9.00 | | 3741 | |
| 二、 | 间接费 | % | 9.00 | | 4190 | |
| 三、 | 企业利润 | % | 7.00 | | 3553 | |
| 四、 | 税金 | % | 3.22 | | 1749 | |
| | 合计 | | | | 56 053 | |

## 分项工程单价表

| 定额名称： | 搅拌机拌制混凝土 | | | 定额编号： | | 26 |
|---|---|---|---|---|---|---|
| 定额依据： | 40 135 | | | 定额单位： | | 100m³ |
| 编号 | 名称规格 | 单位 | 数量 | 单价（元） | 合计（元） | |
| 一 | 直接费 | | | | 2064 | |
| 1 | 基本直接费 | | | | 1843 | |
| ① | 人工费 | 工日 | 211.80 | | 880 | |
| | 中级工 | 工时 | 91.10 | 6 | 512 | |
| | 初级工 | 工时 | 120.70 | 3 | 367 | |
| ② | 零星材料费 | % | 2.00 | | 36 | |
| ③ | 机械使用费 | 台班 | | | 927 | |
| | 搅拌机 | 台时 | 8.64 | 28 | 244 | |
| | 胶轮车 | 台时 | 83.00 | 8 | 683 | |
| 2 | 其他直接费 | % | 3.00 | | 55 | |
| 3 | 现场经费 | % | 9.00 | | 166 | |
| 二、 | 间接费 | % | 9.00 | | 186 | |
| 三、 | 企业利润 | % | 7.00 | | 157 | |
| 四、 | 税金 | % | 3.22 | | 78 | |
| | 合计 | | | | 2484 | |

## 分项工程单价表

| 定额名称： | 自卸汽车运混凝土 | | | | 定额编号： | 27 |
|---|---|---|---|---|---|---|
| 定额依据： | 40 167 | | | | 定额单位： | 100m³ |
| 编号 | 名称规格 | 单位 | 数量 | 单价（元） | 合计（元） | |
| 一 | 直接费 | | | | 3590 | |
| 1 | 基本直接费 | | | | 3206 | |
| ① | 人工费 | 工日 | 21.20 | | 100 | |
| | 中级工 | 工时 | 13.80 | 6 | 78 | |
| | 初级工 | 工时 | 7.40 | 3 | 23 | |
| ② | 零星材料费 | ％ | 5.00 | | 153 | |
| ③ | 机械使用费 | 台班 | | | 2953 | |
| | 自卸汽车3.5t | 台时 | 20.39 | 19 | 392 | |
| | 自卸汽车5t | 台时 | 15.30 | 23 | 359 | |
| | 自卸汽车8t | 台时 | 11.48 | 44 | 499 | |
| | 自卸汽车10t | 台时 | 10.76 | 56 | 604 | |
| | 自卸汽车15t | 台时 | 7.20 | 80 | 575 | |
| | 自卸汽车20t | 台时 | 5.76 | 91 | 523 | |
| 2 | 其他直接费 | ％ | 3.00 | | 96 | |
| 3 | 现场经费 | ％ | 9.00 | | 288 | |
| 二、 | 间接费 | ％ | 9.00 | | 323 | |
| 三、 | 企业利润 | ％ | 7.00 | | 274 | |
| 四、 | 税金 | ％ | 3.22 | | 135 | |
| | 合计 | | | | 4322 | |

## 分项工程单价表

| 定额名称： | 混凝土面板 | | | | 定额编号： | 28 |
|---|---|---|---|---|---|---|
| 定额依据： | 40 056 | | | | 定额单位： | 100m³ |
| 编号 | 名称规格 | 单位 | 数量 | 单价（元） | 合计（元） | |
| 一 | 直接费 | | | | 18 276 | |
| 1 | 基本直接费 | | | | 16 318 | |
| ① | 人工费 | 工日 | 495.90 | | 2122 | |
| | 工长 | 工时 | 15.70 | 7 | 112 | |
| | 高级工 | 工时 | 31.40 | 7 | 208 | |
| | 中级工 | 工时 | 169.50 | 6 | 953 | |
| | 初级工 | 工时 | 279.30 | 3 | 850 | |
| ② | 材料费 | | | | 14 121 | |
| | 混凝土 | m³ | 103.00 | 136 | 14 022 | |
| | 水 | m³ | 160.00 | 1 | 99 | |
| ③ | 机械使用费 | 台班 | | | 74 | |
| | 振动器1.1kW | 台时 | 38.29 | 2 | 74 | |
| 2 | 其他直接费 | ％ | 3.00 | | 490 | |
| 3 | 现场经费 | ％ | 9.00 | | 1469 | |
| 二、 | 间接费 | ％ | 9.00 | | 1645 | |
| 三、 | 企业利润 | ％ | 7.00 | | 1394 | |
| 四、 | 税金 | ％ | 3.22 | | 686 | |
| | 合计 | | | | 22 001 | |

**分项工程单价表**

| 定额名称： | 人工挖倒沟槽土方 | | | | 定额编号： | | 29 |
|---|---|---|---|---|---|---|---|
| 定额依据： | 10 030 | | | | 定额单位： | | 100m³ |
| 编号 | 名称及规格 | 单位 | 数量 | 单价（元） | 合计（元） | | |
| 一、 | 直接工程费 | | | | 810 | | |
| 1 | 直接费 | | | | 723 | | |
| ① | 人工费 | 工日 | 224.70 | | 702 | | |
| | 工长 | 工时 | 4.50 | 7 | 32 | | |
| | 初级工 | 工时 | 220.20 | 3 | 670 | | |
| ② | 零星材料费 | % | 3.00 | | 21 | | |
| 2 | 其他直接费 | % | 3.00 | | 22 | | |
| 3 | 现场经费 | % | 9.00 | | 65 | | |
| 二、 | 间接费 | % | 9.00 | | 73 | | |
| 三、 | 企业利润 | % | 7.00 | | 62 | | |
| 四、 | 税金 | % | 3.22 | | 30 | | |
| | 合计 | | | | 975 | | |

**分项工程单价表**

| 定额名称： | 人工装砂石料自卸汽车运输 | | | | 定额编号： | | 30 |
|---|---|---|---|---|---|---|---|
| 定额依据： | 60 185 | | | | 定额单位： | | 100m³（成品堆方） |
| 编号 | 名称及规格 | 单位 | 数量 | 单价（元） | 合计（元） | | |
| 一、 | 直接工程费 | | | | 1166 | | |
| 1 | 直接费 | | | | 1041 | | |
| ① | 人工费 | 工日 | 119.00 | | 362 | | |
| | 初级工 | 工时 | 119.00 | 3 | 362 | | |
| ② | 零星材料费 | % | 1.00 | | 10 | | |
| ③ | 机械使用费 | 台班 | | | 669 | | |
| | 自卸汽车5t | 台时 | 12.19 | 23 | 286 | | |
| | 自卸汽车8t | 台时 | 8.80 | 44 | 383 | | |
| 2 | 其他直接费 | % | 3.00 | | 31 | | |
| 3 | 现场经费 | % | 9.00 | | 94 | | |
| 二、 | 间接费 | % | 9.00 | | 105 | | |
| 三、 | 企业利润 | % | 7.00 | | 89 | | |
| 四、 | 税金 | % | 3.22 | | 44 | | |
| | 合计 | | | | 1404 | | |

## 分项工程单价表

| 定额名称： | 回填混凝土 | | | 定额编号： | | 31 |
|---|---|---|---|---|---|---|
| 定额依据： | 60 185 | | | 定额单位： | | 100m³ |
| 编号 | 名称及规格 | 单位 | 数量 | 单价（元） | 合计（元） | |
| 一、 | 直接工程费 | | | | 35 266 | |
| 1 | 直接费 | | | | 31 488 | |
| ① | 人工费 | 工日 | 332.10 | | 1561 | |
| | 工长 | 工时 | 10.00 | 7 | 71 | |
| | 高级工 | 工时 | 13.30 | 7 | 88 | |
| | 中级工 | 工时 | 179.30 | 6 | 1008 | |
| | 初级工 | 工时 | 129.50 | 3 | 394 | |
| ② | 材料费 | | | | 29 751 | |
| | 混凝土 | m³ | 103.00 | 289 | 29 723 | |
| | 水 | m³ | 45.00 | 1 | 28 | |
| ③ | 机械使用费 | 台班 | | | 176 | |
| | 振动器 1.1kW | 台时 | 40.05 | 2 | 78 | |
| | 风水枪 | 台时 | 4.00 | 24 | 98 | |
| 2 | 其他直接费 | % | 3.00 | | 945 | |
| 3 | 现场经费 | % | 9.00 | | 2834 | |
| 二、 | 间接费 | % | 9.00 | | 3174 | |
| 三、 | 企业利润 | % | 7.00 | | 2691 | |
| 四、 | 税金 | % | 3.22 | | 1324 | |
| | 合计 | | | | 42 456 | |

## 分项工程单价表

| 定额名称： | 振冲碎石桩 | | | 定额编号： | | 32 |
|---|---|---|---|---|---|---|
| 定额依据： | 70 188 | | | 定额单位： | | 100m |
| 编号 | 名称及规格 | 单位 | 数量 | 单价（元） | 合计（元） | |
| 一、 | 直接工程费 | | | | 7028 | |
| 1 | 直接费 | | | | 6275 | |
| ① | 人工费 | 工日 | 122.00 | | 563 | |
| | 工长 | 工时 | 6.00 | 7 | 43 | |
| | 高级工 | 工时 | 10.00 | 7 | 66 | |
| | 中级工 | 工时 | 51.00 | 6 | 287 | |
| | 初级工 | 工时 | 55.00 | 3 | 167 | |
| ② | 材料费 | | | | 2431 | |
| | 卵（碎）石 | m³ | 123.00 | 20 | 2431 | |
| ③ | 机械使用费 | 台班 | | | 3282 | |
| | 汽车起重机 25t | 台时 | 13.90 | 130 | 1810 | |
| | 振冲器 ZCQ—75 | 台时 | 11.10 | 61 | 675 | |
| | 离心水泵 22kW | 台时 | 11.10 | 21 | 231 | |
| | 污水泵 7.5kW | 台时 | 11.10 | 22 | 243 | |
| | 装载机 1m³ | 台时 | 11.10 | 29 | 322 | |
| 2 | 其他直接费 | % | 3.00 | | 188 | |
| 3 | 现场经费 | % | 9.00 | | 565 | |
| 二、 | 间接费 | % | 9.00 | | 633 | |
| 三、 | 企业利润 | % | 7.00 | | 536 | |
| 四、 | 税金 | % | 3.22 | | 264 | |
| | 合计 | | | | 8461 | |

## 分项工程单价表

| | | | | | 定额编号： | 33 |
|---|---|---|---|---|---|---|
| 定额名称： | 钢筋网制作及安装 | | | | | |
| 定额依据： | 70 494 | | | | 定额单位： | t |
| 编号 | 名称及规格 | 单位 | 数量 | 单价（元） | 合计（元） | |
| 一、 | 直接工程费 | | | | 3944 | |
| 1 | 直接费 | | | | 3522 | |
| ① | 人工费 | 工日 | 93.00 | | 408 | |
| | 工长 | 工时 | 4.00 | 7 | 28 | |
| | 高级工 | 工时 | 0.00 | 7 | 0 | |
| | 中级工 | 工时 | 42.00 | 6 | 236 | |
| | 初级工 | 工时 | 47.00 | 3 | 143 | |
| ② | 材料费 | | | | 2902 | |
| | 钢筋 | t | 1.02 | 2796 | 2851 | |
| | 电焊条 | kg | 7.90 | 6 | 51 | |
| ③ | 机械使用费 | 台班 | | | 212 | |
| | 钢筋调直机 14kW | 台时 | 0.67 | 17 | 11 | |
| | 风砂枪 | 台时 | 1.80 | 24 | 44 | |
| | 钢筋切断机 20kW | 台时 | 0.45 | 15 | 7 | |
| | 电焊机 20～25kVA | 台时 | 9.50 | 15 | 145 | |
| | 载重汽车 5t | 台时 | 0.18 | 26 | 5 | |
| 2 | 其他直接费 | % | 3.00 | | 106 | |
| 3 | 现场经费 | % | 9.00 | | 317 | |
| 二、 | 间接费 | % | 9.00 | | 355 | |
| 三、 | 企业利润 | % | 7.00 | | 301 | |
| 四、 | 税金 | % | 3.22 | | 148 | |
| | 合计 | | | | 4748 | |

## 分项工程单价表

| | | | | | 定额编号： | 34 |
|---|---|---|---|---|---|---|
| 定额名称： | 振冲水泥碎石桩 | | | | | |
| 定额依据： | 70 192 | | | | 定额单位： | 100m |
| 编号 | 名称及规格 | 单位 | 数量 | 单价（元） | 合计（元） | |
| 一、 | 直接工程费 | | | | 19 604 | |
| 1 | 直接费 | | | | 17 503 | |
| ① | 人工费 | 工日 | 337.00 | | 1246 | |
| | 工长 | 工时 | 17.00 | 7 | 121 | |
| | 高级工 | 工时 | 23.00 | 7 | 152 | |
| | 中级工 | 工时 | 27.00 | 6 | 152 | |
| | 初级工 | 工时 | 270.00 | 3 | 822 | |
| ② | 材料费 | | | | 12 074 | |
| | 碎石 | m³ | 110.00 | 31 | 3370 | |
| | 水泥 | t | 21.00 | 415 | 8705 | |
| ③ | 机械使用费 | 台班 | | | 4183 | |
| | 汽车起重机 16t | 台时 | 16.00 | 79 | 1265 | |
| | 振冲器 ZCQ—75 | 台时 | 15.00 | 61 | 913 | |
| | 离心水泵 14kW | 台时 | 15.00 | 18 | 264 | |
| | 污水泵 4kW | 台时 | 15.00 | 18 | 264 | |
| | 装载机 1m³ | 台时 | 15.00 | 29 | 436 | |

续表

| 定额名称： | 振冲水泥碎石桩 | | | | 定额编号： | 34 |
|---|---|---|---|---|---|---|
| 定额依据： | 70 192 | | | | 定额单位： | 100m |
| 编号 | 名称及规格 | 单位 | 数量 | 单价（元） | 合计（元） | |
| | 灌浆泵 低压泥浆 | 台时 | 15.00 | 30 | 449 | |
| | 搅拌机 | 台时 | 15.00 | 28 | 424 | |
| | 潜水泵 2.2kW | 台时 | 15.00 | 11 | 170 | |
| 2 | 其他直接费 | % | 3.00 | | 525 | |
| 3 | 现场经费 | % | 9.00 | | 1575 | |
| 二、 | 间接费 | % | 9.00 | | 1764 | |
| 三、 | 企业利润 | % | 7.00 | | 1496 | |
| 四、 | 税金 | % | 3.22 | | 736 | |
| | 合计 | | | | 23 600 | |

## 分项工程单价表

| 定额名称： | 公路路面 | | | | 定额编号： | 35 |
|---|---|---|---|---|---|---|
| 定额依据： | 90 019 | | | | 定额单位： | 1000m² |
| 编号 | 名称及规格 | 单位 | 数量 | 单价（元） | 合计（元） | |
| 一、 | 直接工程费 | | | | 22 807 | |
| 1 | 直接费 | | | | 20 364 | |
| ① | 人工费 | 工日 | 632.00 | | 2604 | |
| | 工长 | 工时 | 19.00 | 7 | 135 | |
| | 高级工 | 工时 | 0.00 | 7 | 0 | |
| | 中级工 | 工时 | 234.00 | 6 | 1316 | |
| | 初级工 | 工时 | 379.00 | 3 | 1153 | |
| ② | 材料费 | | | | 13 463 | |
| | 砂子 | m³ | 11.00 | 27 | 296 | |
| | 碎石 | m³ | 62.00 | 31 | 1899 | |
| | 沥青 | t | 7.00 | 1450 | 10 147 | |
| | 石屑 | m³ | 21.00 | 33 | 700 | |
| | 矿粉 | t | 3.00 | 99 | 297 | |
| | 锯材 | m³ | 0.10 | 1243 | 124 | |
| ③ | 机械使用费 | 台班 | | | 4296 | |
| | 汽车起重机 16t | 台时 | 16.00 | 79 | 1265 | |
| | 振冲器 ZCQ—75 | 台时 | 15.00 | 61 | 913 | |
| | 离心水泵 14kW | 台时 | 15.00 | 21 | 312 | |
| | 污水泵 4kW | 台时 | 15.00 | 22 | 329 | |
| | 装载机 1m³ | 台时 | 15.00 | 29 | 436 | |
| | 灌浆泵 低压泥浆 | 台时 | 15.00 | 30 | 449 | |
| | 搅拌机 | 台时 | 15.00 | 28 | 424 | |
| | 潜水泵 2.2kW | 台时 | 15.00 | 11 | 170 | |
| 2 | 其他直接费 | % | 3.00 | | 611 | |
| 3 | 现场经费 | % | 9.00 | | 1833 | |
| 二、 | 间接费 | % | 9.00 | | 2053 | |
| 三、 | 企业利润 | % | 7.00 | | 1740 | |
| 四、 | 税金 | % | 3.22 | | 857 | |
| | 合计 | | | | 27 457 | |

## 分项工程单价表

| 定额名称： | 土工膜铺设 | | | 定额编号： | 36 |
|---|---|---|---|---|---|
| 定额依据： | 90 186 | | | 定额单位： | 100m² |
| 编号 | 名称及规格 | 单位 | 数量 | 单价（元） | 合计（元） |
| 一、 | 直接工程费 | | | | 650 |
| 1 | 直接费 | | | | 581 |
| ① | 人工费 | 工日 | 29.00 | | 113 |
| | 工长 | 工时 | 1.00 | 7 | 7 |
| | 中级工 | 工时 | 8.00 | 6 | 45 |
| | 初级工 | 工时 | 20.00 | 3 | 61 |
| ② | 材料费 | | | | 468 |
| | 复合土工膜 | m² | 106.00 | 4 | 384 |
| | 工程胶 | kg | 2.00 | 42 | 84 |
| 2 | 其他直接费 | % | 3.00 | | 17 |
| 3 | 现场经费 | % | 9.00 | | 52 |
| 二、 | 间接费 | % | 9.00 | | 59 |
| 三、 | 企业利润 | % | 7.00 | | 50 |
| 四、 | 税金 | % | 3.22 | | 24 |
| | 合计 | | | | 783 |

## 分项工程单价表

| 定额名称： | 土工布铺设 | | | 定额编号： | 37 |
|---|---|---|---|---|---|
| 定额依据： | 90 190 | | | 定额单位： | 100m² |
| 编号 | 名称及规格 | 单位 | 数量 | 单价（元） | 合计（元） |
| 一、 | 直接工程费 | | | | 1146 |
| 1 | 直接费 | | | | 1023 |
| ① | 人工费 | 工日 | 13.00 | | 49 |
| | 工长 | 工时 | 1.00 | 7 | 7 |
| | 中级工 | 工时 | 2.00 | 6 | 11 |
| | 初级工 | 工时 | 10.00 | 3 | 30 |
| ② | 材料费 | | | | 974 |
| | 土工布 | m² | 107.00 | 9 | 974 |
| 2 | 其他直接费 | % | 3.00 | | 31 |
| 3 | 现场经费 | % | 9.00 | | 92 |
| 二、 | 间接费 | % | 9.00 | | 103 |
| 三、 | 企业利润 | % | 7.00 | | 87 |
| 四、 | 税金 | % | 3.22 | | 43 |
| | 合计 | | | | 1379 |

## 分项工程单价表

| 定额名称： | 人工铺草皮 | | | | 定额编号： | 38 |
|---|---|---|---|---|---|---|
| 定额依据： | 90 194 | | | | 定额单位： | 100m² |
| 编号 | 名称及规格 | 单位 | 数量 | 单价（元） | 合计（元） | |
| 一、 | 直接工程费 | | | | 238 | |
| 1 | 直接费 | | | | 212 | |
| ① | 人工费 | 工日 | 37.00 | | 117 | |
| | 工长 | 工时 | 1.00 | 7 | 7 | |
| | 初级工 | 工时 | 36.00 | 3 | 110 | |
| ② | 材料费 | | | | 96 | |
| | 草皮 | m² | 37.00 | 3 | 96 | |
| 2 | 其他直接费 | % | 3.00 | | 6 | |
| 3 | 现场经费 | % | 9.00 | | 19 | |
| 二、 | 间接费 | % | 9.00 | | 21 | |
| 三、 | 企业利润 | % | 7.00 | | 18 | |
| 四、 | 税金 | % | 3.22 | | 9 | |
| | 合计 | | | | 286 | |

## 分项工程单价表

| 定额名称： | 管道铺设 | | | | 定额编号： | 39 |
|---|---|---|---|---|---|---|
| 定额依据： | 90 070 | | | | 定额单位： | km |
| 编号 | 名称及规格 | 单位 | 数量 | 单价（元） | 合计（元） | |
| 一、 | 直接工程费 | | | | 15 291 | |
| 1 | 直接费 | | | | 13 653 | |
| ① | 人工费 | 工日 | 995.00 | | 4228 | |
| | 工长 | 工时 | 50.00 | 7 | 355 | |
| | 高级工 | 工时 | 100.00 | 7 | 661 | |
| | 中级工 | 工时 | 248.00 | 6 | 1395 | |
| | 初级工 | 工时 | 597.00 | 3 | 1817 | |
| ② | 材料费 | | | | 7622 | |
| | 钢管 | m | 1020.00 | 5 | 5276 | |
| | 管件 | kg | 42.00 | 26 | 1100 | |
| | 阀门 | 个 | 7.00 | 17 | 122 | |
| | 电焊条 | kg | 29.00 | 6 | 186 | |
| | 氧气 | m³ | 54.00 | 9 | 475 | |
| | 乙炔气 | m³ | 25.00 | 19 | 463 | |
| ③ | 机械使用费 | 台班 | | | 1803 | |
| | 电焊机 25kVA | 台时 | 110.00 | 15 | 1674 | |
| | 载重汽车 5t | 台时 | 5.00 | 26 | 130 | |
| 2 | 其他直接费 | % | 3.00 | | 410 | |
| 3 | 现场经费 | % | 9.00 | | 1229 | |
| 二、 | 间接费 | % | 9.00 | | 1376 | |
| 三、 | 企业利润 | % | 7.00 | | 1167 | |
| 四、 | 税金 | % | 3.22 | | 574 | |
| | 合计 | | | | 18 409 | |

## 分项工程单价表

| 定额名称： | 临时房屋（平房） | | | | 定额编号： | 40 |
|---|---|---|---|---|---|---|
| 定额依据： | 90 173 | | | | 定额单位： | 100m² |
| 编号 | 名称及规格 | 单位 | 数量 | 单价（元） | 合计（元） | |
| 一、 | 直接工程费 | | | | 72 259 | |
| 1 | 直接费 | | | | 64 517 | |
| ① | 人工费 | 工日 | 1287.00 | | 6024 | |
| | 工长 | 工时 | 52.00 | 7 | 369 | |
| | 高级工 | 工时 | 206.00 | 7 | 1362 | |
| | 中级工 | 工时 | 450.00 | 6 | 2531 | |
| | 初级工 | 工时 | 579.00 | 3 | 1762 | |
| ② | 材料费 | | | | 58 493 | |
| | 砖 | 千块 | 11.13 | 228 | 2539 | |
| | 混合砂浆 | m³ | 10.70 | 363 | 3885 | |
| | 锯材 | m³ | 3.97 | 1243 | 4933 | |
| | 竹席 | m² | 110.00 | 16 | 1810 | |
| | 石棉水泥瓦 | 张 | 135.00 | 11 | 1522 | |
| | 石灰 | kg | 599.00 | 73 | 43 706 | |
| | 脊瓦 | 张 | 34.00 | 3 | 98 | |
| 2 | 其他直接费 | % | 3.00 | | 1936 | |
| 3 | 现场经费 | % | 9.00 | | 5807 | |
| 二、 | 间接费 | % | 9.00 | | 6503 | |
| 三、 | 企业利润 | % | 7.00 | | 5513 | |
| 四、 | 税金 | % | 3.22 | | 2714 | |
| | 合计 | | | | 86 990 | |

## 分项工程单价表

| 定额名称： | 临时房屋（楼房） | | | | 定额编号： | 41 |
|---|---|---|---|---|---|---|
| 定额依据： | 90 175 | | | | 定额单位： | 100m² |
| 编号 | 名称及规格 | 单位 | 数量 | 单价（元） | 合计（元） | |
| 一、 | 直接工程费 | | | | 32 621 | |
| 1 | 直接费 | | | | 29 126 | |
| ① | 人工费 | 工日 | 2652.00 | | 11 952 | |
| | 工长 | 工时 | 133.00 | 7 | 945 | |
| | 高级工 | 工时 | 265.00 | 7 | 1752 | |
| | 中级工 | 工时 | 928.00 | 6 | 5219 | |
| | 初级工 | 工时 | 1326.00 | 3 | 4035 | |
| ② | 材料费 | | | | 17 174 | |
| | 红砖 | 千块 | 19.70 | 228 | 4496 | |
| | 水泥 | t | 10.40 | 415 | 4311 | |
| | 砂 | m³ | 25.60 | 27 | 689 | |
| | 碎石 | m³ | 13.00 | 31 | 398 | |

续表

| 定额名称： | 临时房屋（楼房） | | | | 定额编号： | 41 |
|---|---|---|---|---|---|---|
| 定额依据： | 90 175 | | | | 定额单位： | 100m² |
| 编号 | 名称及规格 | 单位 | 数量 | 单价（元） | 合计（元） | |
| | 钢筋 | t | 1.00 | 2796 | 2796 | |
| | 锯材 | m³ | 2.80 | 1243 | 3479 | |
| | 石灰 | t | 1.20 | 73 | 88 | |
| | 玻璃 | m² | 11.80 | 78 | 918 | |
| ③ | 机械使用费 | 台班 | | | 2327 | |
| | 塔式起重机 6t | 台时 | 18.00 | 60 | 1086 | |
| | 搅拌机 | 台时 | 2.00 | 28 | 57 | |
| | 胶轮车 | 台时 | 144.00 | 8 | 1184 | |
| 2 | 其他直接费 | % | 3.00 | | 874 | |
| 3 | 现场经费 | % | 9.00 | | 2621 | |
| 二、 | 间接费 | % | 9.00 | | 2936 | |
| 三、 | 企业利润 | % | 7.00 | | 2489 | |
| 四、 | 税金 | % | 3.22 | | 1225 | |
| | 合计 | | | | 39 271 | |

**分项工程单价表**

| 定额名称： | 石笼 | | | | 定额编号： | 42 |
|---|---|---|---|---|---|---|
| 定额依据： | 90 009 | | | | 定额单位： | 100m³ 成品方 |
| 编号 | 名称及规格 | 单位 | 数量 | 单价（元） | 合计（元） | |
| 一、 | 直接工程费 | | | | 12 564 | |
| 1 | 直接费 | | | | 11 218 | |
| ① | 人工费 | 工日 | 455.00 | | 2005 | |
| | 工长 | 工时 | 23.00 | 7 | 163 | |
| | 高级工 | 工时 | 0.00 | 7 | 0 | |
| | 中级工 | 工时 | 204.00 | 6 | 1147 | |
| | 初级工 | 工时 | 228.00 | 3 | 694 | |
| ② | 材料费 | | | | 9214 | |
| | 铅丝 8 号 | kg | 397.00 | 8 | 3039 | |
| | 块石 | m³ | 113.00 | 55 | 6175 | |
| 2 | 其他直接费 | % | 3.00 | | 337 | |
| 3 | 现场经费 | % | 9.00 | | 1010 | |
| 二、 | 间接费 | % | 9.00 | | 1131 | |
| 三、 | 企业利润 | % | 7.00 | | 959 | |
| 四、 | 税金 | % | 3.22 | | 472 | |
| | 合计 | | | | 15 126 | |

## 分项工程单价表

| 定额名称： | 人工挖一般土方 | | | | 定额编号： | 43 |
|---|---|---|---|---|---|---|
| 定额依据： | 10 002 | | | | 定额单位： | 100m³ |
| 编号 | 名称及规格 | 单位 | 数量 | 单价（元） | 合计（元） | |
| 一、 | 直接工程费 | | | | 301 | |
| 1 | 直接费 | | | | 269 | |
| ① | 人工费 | 工日 | 81.90 | | 256 | |
| | 工长 | 工时 | 1.60 | 7 | 11 | |
| | 初级工 | 工时 | 80.30 | 3 | 244 | |
| ② | 零星材料费 | % | 5.00 | | 13 | |
| 2 | 其他直接费 | % | 3.00 | | 8 | |
| 3 | 现场经费 | % | 9.00 | | 24 | |
| 二、 | 间接费 | % | 9.00 | | 27 | |
| 三、 | 企业利润 | % | 7.00 | | 23 | |
| 四、 | 税金 | % | 3.22 | | 11 | |
| | 合计 | | | | 362 | |

## 分项工程单价表

| 定额名称： | 浆砌卵石 | | | | 定额编号： | 44 |
|---|---|---|---|---|---|---|
| 定额依据： | 30 026 | | | | 定额单位： | 100m³ |
| 编号 | 名称及规格 | 单位 | 数量 | 单价（元） | 合计（元） | |
| 一、 | 直接工程费 | | | | 17 986 | |
| 1 | 直接费 | | | | 16 059 | |
| ① | 人工费 | 工日 | 705.20 | | 2880 | |
| | 工长 | 工时 | 14.10 | 7 | 100 | |
| | 中级工 | 工时 | 262.30 | 6 | 1475 | |
| | 初级工 | 工时 | 428.80 | 3 | 1305 | |
| ② | 材料费 | | | | 13 178 | |
| | 卵石 | m³ | 105.00 | 20 | 2075 | |
| | 砂浆 | m³ | 35.70 | 311 | 11 103 | |
| 2 | 其他直接费 | % | 3.00 | | 482 | |
| 3 | 现场经费 | % | 9.00 | | 1445 | |
| 二、 | 间接费 | % | 9.00 | | 1619 | |
| 三、 | 企业利润 | % | 7.00 | | 1372 | |
| 四、 | 税金 | % | 3.22 | | 675 | |
| | 合计 | | | | 21 652 | |

表 2-32

**建筑工程单价汇总表**

| 编号 | 工程名称 | 单位 | 单价(元) | 其中(元) | | | | | | | |
| --- | --- | --- | --- | --- | --- | --- | --- | --- | --- | --- | --- |
| | | | | 人工费 | 材料费 | 机械使用费 | 其他直接费 | 现场经费 | 间接费 | 企业利润 | 税金 |
| 1 | 挖掘机挖土方 | 100m³ | 120 | 12 | 4 | 72 | 3 | 8 | 9 | 8 | 4 |
| 2 | 建筑物回填土石 | 100m³ | 3633 | 2312 | 125 | 197 | 79 | 145 | 257 | 280 | 238 |
| 3 | 拖拉机压实 | 100m³ | 275 | 61 | 19 | 125 | 6 | 18 | 21 | 17 | 9 |
| 4 | 人工铺筑砂石垫层 | 100m³ | 6132 | 1540 | 3048 | 0 | 138 | 413 | 413 | 389 | 191 |
| 5 | 反铲挖掘机干砌石 | 100m³ | 36 782 | 61 | 27 868 | 1015 | 836 | 2508 | 2508 | 2331 | 1147 |
| 6 | 干砌块石 | 100m³ | 11 976 | 1900 | 6339 | 644 | 266 | 799 | 895 | 759 | 374 |
| 7 | 浆砌块石 | 100m³ | 47 672 | 3055 | 16 880 | 1392 | 640 | 1919 | 3564 | 3021 | 1487 |
| 8 | 墙 | 100m³ | 1472 | 1323 | 14 096 | 858 | 488 | 7 | 7 | 982 | 483 |
| 9 | 其他混凝土 | 100m³ | 20 423 | 1699 | 14 096 | 676 | 494 | 1482 | 1527 | 1294 | 637 |
| 10 | 胶带输送机运砂石料 | 100m³ | 45 | 9 | 4 | 20 | 1 | 3 | 3 | 3 | 1 |
| 11 | 人工装砂石料胶轮车运输 | 100m³ | 1413 | 514 | 21 | 513 | 31 | 94 | 106 | 90 | 44 |
| 12 | 人工装砂石料斗车运输 | 100m³ | 428 | 286 | 12 | 19 | 10 | 29 | 32 | 27 | 13 |
| 13 | 钢筋制作与安装 | 1t | 4410 | 85 | 2926 | 260 | 98 | 294 | 330 | 279 | 138 |
| 14 | 隧洞衬砌 | 100m³ | 23 635 | 2233 | 14 047 | 1249 | 526 | 1578 | 1767 | 1498 | 737 |
| 15 | 止水 | 100m | 5479 | 781 | 3283 | 0 | 122 | 366 | 410 | 347 | 171 |
| 16 | 伸缩缝 | 100m² | 7778 | 1210 | 4531 | 28 | 173 | 519 | 582 | 493 | 243 |
| 17 | 预制渡槽槽身 | 100m³ | 32 205 | 5275 | 17 161 | 1449 | 717 | 2150 | 2408 | 2041 | 1005 |
| 18 | 预制混凝土拱、拱波、横系梁及排架 | 100m³ | 740 726 | 5094 | 542 776 | 1501 | 16 481 | 49 443 | 55 377 | 46 947 | 23 107 |
| 19 | 预制混凝土块 | 100m³ | 28 122 | 6047 | 13 758 | 1052 | 626 | 1877 | 2102 | 1782 | 877 |
| 20 | 斗车运混凝土 | 100m³ | 498 | 307 | 21 | 41 | 11 | 33 | 37 | 32 | 16 |
| 21 | 砌体砂浆抹面 | 100m² | 1575 | 395 | 715 | 58 | 35 | 105 | 118 | 100 | 49 |
| 22 | 底板 | 100m³ | 20 549 | 1708 | 13 200 | 333 | 457 | 1372 | 1536 | 1302 | 641 |

续表

| 编号 | 工程名称 | 单位 | 单价（元） | 其中（元） | | | | | | | |
|---|---|---|---|---|---|---|---|---|---|---|---|
| | | | | 人工费 | 材料费 | 机械使用费 | 其他直接费 | 现场经费 | 间接费 | 企业利润 | 税金 |
| 23 | 墩 | 100m³ | 20 694 | 1826 | 13 181 | 340 | 460 | 1381 | 1547 | 1312 | 646 |
| 24 | 混凝土板预制及砌筑 | 100m³ | 610 028 | 8641 | 442 405 | 1391 | 13 573 | 40 719 | 45 606 | 38 663 | 19 030 |
| 25 | 混凝土管安装 | 100m | 56 053 | 3181 | 37 338 | 1053 | 1247 | 3741 | 4190 | 3553 | 1749 |
| 26 | 搅拌机拌制混凝土 | 100m³ | 2484 | 880 | 36 | 927 | 55 | 166 | 186 | 157 | 78 |
| 27 | 自卸汽车运混凝土 | 100m³ | 4322 | 100 | 153 | 2953 | 96 | 288 | 323 | 274 | 135 |
| 28 | 混凝土面板 | 100m³ | 22 001 | 2122 | 14 121 | 74 | 490 | 1469 | 1645 | 1394 | 686 |
| 29 | 人工挖倒沟槽土方 | 100m³ | 975 | 702 | 21 | 0 | 22 | 65 | 73 | 62 | 30 |
| 30 | 人工装砂石料自卸汽车运输 | 100m³ | 1404 | 362 | 10 | 669 | 31 | 94 | 105 | 89 | 44 |
| 31 | 回填混凝土 | 100m³ | 42 456 | 1561 | 29 751 | 176 | 945 | 2834 | 3174 | 2691 | 1324 |
| 32 | 振冲碎石桩 | 100m | 8461 | 563 | 2431 | 3282 | 188 | 565 | 633 | 536 | 264 |
| 33 | 钢筋网制作及安装 | 1t | 4748 | 408 | 2902 | 212 | 106 | 317 | 355 | 301 | 148 |
| 34 | 振冲水泥碎石桩 | 100m | 23 600 | 1246 | 12 074 | 4183 | 525 | 1575 | 1764 | 1496 | 736 |
| 35 | 公路路面 | 1000m² | 27 457 | 2604 | 13 463 | 4296 | 611 | 1833 | 2053 | 1740 | 857 |
| 36 | 土工膜铺设 | 100m² | 783 | 113 | 468 | 0 | 17 | 52 | 59 | 50 | 24 |
| 37 | 土工布铺设 | 100m² | 1379 | 49 | 974 | 0 | 31 | 92 | 103 | 87 | 43 |
| 38 | 人工铺草皮 | 100m² | 286 | 117 | 96 | 0 | 6 | 19 | 21 | 18 | 9 |
| 39 | 管道铺设 | 1km | 18 409 | 4228 | 7622 | 1803 | 410 | 1229 | 1376 | 1167 | 574 |
| 40 | 临时房屋（平房） | 100m² | 86 990 | 6024 | 58 493 | 0 | 1936 | 5807 | 6503 | 5513 | 2714 |
| 41 | 临时房屋（楼房） | 100m² | 39 271 | 11 952 | 17 174 | 2327 | 874 | 2621 | 2936 | 2489 | 1225 |
| 42 | 石笼 | 100m³ | 15 126 | 2005 | 9214 | 0 | 337 | 1010 | 1131 | 959 | 472 |
| 43 | 人工挖一般土方 | 100m³ | 362 | 256 | 8 | 0 | 8 | 24 | 27 | 23 | 11 |
| 44 | 浆砌卵石 | 100m³ | 21 652 | 2880 | 13 178 | 0 | 482 | 1445 | 1619 | 1372 | 675 |

表 2-33

## 实物量消耗统计表

| | 分项工程名称 | 工料机名称 单位 | 人工 工日 | 碎石 m³ | 砂 m³ | 块石 m³ | 砂浆 m³ | 水 m³ | 混凝土 m³ | 钢筋 t | 电焊条 kg | 锯材 m³ | 型钢 t | 铁件 kg | 装载机 1m³ 台班 | 振动器 1.1kW 台班 | 振动器 平板式 2.2kW 台班 | 风枪 台班 | 载重汽车 5t 台班 | 自卸汽车 5t 台班 | 胶轮车 台班 | 高速搅拌机 台班 | 振冲器 ZCQ-75 台班 | 电焊机 25kVA 台班 |
|---|---|---|---|---|---|---|---|---|---|---|---|---|---|---|---|---|---|---|---|---|---|---|---|---|
| 1 | 挖掘机挖土方 | 数量 | 4.10 | 0 | 0 | 0 | 0 | 0 | 0 | 0 | 0 | 0 | 0 | 0 | 0 | 0 | 0 | 0 | 0 | 0 | 0 | 0 | 0 | 0 |
| 2 | 建筑物回填土石 | 数量 | 457.40 | 0 | 0 | 0 | 0 | 0 | 0 | 0 | 0 | 0 | 0 | 0 | 0 | 0 | 0 | 0 | 0 | 0 | 0 | 0 | 0 | 0 |
| 3 | 掩拉机压实 | 数量 | 20.00 | 0 | 0 | 0 | 0 | 0 | 0 | 0 | 0 | 0 | 0 | 0 | 0 | 0 | 0 | 0 | 0 | 0 | 0 | 0 | 0 | 0 |
| 4 | 人工铺筑砂石垫层 | 数量 | 492.80 | 81.60 | 20.40 | 0 | 0 | 0 | 0 | 0 | 0 | 0 | 0 | 0 | 0 | 0 | 0 | 0 | 0 | 0 | 0 | 0 | 0 | 0 |
| 5 | 反铲挖掘机干砌石 | 数量 | 20.00 | 0 | 0 | 510.00 | 0 | 0 | 0 | 0 | 0 | 0 | 0 | 0 | 0 | 0 | 0 | 0 | 0 | 0 | 0 | 0 | 0 | 0 |
| 6 | 干砌块石 | 数量 | 493.70 | 0 | 0 | 116.00 | 0 | 0 | 0 | 0 | 0 | 0 | 0 | 0 | 0 | 0 | 0 | 0 | 0 | 0 | 78.30 | 0 | 0 | 0 |
| 7 | 浆砌块石 | 数量 | 742.90 | 0 | 0 | 108.00 | 35.30 | 0 | 0 | 0 | 0 | 0 | 0 | 0 | 0 | 0 | 0 | 0 | 0 | 0 | 158.68 | 6.35 | 0 | 0 |
| 8 | 墙 | 数量 | 272.20 | 0 | 0 | 0 | 0 | 120.00 | 103.00 | 0 | 0 | 0 | 0 | 0 | 0 | 0 | 0 | 10.00 | 0 | 0 | 0 | 0 | 0 | 0 |
| 9 | 其他混凝土 | 数量 | 362.50 | 0 | 0 | 0 | 0 | 120.00 | 103.00 | 0 | 0 | 0 | 0 | 0 | 0 | 40.05 | 0 | 0 | 0 | 0 | 0 | 0 | 0 | 0 |
| 10 | 胶带输送机运砂石料 | 数量 | 3.00 | 0 | 0 | 0 | 0 | 0 | 0 | 0 | 0 | 0 | 0 | 0 | 0 | 0 | 0 | 0 | 0 | 0 | 0 | 0 | 0 | 0 |
| 11 | 人工装砂石料轮车运输 | 数量 | 169.00 | 0 | 0 | 0 | 0 | 0 | 0 | 0 | 0 | 0 | 0 | 0 | 0 | 0 | 0 | 0 | 0 | 0 | 62.40 | 0 | 0 | 0 |
| 12 | 人工装砂石料斗车运输 | 数量 | 94.00 | 0 | 0 | 0 | 0 | 0 | 0 | 0 | 0 | 0 | 0 | 0 | 0 | 0 | 0 | 0 | 0 | 0 | 0 | 0 | 0 | 0 |
| 13 | 钢筋制作与安装 | 数量 | 102.90 | 0 | 0 | 0 | 0 | 0 | 0 | 1.02 | 7.22 | 0 | 0 | 0 | 0 | 0 | 0 | 0 | 0.45 | 0 | 0 | 0 | 0 | 10.00 |
| 14 | 隧洞衬砌 | 数量 | 471.40 | 0 | 0 | 0 | 0 | 40.00 | 103.00 | 0 | 0 | 0 | 0 | 0 | 0 | 30.60 | 0 | 20.20 | 0 | 0 | 0 | 0 | 0 | 0 |
| 15 | 止水 | 数量 | 148.10 | 0 | 0 | 0 | 0 | 0 | 0 | 0 | 0 | 0 | 0 | 0 | 0 | 0 | 0 | 0 | 0 | 0 | 0 | 0 | 0 | 0 |
| 16 | 伸缩缝 | 数量 | 229.70 | 0 | 0 | 0 | 0 | 0 | 0 | 0 | 0 | 2.20 | 0 | 0 | 0 | 0 | 0 | 0 | 0 | 0 | 3.36 | 0 | 0 | 0 |
| 17 | 预制混凝土槽身 | 数量 | 1063.40 | 0 | 0 | 0 | 0 | 180.00 | 102.00 | 0 | 0 | 3.04 | 0 | 42.82 | 0 | 44.00 | 26.46 | 0 | 0.60 | 0 | 92.80 | 18.36 | 0 | 0 |
| 18 | 预制混凝土拱、拱板、横系梁及排架 | 数量 | 1027.00 | 0 | 0 | 0 | 0 | 180.00 | 102.00 | 0 | 6.90 | 0.39 | 59.20 | 30.13 | 0 | 0 | 0 | 0 | 0 | 0 | 0 | 0 | 0 | 0 |
| 19 | 预制混凝土块 | 数量 | 1219.10 | 0 | 0 | 0 | 0 | 180.00 | 102.00 | 0 | 0 | 0.39 | 0 | 30.13 | 0 | 35.00 | 0 | 0 | 0 | 0 | 0 | 0 | 0 | 0 |
| 20 | 斗车运混凝土 | 数量 | 100.90 | 0 | 0 | 0 | 0 | 0 | 0 | 0 | 0 | 0 | 0 | 0 | 0 | 0 | 0 | 0 | 0 | 0 | 0 | 0 | 0 | 0 |
| 21 | 砌体砂浆抹面 | 数量 | 92.30 | 0 | 0 | 0 | 2.30 | 0 | 0 | 0 | 0 | 0 | 0 | 0 | 0 | 0 | 0 | 0 | 0 | 0 | 5.59 | 0.41 | 0 | 0 |
| 22 | 底板 | 数量 | 365.20 | 0 | 0 | 0 | 0 | 100.00 | 103.00 | 0 | 0 | 0 | 0 | 0 | 0 | 0 | 0 | 0 | 0 | 0 | 0 | 0 | 0 | 0 |
| 23 | 墩 | 数量 | 388.40 | 0 | 0 | 0 | 0 | 70.00 | 103.00 | 0 | 0 | 0 | 0 | 0 | 0 | 0 | 0 | 5.36 | 0 | 0 | 0 | 0 | 0 | 0 |

续表

| 序 | 分项工程名称 | 工料机<br>单位 | 人工<br>工日 | 碎石<br>m³ | 砂<br>m³ | 块石<br>m³ | 砂浆<br>m³ | 水<br>m³ | 混凝土<br>m³ | 钢筋<br>t | 电焊条<br>kg | 锯材<br>m³ | 型钢<br>t | 铁件<br>kg | 装载机<br>1m³<br>台班 | 振动器<br>1.1kW<br>台班 | 振动器<br>平板式<br>2.2kW<br>台班 | 风水枪<br>台班 | 载重汽车<br>5t<br>台班 | 自卸汽车<br>5t<br>台班 | 胶轮车<br>台班 | 高速搅拌机<br>台班 | 振冲器<br>ZCQ-75<br>台班 | 电焊机<br>25kVA<br>台班 |
|---|---|---|---|---|---|---|---|---|---|---|---|---|---|---|---|---|---|---|---|---|---|---|---|---|
| 24 | 混凝土板预制及砌筑 | 数量 | 1742.00 | 0 | 0 | 0 | 0 | 240.00 | 102.00 | 0 | 0 | 0 | 0 | 17.79 | 0 | 0 | 29.92 | 0 | 1.28 | 0 | 92.80 | 18.36 | 0 | 0 |
| 25 | 混凝土管安装 | 数量 | 597.60 | 0 | 0 | 0 | 0 | 0 | 0 | 0 | 0 | 1.00 | 12.00 | 0 | 0 | 0 | 0 | 0 | 0 | 0 | 83.00 | 8.64 | 0 | 0 |
| 26 | 搅拌机现拌混凝土 | 数量 | 211.80 | 0 | 0 | 0 | 0 | 0 | 0 | 0 | 0 | 0 | 0 | 0 | 0 | 0 | 0 | 0 | 0 | 0 | 0 | 0 | 0 | 0 |
| 27 | 自卸汽车运混凝土 | 数量 | 21.20 | 0 | 0 | 0 | 0 | 0 | 0 | 0 | 0 | 0 | 0 | 0 | 0 | 0 | 0 | 0 | 0 | 15.30 | 0 | 0 | 0 | 0 |
| 28 | 混凝土面板 | 数量 | 495.90 | 0 | 0 | 0 | 0 | 160.00 | 103.00 | 0 | 0 | 0 | 0 | 0 | 0 | 38.29 | 0 | 0 | 0 | 0 | 0 | 0 | 0 | 0 |
| 29 | 人工挖卸砂槽土方 | 数量 | 224.70 | 0 | 0 | 0 | 0 | 0 | 0 | 0 | 0 | 0 | 0 | 0 | 0 | 0 | 0 | 0 | 0 | 0 | 0 | 0 | 0 | 0 |
| 30 | 人工装砂石料自卸汽车运输 | 数量 | 119.00 | 0 | 0 | 0 | 0 | 0 | 0 | 0 | 0 | 0 | 0 | 0 | 0 | 0 | 0 | 0 | 0 | 12.19 | 0 | 0 | 0 | 0 |
| 31 | 回填混凝土 | 数量 | 332.10 | 0 | 0 | 0 | 0 | 45.00 | 103.00 | 0 | 0 | 0 | 0 | 0 | 0 | 40.05 | 0 | 4.00 | 0 | 0 | 0 | 0 | 0 | 0 |
| 32 | 振冲碎石桩 | 数量 | 122.00 | 123.00 | 0 | 0 | 0 | 0 | 0 | 0 | 0 | 0 | 0 | 0 | 11.10 | 0 | 0 | 0 | 0 | 0 | 0 | 0 | 11.10 | 0 |
| 33 | 钢筋网制作及安装 | 数量 | 93.00 | 0 | 0 | 0 | 0 | 0 | 0 | 1.02 | 7.90 | 0 | 0 | 0 | 0 | 0 | 0 | 0 | 25.98 | 0 | 0 | 0 | 0 | 9.50 |
| 34 | 振冲水泥碎石桩 | 数量 | 337.00 | 110.00 | 0 | 0 | 0 | 0 | 0 | 0 | 0 | 0 | 0 | 0 | 15.00 | 0 | 0 | 0 | 0 | 0 | 0 | 15.00 | 15.00 | 0 |
| 35 | 公路路面 | 数量 | 632.00 | 62.00 | 11.00 | 0 | 0 | 0 | 0 | 0 | 0 | 0.10 | 0 | 0 | 15.00 | 0 | 0 | 0 | 0 | 0 | 0 | 15.00 | 15.00 | 0 |
| 36 | 土工膜铺设 | 数量 | 29.00 | 0 | 0 | 0 | 0 | 0 | 0 | 0 | 0 | 0 | 0 | 0 | 0 | 0 | 0 | 0 | 0 | 0 | 0 | 0 | 0 | 0 |
| 37 | 土工布铺设 | 数量 | 13.00 | 0 | 0 | 0 | 0 | 0 | 0 | 0 | 0 | 0 | 0 | 0 | 0 | 0 | 0 | 0 | 0 | 0 | 0 | 0 | 0 | 0 |
| 38 | 人工铺草皮 | 数量 | 37.00 | 0 | 0 | 0 | 0 | 0 | 0 | 0 | 0 | 0 | 0 | 0 | 0 | 0 | 0 | 0 | 0 | 0 | 0 | 0 | 0 | 0 |
| 39 | 管道铺设 | 数量 | 995.00 | 0 | 0 | 0 | 0 | 0 | 0 | 0 | 29.00 | 0 | 0 | 0 | 0 | 0 | 0 | 0 | 5.00 | 0 | 0 | 0 | 0 | 110.00 |
| 40 | 临时房屋（平房） | 数量 | 1287.00 | 0 | 0 | 0 | 0 | 0 | 0 | 0 | 0 | 3.97 | 0 | 0 | 0 | 0 | 0 | 0 | 0 | 0 | 0 | 0 | 0 | 0 |
| 41 | 临时房屋（楼房） | 数量 | 2652.00 | 13.00 | 25.60 | 0 | 0 | 0 | 0 | 1.00 | 0 | 2.80 | 0 | 0 | 0 | 0 | 0 | 0 | 0 | 0 | 0 | 0 | 0 | 0 |
| 42 | 石笼 | 数量 | 455.00 | 0 | 0 | 113.00 | 0 | 0 | 0 | 0 | 0 | 0 | 0 | 0 | 0 | 0 | 0 | 0 | 0 | 0 | 0 | 0 | 0 | 0 |
| 43 | 人工挖一般土方 | 数量 | 81.90 | 0 | 0 | 0 | 0 | 0 | 0 | 0 | 0 | 0 | 0 | 0 | 0 | 0 | 0 | 0 | 0 | 0 | 0 | 0 | 0 | 0 |
| 44 | 浆砌卵石 | 数量 | 705.20 | 0 | 0 | 0 | 35.70 | 0 | 0 | 0 | 0 | 0 | 0 | 0 | 0 | 0 | 0 | 0 | 0 | 0 | 0 | 0 | 0 | 0 |
| 45 | 总计 | 数量 | 19523.40 | 389.60 | 57.00 | 847.00 | 73.30 | 1435.00 | 1129.00 | 3.04 | 51.02 | 13.89 | 71.20 | 120.87 | 41.10 | 227.99 | 56.38 | 39.56 | 34.75 | 27.49 | 576.93 | 82.12 | 41.10 | 129.50 |

表 2-34 标价工程量清单

拦河坝工程

| 编号 | 工程或费用名称 | 单位 | 数量 | 单价（元） | 合计（万元） |
|---|---|---|---|---|---|
| 1 | 挖掘机挖土方 | 100m³ | 895 690.86 | 120 | 10 747 |
| 2 | 建筑物回填土石 | 100m³ | 1 587 022.06 | 3633 | 576 534 |
| 3 | 拖拉机压实 | 100m³ | 41 586.00 | 275 | 1145 |
| 4 | 人工挖一般土方 | 100m³ | 542.00 | 362 | 20 |
| 5 | 人工挖倒沟槽土方 | 100m³ | 14 875.00 | 975 | 1450 |
| 6 | 人工铺筑砂石垫层 | 100m³ | 330.30 | 6132 | 203 |
| 7 | 干砌块石 | 100m³ | 68 378.17 | 11 976 | 81 890 |
| 8 | 浆砌块石 | 100m³ | 13 540.50 | 47 672 | 64 550 |
| 9 | 浆砌卵石 | 100m³ | 104 769.00 | 21 652 | 226 848 |
| 10 | 反铲挖掘机干砌石 | 100m³ | 98 625.00 | 36 782 | 362 765 |
| 11 | 砌体砂浆抹面 | 100m³ | 35.00 | 1575 | 6 |
| 12 | 墙 | 100m³ | 726.00 | 15 | 1 |
| 13 | 其他混凝土 | 100m³ | 13 757.71 | 20 423 | 28 097 |
| 14 | 钢筋制作与安装 | t | 2559.10 | 4410 | 1129 |
| 15 | 伸缩缝 | 100m² | 12 977.53 | 7778 | 10 095 |
| 16 | 隧洞衬砌 | 100m³ | 5006.42 | 23 635 | 11 833 |
| 17 | 止水 | 100m | 171 682.00 | 5479 | 94 064 |
| 18 | 预制混凝土块 | 100m³ | 5312.00 | 28 122 | 14 938 |
| 19 | 预制渡槽槽身 | 100m³ | 2809.00 | 32 205 | 9046 |
| 20 | 预制混凝土拱、拱波、横系梁及排架 | 100m³ | 484.00 | 740 726 | 35 851 |
| 21 | 斗车运混凝土 | 100m³ | 98.00 | 498 | 5 |
| 22 | 底板 | 100m³ | 284.00 | 20 549 | 584 |
| 23 | 墩 | 100m³ | 1223.80 | 20 694 | 2532 |
| 24 | 混凝土板预制及砌筑 | 100m³ | 4580.18 | 610 028 | 279 404 |
| 25 | 混凝土管安装 | 100m | 2191.00 | 56 053 | 12 281 |
| 26 | 搅拌机拌制混凝土 | 100m³ | 384.15 | 2484 | 95 |
| 27 | 自卸汽车运混凝土 | 100m³ | 63.00 | 4322 | 27 |
| 28 | 混凝土面板 | 100m³ | 124.00 | 22 001 | 273 |
| 29 | 胶带输送机运砂石料 | 100m³ | 235 814.26 | 45 | 1062 |
| 30 | 人工装砂石料胶轮车运输 | 100m³ | 2096.00 | 1413 | 296 |
| 31 | 人工装砂石料斗车运输 | 100m³ | 47 206.00 | 428 | 2022 |
| 32 | 人工装砂石料自卸汽车运输 | 100m³ | 3520.00 | 1404 | 494 |
| 33 | 振冲碎石桩 | 100m | 67 830.00 | 8461 | 57 393 |
| 34 | 钢筋网制作及安装 | t | 25 632.00 | 4748 | 12 170 |
| 35 | 振冲水泥碎石桩 | 100m | 3300.00 | 23 600 | 7788 |
| 36 | 公路路面 | 1000m² | 10 080.00 | 27 457 | 27 676 |
| 37 | 土工膜铺设 | 100m² | 579 550.00 | 783 | 45 362 |
| 38 | 土工布铺设 | 100m² | 140 736.00 | 1379 | 19 414 |
| 39 | 人工铺草皮 | 100m² | 15 906.00 | 286 | 455 |
| 40 | 管道铺设 | 1km | 903.00 | 18 409 | 1662 |
| 41 | 临时房屋（平房） | 100m² | 133.00 | 86 990 | 1157 |
| 42 | 临时房屋（楼房） | 100m² | 57.00 | 39 271 | 224 |
| 43 | 石笼 | 100m² | 185.00 | 15 126 | 280 |
| | 总计 | | | | 2 003 870 |

### 任务 2.2.3　公路工程造价编制

公路工程造价的编制是一项十分细致的工作，编制前应全面了解工程所在地的建设条件，掌握各种基础资料，正确引用定额、取费标准、材料及设备价格。在编制时严格执行国家现行的方针、政策和有关规定，符合公路设计规范和施工技术规范。

在定额计价模式下，国家或地方主管部门颁布工程预算计价定额，并且规定了相关取费标准，发布有关资源价格信息。建设单位与施工单位均先根据工程预算定额中规定的工程量计算规则、定额单价计算直接工程费，再按照规定的费率和取费程序计取间接费、利润和税金，汇总后得到工程造价。

（1）定额计价依据

公路工程预算的编制依据，主要包括以下几个方面。

◆《公路工程基本建设项目概算预算编制办法》（JTG B06—2007）及工程所在地省级交通主管部门发布的补充计价依据。

◆ 预算定额，取费标准，材料、设备预算价格等资料。

◆ 工程设计资料。

◆ 施工组织设计资料。

◆ 当地物资、劳力、动力等资源可供利用的情况，当地运输情况。

◆ 工程当地自然条件及变化规律。

◆ 施工单位的施工能力及潜力。

◆ 其他工程及沿线设施。

（2）公路工程预算项目及预算费用

1）公路工程预算项目

为使公路工程预算编制规范化，依照《公路工程基本建设项目设计文件编制办法》，在《公路工程基本建设项目概算预算编制办法》（JTG B06—2007）中对费用项目的名称、层次做了统一的规定，从而可以防止列项时出现混乱、漏列、错列的现象。

公路工程预算项目表，反映了公路基本建设项目的全部工程和全部费用的一种分类情况，预算项目主要包括以下内容：

第一部分　建筑安装工程费

第一项　临时工程

第二项　路基工程

第三项　路面工程

第四项　桥梁涵洞工程

第五项　交叉工程

第六项　隧道工程

第七项　公路设施及预埋管线工程

第八项　绿化及环境保护工程

第九项　管理、养护及服务房屋

第二部分　设备及工具、器具购置费

第三部分　工程建设其他费用

公路工程预算项目表的表现形式和详细内容见《公路工程基本建设项目概算预算编制办

法》（JTG B06—2007）。

2）公路工程预算费用组成及计算方法

根据我国交通部 2007 年第 33 号公告公布的《公路工程基本建设项目概算预算编制办法》（JTG B06—2007）中的规定，公路工程预算费用主要由建筑安装工程费，设备、工具、器具及家具购置费，工程建设其他费用，预备费用共 4 大部分组成，如图 2-65 所示。

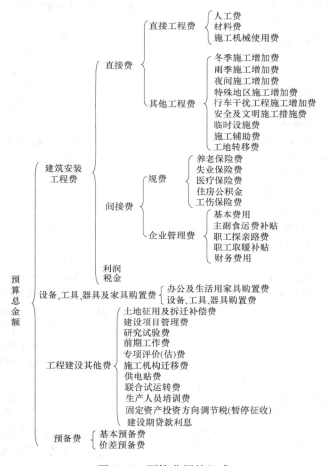

图 2-65 预算费用的组成

公路工程预算费用计算方法见表 2-35。

表 2-35            **公路工程预算费用计算方法**

| 代号 | 项　　目 | 说　明　及　计　算　式 |
|---|---|---|
| 一 | 直接工程费（即工、料、机费） | 按编制年工程所在地的预算价格计算 |
| 二 | 其他工程费 | （一）×其他工程费综合费率或各类工程人工费和机械费之和×其他工程费综合费率 |
| 三 | 直接费 | （一）＋（二） |
| 四 | 间接费 | 各类工程人工费×规费综合费率＋（三）×企业管理费综合费率 |
| 五 | 利润 | ［（三）＋（四）－规费］×利润率 |

续表

| 代号 | 项　　目 | 说　明　及　计　算　式 |
|---|---|---|
| 六 | 税金 | ［（三）＋（四）＋（五）］×综合税率 |
| 七 | 建筑安装工程费 | （三）＋（四）＋（五）＋（六） |
| 八 | 设备、工具、器具购置费（包括备品备件） | $\sum$（设备、工具、器具购置数量×单价＋运杂费）×（1＋采购保管费率）按有关规定计算 |
| | 办公和生活用家具购置费 | |
| 九 | 工程建设其他费用 | |
| | 土地征用及拆迁补偿费 | 按有关规定计算 |
| | 建设单位（业主）管理费 | （七）×费率 |
| | 工程质量监督费 | （七）×费率 |
| | 工程监理费 | （七）×费率 |
| | 工程定额测定费 | （七）×费率 |
| | 设计文件审查费 | （七）×费率 |
| | 竣（交）工验收试验检测费 | 按有关规定计算 |
| | 研究试验费 | 按批准的计划编制 |
| | 前期工作费 | 按有关规定计算 |
| | 专项评价（估）费 | 按有关规定计算 |
| | 施工机构迁移费 | 按实计算 |
| | 供电贴费 | 按有关规定计算 |
| | 联合试运转费 | （七）×费率 |
| | 生产人员培训费 | 按有关规定计算 |
| | 固定资产投资方向调节税 | 按有关规定计算 |
| | 建设期贷款利息 | 按实际贷款数及利率计算 |
| 十 | 预备费 | 包括价差预备费和基本预备费两项 |
| | 价差预备费 | 按规定的公式计算 |
| | 基本预备费 | ［（七）＋（八）＋（九）－固定资产投资方向调节税－建设期贷款利息］×费率 |
| | 预备费中施工图预算包干系数 | ［（三）＋（四）］×费率 |
| 十一 | 建设项目总费用 | （七）＋（八）＋（九）＋（十） |

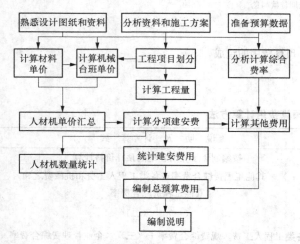

图 2-66　公路工程预算编制程序

（3）定额计价程序

公路工程施工图预算，应当熟悉和掌握基础资料，根据设计施工图纸、预算编制办法和相关定额编制，计价程序如图 2-66 所示。

1）划分工程项目

公路工程列项方法和要求。预算项目划分按照《公路工程基本建设项目概算预算编制办法》（JTG B06—2007）中"概、预算项目表"划分规定，结合设计图纸及施工组织设计对工程项目进行分项。概预算项目应按项目表规定的"项""节""细目"序列及内容编制，不得随意划分，见

表 2-36。

**表 2-36** 总概（预）算表

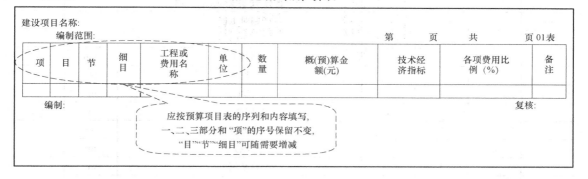

项目划分案例分析。以某公路路基工程的项目划分为例，说明工程项目划分的方法。

**【背景材料】**

某公路改建工程路线全长 9.5km。按三级公路标准设计，路基宽度 7.5m，行车道宽 6.5m，两侧路肩各 0.50m，路面为 15cm 厚的天然级配砂砾。工程施工内容包括：路基、路面、排水及防护、桥梁、涵洞等工程，以及工程施工中的其他工程。

路基设计：全线路基填料为新老黄土，路基边坡根据边坡高度和工程地质条件确定，填方路基边坡一般为 1：1.5，填土高度大于 8m 时，上部 8m 采用 1：1.5，下部采用 1：1.75。为减少工程量未设护坡道。挖方边坡坡率一般采用 1：0.5，挖方高度大于 20m 时，下部 20m 采用 1：0.5，上部采用 1：0.75。

取土、弃土方案设计，取土、弃土原则：取土坑分布在路线两侧，开挖运输方便，按平均等厚度取，取土区边坡不陡于 1：1，靠路基一侧不陡于 1：1.5，取土结束后回填整平。弃土堆需堆放整齐，堆积坡面按 1：1 处理，并应夯实平整，以达到美化路容、恢复植被、防止水土流失和占地还田的目的。

路基压实标准和压实度：填方路段应分层填筑，均匀压实。对于填方路基，路床（即路面底面以下 0～80cm）压实度不小于 94％，路堤压实度不小于 90％，对于零填及路堑路床，路面底面以下 30cm 以内，压实度不小于 94％。

路基排水设计：本公路沿线经过地区为黄土地区，水土流失严重。水是造成路基及其沿线构造物发生病害的主要原因，因此，设置了边沟和排水沟等各种排水设施，组成有效的排水系统，以保证路基安全稳定。边沟断面采用梯形，并当纵坡大于 3％的路段采用 M7.5 浆砌片石进行加固，厚度为 25cm。路基排水工程在施工过程中，可根据实际地形调整位置，以确保路基稳定。本标段路基排水系统有边沟、急流槽、排水沟等组成。并逐步完善为规范、有效的排水系统，以利于收集地表排水及边坡渗水，防止冲刷边坡，保证路基（堑）边坡的稳定。本合同段共设边沟 500m，排水沟 30m。

**【分析】** 根据工程概况，识读设计文件和图纸，按照《公路工程基本建设项目概算预算编制办法》（JTG B06—2007）中项目划分规定，本工程"第一部分 建筑安装工程费 第二项 路基工程"的项目划分见表 2-37。

表 2-37　　　　　　　　　　某公路工程项目划分（路基工程）

| 项 | 目 | 节 | 细目 | 工程或费用名称 | 单位 | 备注 |
|---|---|---|---|---|---|---|
| | | | | 第一部分 建筑安装工程费用 | | |
| 一 | | | | 临时工程 | | |
| | | | | …… | | |
| 二 | | | | 路基工程 | km | |
| | 1 | | | 挖方 | m³ | |
| | | 1 | | 挖土方 | m³ | |
| | | | 1 | 挖路基土方 | m³ | |
| | | | 2 | 弃方运输 | m³ | |
| | 2 | | | 填方 | m³ | |
| | | 1 | | 路基填方 | m³ | |
| | | | 1 | 利用土方填筑 | m³ | |
| | 3 | | | 排水工程 | km | |
| | | 1 | | 边沟 | m³/m | |
| | | | 1 | 浆砌片石边沟 | m³/m | |
| | | 2 | | 排水沟 | 处 | |
| | | | 1 | 浆砌片排水沟 | m³/m | |
| | 4 | | | 防护与加固工程 | km | |
| | | 1 | | 挡土墙 | m³/m | |
| | | | 1 | 浆砌片石挡土墙 | m³/m | |
| | | | | …… | | |

2）计算计价工程量

预算工程量的计算是根据设计图纸、拟订的施工方案、概预算工程量计算规则、预算定额划分的项目，列出分部分项工程名称和工程量计算式，然后计算结果。公路工程概预算工程量计算规则分散在概预算定额手册的章节说明中，它是在套用定额时确定概预算工程量的依据。

工程数量作为编制预算的基础资料，通常设计人员在完成设计图纸的同时就已进行了计算，在编制预算时需要对已有工程量进行复核，基本上不需要根据设计图纸重新计算工程量，但是设计图纸所提供的工程数量与定额表中所规定的工程内容和工程量计算规则不完全一致，需要编制人员按照定额的要求从设计图表中摘取计价工程量。

计算计价工程量实际上是根据定额规定的工程量计算规则，将设计图表中提供的设计工程量进行分类、统计、汇总后，得出符合定额表要求的计价工程量。

下面以某公路工程路面工程量的摘取为例介绍计算计价工程量的方法。

【背景资料】

某公路路面工程采用 24cm 厚 C35 水泥混凝土面层，路面宽度 13.5m，路线长度为10 600.5m，桥梁、隧道长度263m，平曲线加宽面积589.7m²，计算路面铺筑的计价工程量。

【解析】

根据《公路工程预算定额》（JTG/T B06-02—2007）第二章路面工程说明规定，各种类型路面以及路槽、路肩、垫层、基层等，除沥青混合料路面、厂拌基层稳定土混合料运输以1000m³ 路面实体为计算单位外，其他均以 1000m² 为计算单位。本例中为水泥混凝土面层，所以路面铺筑以 1000m² 为计算单位。

宽为 13.5m 的铺筑长度＝路线长度－桥梁长度－隧道长度＝10 600.5－263＝10 337.5m

宽为 13.5m 的铺筑面积＝铺筑长度×铺筑宽度＝10 337.5×13.5＝139 556.25m²

路面铺筑面积＝宽度为 13.5m 的铺筑面积＋平曲线加宽面积＝139 556.25＋589.7＝140 145.95m²

3）套用定额

套用定额是根据概预算的具体条件和目的，查得需要的正确定额的过程。公路工程概预算定额项目多，内容复杂，查用定额的工作不仅量大，而且要十分细致。

（1）确定定额编号。定额编号一般采用"章—节—表—栏"的编号方法。确定定额编号，首先应根据预算项目表依次按目、节确定欲查定额的项目名称。但要注意核查定额的工作内容、作业方式是否与施工组织设计相符。

（2）套用定额应注意的问题。计量单位要与项目之间一致，特别是在抽换、数量计算时更应注意；当项目中任何项（工、料、机）定额值发生变化时，其相应基价也要做相应的调整。查定额时，首先要鉴别工程项目属于哪类工程，以免盲目确定而在表中找不到栏目，无法计算或错误引用定额。

（3）定额套用实例分析。以某公路工程路面工程为例，来说明定额套用的方法步骤。

【背景资料】

某公路工程采用沥青混凝土路面，施工图设计的路面为中粒式沥青混凝土混合料，厚度为 18cm（4cm＋6cm＋8cm）。某标段路线长 25km，面层面积为 610 350m²。根据施工组织设计资料，在距路线两端 1/3 处各有一块比较平坦的场地，且与路线相邻。施工工期为 5 个月。拌和站场地处理费用不予考虑。

请根据上述材料列出本标段中路面工程造价所涉及的相关定额的名称、单位、定额代号等内容，并填入表格。

【分析】

《公路工程预算定额》（JTG/T B06-02—2007）中第二章路面工程定额包括各种类型路面以及路槽、路肩、垫层、基层等，除沥青混合料路面、厂拌基层稳定土混合料运输以 1000m³ 路面实体为计算单位外，其他均以 1000m² 为计算单位。根据本工程实际情况，本工程涉及的定额子目见表 2-38。

表 2-38　　　　　　　　　　　预算工程定额细目

| 序号 | 工　程　细　目 | 单位 | 定额表号 | 数量 | 定额调整情况 |
|---|---|---|---|---|---|
| 1 | 透层沥青 | 1000m² | 2-2-16-3 | | |
| 2 | 沥青混凝土面层拌合 | 1000m³ | 2-2-11-10 | | |
| 3 | 15t 自卸汽车运第一个 1km | 1000m³ | 2-2-13-21 | | |
| 4 | 15t 自卸汽车每增运 0.5km | 1000m³ | 2-2-13-23 | | |
| 5 | 沥青混合料摊铺 | 1000m³ | 2-2-14-43 | | |
| 6 | 黏层沥青 | 1000m² | 2-2-16-5 | | |
| 7 | 沥青混合料拌合设备安装和拆卸 | 1 座 | 2-2-15-4 | | |

4）确定人工、材料、施工机械台班预算单价

确定人工预算单价。编制公路工程预算时，人工预算单价应按各省、自治区、直辖市交通运输厅（局、委）公布的人工费标准取定。

确定施工机械台班预算单价。公路工程施工机械台班预算单价应按交通部颁布的《公路工程机械台班费用定额》（JTG/T B06-03—2007）计算。

施工机械台班预算单价由不变费用和可变费用组成。不变费用包括折旧费、大修理费、经常修理费、安装拆卸及辅助设施费4项费用。在《公路工程机械台班费用定额》中，将不变费用中的各项费用直接以金额的形式列出。在编制机械台班单价时，除青海、新疆、西藏等边远地区可按其省、自治区交通厅批准的调整系数进行调整外，其他地区均应以定额规定的数值为准，不得随意变动。可变费用包括人工费（随机操作人员的工作日工资）、动力燃料费、养路费及车船使用税3项费用。在《公路工程机械台班费用定额》中仅规定实物量，即人工工日，动力物质（包括汽油、柴油、电、水、煤）等每台班的实物消耗量。台班人工费单价同生产工人人工费单价，动力燃料费的预算价格，按当地的动力物质的工地预算价格计算（见表2-39）。台班人工费和台班动力燃料费的计算公式分别为

台班人工费＝定额人工工日数×人工工日单价

台班动力燃料费＝定额台班动力燃料消耗量×相应单价

表2-39　　　　　　　　　　　　　　机械台班单价计算表

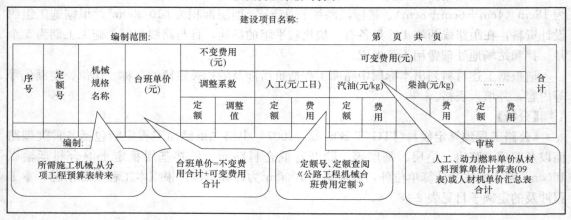

确定材料预算单价。材料自供应地点或料场至工地的全部运杂费与材料原价及其他费用组成预算单价，包括材料原价、运杂费、场外运输损耗、采购及仓库保管费。

材料预算价格的计算公式为

材料预算价格＝（材料原价＋运杂费）×（1＋场外运输损耗率）×

（1＋采购及保管费率）－包装材料回收价值

材料预算价格通过材料预算单价计算表来完成，见表2-40。

5）计算建筑安装工程费

建筑安装工程费由直接费、间接费、利润和税金组成。

① 直接费的计算方法和步骤。直接费由直接工程费和其他工程费组成。

直接工程费＝人工费＋材料费＋施工机械使用费

**表 2-40**                                                **材料预算单价计算表**

建设项目名称：

编制范围：                                          第　　页　　共　　页

| 序号 | 规格名称 | 单位 | 原价（元） | 运杂费 | | | | | 原价运费合计 | 场外运输损耗 | | 采购及保管费 | | 预算单价（元） |
|---|---|---|---|---|---|---|---|---|---|---|---|---|---|---|
| | | | | 供应地点 | 运输方式比重及运距 | 毛重系数或单位毛重 | 运杂费构成说明或计算式 | 单位运费 | | 费率（%） | 金额（元） | 费率（%） | 金额（元） | |
| | | | | | | | | | | | | | | |

编制：                                                             审核：

毛重系数、场外运输损耗、采购及保管费按规定填写；根据材料供应地点、运输方式、运输单价、毛重系数等，通过运杂费构成说明或计算式，计算得出材料单位运费；材料原价与单位运费、场外运输损耗、采购及保管费组成材料预算单价。

其他工程费＝其他工程费Ⅰ＋其他工程费Ⅱ

　　　　　　＝直接工程费×其他工程费综合费率Ⅰ＋（人工费＋施工机械使用费）

　　　　　　　×其他工程费综合费率Ⅱ

计算直接工程费，填写分项工程预算表（见表 2-41）。以项目划分表中的"细目"或"节"为编制单元，根据分项工程的工程量大小和定额的规定，计算出各分项工程的人工、材料、机械消耗量，用人工工日单价、材料预算单价和机械台班单价计算出各分项工程的人工费、材料费、机械使用费，即直接工程费。

编制其他工程费及间接费综合费率计算表。根据项目工程所在地的实际情况，确定各工程类别所对应的间接费各单项费率，计算间接费综合费率，完成其他工程费及间接费综合费率计算表的编制。

计算其他工程费。以相应项目的直接工程费或人工费与施工机械使用费之和为基数，按其他工程费的综合费率计算其他工程费。

② 间接费的计算方法和步骤。间接费由规费和企业管理费两项组成

间接费＝规费＋企业管理费

规费＝人工费×规费综合费率

企业管理费＝直接费×企业管理费综合费率

间接费的计算步骤如下：根据项目工程所在地的实际情况，确定各工程类别所对应的间接费各单项费率，计算间接费综合费率，完成其他工程费及间接费综合费率计算表的编制；以项目划分表中的"细目"或"节"为编制单元，计算间接费，完成分项工程预算表的编制；完成建筑安装工程费计算表的编制。

③ 利润的计算方法和步骤。

利润＝（直接费＋间接费－规费）×利润率

利润在建筑安装工程费计算表中计算。

④ 税金。

税金＝（直接费＋间接费＋利润）×综合税率

税金在建筑安装工程费计算表中计算。

⑤ 建筑安装工程费的计算表格，见表 2-42。

**表 2-41**

## 分项工程概（预）算表

建设项目名称：
编制范围：

工程项目　　　　　工程细目　　　　　定额单位　　　　　工程数量　　　　　定额表号

第　页　共　页

| 序号 | 工料机名称 | 单位 | 单价 | 定额 | 数量 | 金额 | 定额 | 数量 | 金额 | 合计 数量 | 合计 金额 |
|---|---|---|---|---|---|---|---|---|---|---|---|
| 1 | 人工 | 工日 | | | | | | | | | |
| | …… | | | | | | | | | | |
| 2 | | | | | | | | | | | |
| | 定额基价 | 元 | | | | | | | | | |
| | 直接工程费 | 元 | | | | | | | | | |
| | 其他直接费 | 元 | | | | | | | | | |
| | 间接费　规费 | 元 | | | | | | | | | |
| | 　　　　企业管理费 | 元 | | | | | | | | | |
| | 利润及税金 | 元 | | | | | | | | | |
| | 建筑安装工程费 | 元 | | | | | | | | | |

编制：　　　　　　　　　　　　　　　　　　　　　　　复核：

**表 2-42**

## 建筑安装工程费计算表

建设项目名称：
编制范围：

第　页　共　页

| 序号 | 工程名称 | 单位 | 工程量 | 直接费（元） | | | | | | 间接费（元） | 利润（元）费率（%） | 税金（元）综合税率（%） | 建筑安装工程费 | |
|---|---|---|---|---|---|---|---|---|---|---|---|---|---|---|
| | | | | 直接工程费 | | | | 其他工程费 | 合计 | | | | 合计（元） | 单价（元） |
| | | | | 人工费 | 材料费 | 机械使用费 | 合计 | | | | | | | |
| 1 | 2 | 3 | 4 | 5 | 6 | 7 | 8 | 9 | 10 | 11 | 12 | 13 | 14 | 15 |
| | | | | 5—7 均由分项工程预算表经计算转来 | | | ＝5+6+7 | 8×9 的费率或（5+7）×9 的费率 | 8+9 | 5×规费综合费率+10×企业管理费综合费率 | （10+11－规费）×12 的费率 | （10+11+12）×综合税率 | 14=10+11+12+13 | 14÷4 |

计算说明：

编制：　　　　　　　　　　　　　　　　复核：

6）计算第二、三部分等其他费用

设备、工具、器具及家具购置费应由设计单位列出计划购置的清单，以设备原价加综合业务费和运杂费计算。

工程建设其他费用由土地征用及拆迁补偿费、建设项目管理费等 11 项费用构成，应本着厉行节约，满足建筑工程投资需要的原则，从实际出发，在正确贯彻执行有关方针、政策和条例基础上，计算其他费用。

预备费由价差预备费及基本预备费两部分组成，预算定额中所列材料一般不计回收，只对按全部材料计价的一些临时工程项目和由于工程规模或工期限制达不到规定周转次数的拱盔、支架及施工金属设备的材料计算回收金额。

第二、三部分等其他费用的计算步骤如下。

① 计算设备、工具、器具及家具购置费。

② 计算工程建设其他费用，编制工程建设其他费用及回收金额计算表。

工程建设其他费用及回收金额计算表应按具体发生的工程建设其他费用项目填写，需要说明和具体计算的费用项目依次相应在说明及计算式栏内填写或具体计算，见表 2-43。

表 2-43　　　　　　　　工程建设其他费用及回收金额计算表

建设项目名称：

编制范围：　　　　　　　　　　　　第　页　共　页

| 序号 | 费用名称及回收金额项目 | 说明及计算公式 | 金额（元） | 备注 |
|---|---|---|---|---|
| | | | | |
| | 土地征用及拆迁补偿费 | 应填写土地补偿单价、数量和安置补助费标准、数量等，列式计算所需费用 | | |
| | 建设项目管理费 | 按"建筑安装工程费×费率"或有关定额列式计算 | | |
| | 研究试验费 | 应根据设计需要进行研究试验的项目分别填写项目名称及金额，或列式计算或进行说明 | | |
| | 建设项目前期工作费 | 按国家有关规定填入本表，列式计算 | | |
| | | 其余有关工程建设其他费用的填入和计算方法，根据规定依次类推 | | |

编制：　　　　　　　　　　　　　　复核：

③ 计算建设期贷款利息和预备费，编制总预算表，见表 2-44。

表 2-44　　　　　　　　总概（预）算表

建设项目名称：

编制范围：　　　　　　　　　　　　第　页　共　页

| 项 | 目 | 节 | 细目 | 工程或费用名称 | 单位 | 数量 | 概（预）算金额（元） | 技术经济指标 | 各项费用比例（%） | 备注 |
|---|---|---|---|---|---|---|---|---|---|---|
| | | | | | | | | | | |
| "项""目""节""细目""工程或费用名称""单位"等应按预算项目表的序列及内容填写，"目""节""细目"可视需要增减，但"项"应保留 | | | | | | | "数量""预算金额"由建筑工程费计算表、设备、工具、器具购置费计算表、工程建设其他费用及回收金额计算表转来 | 各项目预算金额除以相应数量 | 各项预算金额除以总预算金额 | |

编制：　　　　　　　　　　　　　　复核：

（4）项目成果示例

以下公路工程造价成果示例节选自一位 2012 级工程管理专业优秀毕业设计（论文）的造价部分。

1）深圳机荷高速公路工程造价编制说明

① 编制依据及原则。

本预算根据深圳机荷高速公路工程施工文件进行计算组价。

本预算根据《公路工程概预算定额》（JTG/T B06-02—2007）、《公路工程基本建设项目概算预算编制办法》（JTG B06—2007）及相关资料进行各部分的编制。

主材依据《深圳市建设工程材料信息价》及市场行情进行编制。

本报价的货币为人民币。

② 项目划分。将各项目进行划分，有利于施工。把项目进行划分，分成各个层次的项目，可以了解项目的层次，数据更加简单明了，所以进行项目划分是造价说明不可缺少的一部分。公路工程分为路线工程、独立桥梁工程两大部分。路基工程分为土方开挖、石方开挖等。

2）深圳机荷高速公路工程造价表格

本项目预算造价由投标总价表（见表 2-45）、工程量清单（见表 2-46）、人工预算单价计算表（见表 2-47）、材料预算单价表（见表 2-48）、机械台班单价计算表（见表 2-49）、分项工程预算表（见表 2-50）、建筑安装工程费计算表（见表 2-51）、费率表（见表 2-52）、实物消耗量表（见表 2-53）组成。

**表 2-45** 投标总价表

工程名称：深圳机场（鹤州）至荷坳高速公路

投标总价

投标总报价（小写）：　　　¥65 974 435

（大写）：　陆仟伍佰玖拾柒万肆仟肆佰叁拾伍元整

投标人：　　　交通局第一公路工程总公司　　（单位盖章）

法定代表人或其授权人：　　　孙××　　　（签字或盖章）

编制人：　　　徐××　　（造价人员签字盖专用章）

编制时间：2016 年 5 月 12 日

表 2-46　　　　　　　　　　　　　工程量清单

建设项目名称：深圳机场（鹤州）至荷坳高速公路

编制范围：：K14＋920.00～K18＋574.46　　　　　　　　　　　第 1 页　共 4 页

| | 细目号 | 项目名称 | 单　位 | 数量 |
|---|---|---|---|---|
| | | 第 200 章　路基 | | |
| 1 | 202-1 | 清理与挖除 | | |
| | 202-1-a | 清理现场 | 100m³ | 1503.97 |
| 2 | 203-1 | 路基挖方 | | |
| | 203-1-a | 挖土方 | 1000m³ | 59.916 |
| | 203-1-b | 挖石方 | 1000m³ | 60.049 |
| 3 | 203-2 | 改河、改渠、改路挖方 | | |
| | 203-2-a | 开挖土方 | 1000m³ | 6.677 5 |
| | 203-2-b | 开挖石方 | 1000m³ | 8.265 2 |
| 4 | 204-1 | 路基填筑 | | |
| | 204-1-a | 利用土方 | 1000m³ | 70 |
| 5 | 204-1-b | 利用石方 | 1000m³ | 22.254 |
| | 204-1-c | 借土填方 | 1000m³ | 98.981 |
| 6 | 204-2 | 改河、改渠、改路填筑 | | |
| | 204-2-a | 借土填筑 | 1000m³ | 9.760 4 |
| 7 | 205-1 | 软土地基处理 | | |
| | 205-1-a | 砂垫层、沙砾垫层 | 1000m³ | 22.813 7 |
| | 205-1-b | 碎石垫层 | 1000m³ | 50.239 |
| 8 | 205-1-c | 预压与超载预压 | 1000m³ | 115.073 6 |
| | 205-1-d | 塑料插板 | 1000m 板长 | 262.619 7 |
| | 205-1-e | 搅拌桩 | 10m | 182.750 7 |
| 9 | 205-1-f | CFG 桩 | 10m³ | 23.935 6 |
| | 205-1-g | 抛石挤淤 | 1000m³ | 0.858 4 |
| | 205-1-h | 单、双向土工格栅 | 1000m² | 68.970 1 |
| 10 | 205-1-i | 土工织布 | 1000m² | 20.458 5 |
| | 207-1 | 路基边沟 | | |
| 11 | 207-1-a | 矩形排水沟 | 10m³ | 4.172 |
| | 208-1 | 种草、铺草皮 | | |
| | 208-1-a | 植草籽 | 100m² | 334.08 |
| 12 | 208-1-b | 灌木 | 100 株 | 8.25 |
| | 208-2 | M7.5 浆砌片石护坡 | | |
| 13 | 208-2-a | 砂浆片石护坡 | 10m³ | 273.3 |
| | 208-2-b | 砂浆块石护坡 | 10m³ | 17.8 |
| 14 | 209-1 | 路肩矮墙 | | |
| | 209-1-a | M7.5 浆砌块石 | 10m³ | 7.3 |

建设项目名称：深圳机场（鹤州）至荷坳高速公路

编制范围：：K14＋920.00～K18＋574.46　　　　　　续表　第 2 页　共 4 页

| | 细目号 | 项目名称 | 单　位 | 数　量 |
|---|---|---|---|---|
| | | 第 200 章　路基 | | |
| 15 | 215-1 | 锥坡 | | |
| | 215-1-a | M7.5 浆砌块石 | 10m³ | 11 |
| | 215-1-b | C20 预制混凝土 | 10m³ | 9.1 |
| | | 第 300 章路面 | | |
| 16 | 303-1 | 石灰稳定土底基层 | | |
| | 303-1-a | 厚 150mm | 1000m² | 785.652 |
| 17 | 303-2 | 级配碎石底基层 | | |
| | 303-2-a | 厚 100mm | 1000m² | 6.767 |
| 18 | 304-1 | 水泥稳定碎石基层 | | |
| | 304-1-a | 厚 100mm | 1000m² | 4.32 |
| 19 | 307-3 | 封层 | 1000m² | 4.2 |
| | 308-1 | 细粒式沥青混凝土 | | |
| 20 | 308-1-c | AC-13 厚 30mm | 1000m² | 3.9 |
| | 308-2 | 中粒式沥青混凝土 | | |
| 21 | 308-2-a | AC-16 厚 40mm | 1000m² | 3.9 |
| | 309-1 | 沥青表面处治 | | |
| 22 | 309-1-a | 厚 30mm | 1000m² | 1.843 |
| | 312-4 | 预制混凝土路缘石 | 10m³ | 0.14 |
| 23 | 313-1 | 排水管 | | |
| | 313-1-a | $\phi$100mmUPVC 中央分隔带横向排水管 | 10m | 60.6 |
| 24 | 313-1-b | 混凝土基础（$\phi$300mm 内） | 100m | 5.73 |
| | 313-1-c | 混凝土基础（$\phi$400mm 内） | 100m | 12.08 |
| 25 | 313-1-f | 混凝土基础（$\phi$500mm 内） | 100m | 9.59 |
| | 313-1-e | 混凝土基础（$\phi$600mm 内） | 100m | 22.99 |
| 26 | 313-1-f | 混凝土基础（$\phi$700mm 内） | 100m | 9.9 |
| | 313-1-g | 混凝土基础（$\phi$800mm 内） | 100m | 7.47 |
| | | 第 400 章　桥梁 | | |
| 27 | 404-1 | 干处挖土方 | 1000m³ | 8.54 |
| 28 | 404-2 | 水下挖土方 | 1000m³ | 0.95 |
| 29 | 405-1-1 | 路上钻孔灌注桩，桩径 | | |
| | 405-1-1-a | 陆地 $\phi$120cm 内孔深 50m 内砂土 | 10m | 128 |
| | 405-1-1-b | 陆地 $\phi$150cm 内孔深 40m 内黏土 | 10m | 131.4 |
| | 405-1-2 | 水中钻孔灌注桩，桩径 | | |
| 30 | 405-1-2-a | 水中 $\phi$200cm 内孔深 50m 内砂砾 | 10m | 45 |
| | 405-1-2-b | 水中 $\phi$250cm 内孔深 30m 内卵石 | 10m | 24 |

建设项目名称：深圳机场（鹤州）至荷坳高速公路

编制范围：K14＋920.00～K18＋574.46　　　　　　　　续表　第3页　共4页

| | 细目号 | 项目名称 | 单 位 | 数量 |
|---|---|---|---|---|
| | | 第 400 章　桥梁 | | |
| 31 | 410-1 | 混凝土基础 | | |
| | 410-1-a | 支撑梁混凝土 | 10m³ | 105.09 |
| | 410-1-b | 浆砌片石扩大基础 | 10m³ | 18.71 |
| 32 | 410-2 | 混凝土下部结构 | | |
| | 410-2-a | 现浇矩形板混凝土 | 10m³ | 114.87 |
| 33 | 410-5 | 上部结构现浇整体化混凝土（包括绞缝、湿接缝等） | | |
| | 410-5-a | C40 级混凝土 | 1m³ | 149.9 |
| | 410-5-b | C50 级混凝土 | 1m³ | 177.4 |
| 34 | 410-6 | 现浇混凝土附属结构 | | |
| | 410-6-a | 枕梁混凝土 | 10m³ | 80.08 |
| 35 | 410-8 | 墙式护栏 | 10m³ | 88 |
| 36 | 411-5 | 后张法预应力钢绞线 | 10t | 19.719 1 |
| 37 | 411-7 | 现浇预应力混凝土上部结构 | | |
| | 411-7-a | 自锚式悬索桥顶推钢箱梁 | 10t | 1.149 8 |
| 38 | 415-2 | 水泥混凝土桥面铺装 | | |
| | 415-2-a | 水泥及防水混凝土钢筋φ8 上 | 1t | 6.8 |
| 39 | 415-3 | 石灰三合土防水层 | 10m³ | 465.7 |
| 40 | 417 | 伸缩装置 | | |
| | 417-a | 梳形钢板伸缩缝 | m | 40 |
| | 417-b | 钢板伸缩缝 | m | 28 |
| | 417-c | 板式橡胶伸缩缝 | m | 99.6 |
| 41 | 419-1 | 单孔级钢筋混凝土圆管涵 | | |
| | 419-1-a | C25 级－φ0.5m | 10m³ | 16 |
| | | 第 500 章　隧道 | | |
| 42 | 502-1 | 洞口、明洞开挖 | | |
| | 502-1-a | 石方 | 100m³ | 1184.172 |
| 43 | 502-2 | 防水与排水 | | |
| | 502-2-a | 现浇混凝土沟槽 | 10m³ | 27.4 |
| 44 | 502-3 | 洞口坡面防护 | | |
| | 502-3-a | 浆砌片石洞门墙 | 10m³ | 9.2 |
| | 502-3-b | 钢筋网 | 1t | 2.026 |

建设项目名称：深圳机场（鹤州）至荷坳高速公路

编制范围：：K14＋920.00～K18＋574.46　　　　　　　续表　第 4 页　共 4 页

| | 细目号 | 项目名称 | 单　位 | 数量 |
|---|---|---|---|---|
| | | 第 500 章　隧道 | | |
| 45 | 502-3-c | 砂浆锚杆 | 1t | 2.033 |
| | 502-3-d | 植草皮 | 1000m² | 43.39 |
| | 502-3-e | 乔木 | 100 株 | 1.5 |
| | 502-3-f | 灌木 | 100 株 | 1.47 |
| | 502-3-g | 培耕植土 | 100m² | 512.6 |
| 46 | 502-4 | 洞门建筑 | | |
| | 502-4-a | 片石混凝土洞门墙 | 10m³ | 128.5 |
| | 502-4-b | 混凝土洞门墙 | 10m³ | 6.45 |
| | 502-4-c | 洞口饰面 | 100m² | 8.42 |
| 47 | 502-5 | 明洞衬砌 | | |
| | 502-5-a | 现浇混凝土（模架） | 10m³ | 191.55 |
| | 502-5-b | 明洞钢筋 | 1t | 135.13 |
| | 502-5-c | 砂浆锚杆 | 1t | 3.595 |
| | 502-5-d | 喷射混凝土 | 10m³ | 18.05 |
| 48 | 506-2 | 洞内装饰工程 | | |
| | 506-2-b | 洞内拱顶喷涂 | 100m² | 213.784 |

表 2-47　　　　　　　　　　　**人工预算单价计算表**

建设项目名称：深圳机场（鹤州）至荷坳高速公路

编制范围：：K14＋920.00～K18＋574.46　　　　　　　　第 1 页　共 1 页

| 序号 | 项　目 | 规定 | 计　算　式 | 单价 |
|---|---|---|---|---|
| 1 | 标准工资 | 900.0 | 标准工资（元/月）×12÷年工作日 | 48.0 |
| 2 | 边区津贴 | 100.0 | 津贴标准（元/月）×12÷年工作日 | 5.3 |
| 3 | 副食品价格补贴 | 60.0 | 补贴标准（元/月）×12÷年工作日 | 3.2 |
| 4 | 施工津贴 | 2.0 | 津贴标准（元/日）×365×95％÷年工作日 | 3.1 |
| 5 | 夜班补贴 | 6.0 | 夜班津贴（元/日）×20％ | 1.2 |
| 6 | 粮食补贴 | 30.0 | 粮食补贴（元/月）×12÷年工作日 | 1.6 |
| 7 | 节假日加班补贴 | | 标准工资×7÷年工作日 | 2.5 |
| 8 | 职工福利基金 | | $\sum$(1—6)×14％ | 9.0 |
| 9 | 工会经费 | | $\sum$(1—6)×2％ | 1.3 |
| 10 | 劳动保护费 | 48.0 | 标准工资×12％ | 5.8 |
| 11 | 预算单价（元/工日） | | | 81 |

**表2-48**

**材料预算单价表**

建设项目名称：深圳机场（鹤州）至荷坳高速公路

编制范围：K14+920.00～K18+574.46

| 序号 | 规格名称 | 单位 | 原价(元) | 运杂费 | | | | | | 原价运费合计(元) | 场外运输损耗 | | 采购保管费 | | 预算单价(元) |
|---|---|---|---|---|---|---|---|---|---|---|---|---|---|---|---|
| | | | | 供应地点 | 运输方式重及运距 | 运距(km) | 毛重系数 | 单位装卸费(元) | 单位运费(元) | | 费率(%) | 金额(元) | 费率(%) | 金额(元) | |
| 1 | 砂砾 | m³ | 30.00 | 本地 | 汽车5km | 5.00 | 1.00 | 6 | 0.5 | 38.50 | 1 | 0.39 | 2.5 | 0.97 | 39.86 |
| 2 | 碎石 | m³ | 27.00 | 本地 | 汽车5km | 5.00 | 1.00 | 6 | 0.5 | 35.50 | 1 | 0.36 | 2.5 | 0.90 | 36.75 |
| 3 | 型钢 | t | 3587.00 | 本地 | 汽车5km | 5.00 | 1.00 | 6 | 0.5 | 3595.50 | 1 | 35.96 | 2.5 | 90.79 | 3722.24 |
| 4 | 枕木 | m³ | 681.00 | 本地 | 汽车5km | 5.00 | 1.00 | 6 | 0.5 | 689.50 | | | 2.5 | 17.24 | 706.74 |
| 5 | 钢轨 | t | 3058.00 | 本地 | 汽车5km | 5.00 | 1.00 | 6 | 0.5 | 3066.50 | | | 2.5 | 76.66 | 3143.16 |
| 6 | 铁件 | kg | 4.30 | 本地 | 汽车5km | 5.00 | 1.01 | 6 | 0.5 | 4.31 | | | 2.5 | 0.11 | 4.42 |
| 7 | 塑料排水板 | m | 1.70 | 本地 | 汽车5km | 5.00 | 1.00 | 6 | 0.5 | 1.7 | | | 2.5 | 0.04 | 1.74 |
| 8 | 生石灰 | t | 104.00 | 本地 | 汽车5km | 5.00 | 1.01 | 6 | 0.5 | 112.59 | | | 2.5 | 2.81 | 115.40 |
| 9 | 32.5级水泥 | t | 308.00 | 本地 | 汽车5km | 5.00 | 1.01 | 6 | 0.5 | 316.59 | 1 | 3.17 | 2.5 | 7.99 | 327.74 |
| 10 | 水 | m³ | 0.50 | 本地 | 管道运输 | 5.00 | 1.00 | | 0.5 | 0.50 | | | 2.5 | 0.01 | 0.51 |
| 11 | 中（粗）砂 | m³ | 50.00 | 本地 | 汽车5km | 5.00 | 1.00 | 6 | 0.5 | 58.50 | 2.5 | 1.46 | 2.5 | 1.50 | 61.46 |
| 12 | 粉煤灰 | m³ | 8.8 | 本地 | 汽车5km | 5.00 | 1.00 | 6 | 0.5 | 17.3 | 1 | 0.17 | 2.5 | 0.44 | 17.91 |
| 13 | 碎石（4cm） | m³ | 53.00 | 本地 | 汽车5km | 5.00 | 1.00 | 6 | 0.5 | 61.50 | 1 | 0.62 | 2.5 | 1.55 | 63.67 |
| 14 | 片石 | m³ | 30.00 | 本地 | 汽车5km | 5.00 | 1.00 | 6 | 0.5 | 38.50 | 3 | 1.16 | 2.5 | 0.99 | 40.65 |
| 15 | 石渣 | m³ | 22.60 | 本地 | 汽车5km | 5.00 | 1.01 | 6 | 0.5 | 31.10 | 3 | 0.93 | 2.5 | 0.80 | 32.83 |
| 16 | 铁钉 | kg | 6.97 | 本地 | 汽车5km | 5.00 | 1.00 | 6 | 0.5 | 6.98 | 2 | 0.14 | 2.5 | 0.18 | 7.30 |
| 17 | 土工布 | m³ | 9.71 | 本地 | 汽车5km | 5.00 | 1.00 | 6 | 0.5 | 9.71 | 2 | 0.19 | 2.5 | 0.25 | 10.15 |
| 18 | 钢模板 | t | 5870.00 | 本地 | 汽车5km | 5.00 | 1.00 | 6 | 0.5 | 5878.50 | | | 2.5 | 146.96 | 6025.46 |
| 19 | 草皮 | m³ | 1.80 | 本地 | 汽车5km | 5.00 | 1.00 | 6 | 0.5 | 2.65 | 7 | 0.19 | 2.5 | 0.07 | 2.91 |
| 20 | 灌木 | 株 | 10.00 | 本地 | 汽车5km | 5.00 | 1.00 | 6 | 0.5 | 10.01 | | | 2.5 | 0.25 | 10.26 |
| 21 | 块石 | m³ | 75.00 | 本地 | 汽车5km | 5.00 | 1.00 | 6 | 0.5 | 83.50 | 1 | 0.84 | 2.5 | 2.11 | 86.44 |
| 22 | 原木 | m³ | 1120.00 | 本地 | 汽车5km | 5.00 | 1.00 | 6 | 0.5 | 1128.50 | 1 | 11.29 | 2.5 | 28.49 | 1168.28 |

建设项目名称：深圳机场（鹤州）至荷坳高速公路

编制范围：：K14+920.00～K18+574.46

| 序号 | 规格名称 | 单位 | 原价(元) | 供应地点 | 运杂费 运输方式比重及运距 | 运距(km) | 毛重系数 | 单位装卸费(元) | 单位运费(元) | 原价运费合计(元) | 场外运输损耗 费率(%) | 场外运输损耗 金额(元) | 采购保管费 费率(%) | 采购保管费 金额(元) | 预算单价(元) |
|---|---|---|---|---|---|---|---|---|---|---|---|---|---|---|---|
| 23 | 锯材 | m³ | 1310.00 | 本地 | 汽车5km | 5.00 | 1.00 | 6 | 0.5 | 1318.50 | 1 | 13.19 | 2.5 | 33.29 | 1364.98 |
| 24 | 铁钉 | kg | 6.97 | 本地 | 汽车5km | 5.00 | 1.01 | 6 | 0.5 | 6.98 | 1 | 0.07 | 2.5 | 0.18 | 7.22 |
| 25 | 8～12号铁丝 | m³ | 6.10 | 本地 | 汽车5km | 5.00 | 1.00 | 6 | 0.5 | 6.11 | 1 | 0.06 | 2.5 | 0.15 | 6.32 |
| 26 | 黏土 | m³ | 8.21 | 本地 | 汽车5km | 5.00 | 1.00 | 6 | 0.5 | 16.71 | 3 | 0.50 | 2.5 | 0.43 | 17.64 |
| 27 | 电焊条 | kg | 4.90 | 本地 | 汽车5km | 5.00 | 1.01 | 6 | 0.5 | 4.91 |  |  | 2.5 | 0.12 | 5.03 |
| 28 | 土 | m³ | 8.00 | 本地 | 汽车5km | 5.00 | 1.00 | 6 | 0.5 | 16.50 | 3 | 0.50 | 2.5 | 0.42 | 17.42 |
| 29 | 石屑 | m³ | 63.00 | 本地 | 汽车5km | 5.00 | 1.00 | 6 | 0.5 | 71.50 | 1 | 0.72 | 2.5 | 1.81 | 74.02 |
| 30 | 路面用碎石(1.5cm) | m³ | 63.00 | 本地 | 汽车5km | 5.00 | 1.00 | 6 | 0.5 | 71.50 | 1 | 0.72 | 2.5 | 1.81 | 74.02 |
| 31 | 路面用碎石(2.5cm) | m³ | 65.00 | 本地 | 汽车5km | 5.00 | 1.00 | 6 | 0.5 | 73.50 | 1 | 0.74 | 2.5 | 1.86 | 76.09 |
| 32 | 路面用碎石(3.5cm) | m³ | 61.00 | 本地 | 汽车5km | 5.00 | 1.00 | 6 | 0.5 | 69.50 | 1 | 0.70 | 2.5 | 1.75 | 71.95 |
| 33 | 路面用碎石(6cm) | m³ | 51.00 | 本地 | 汽车5km | 5.00 | 1.00 | 6 | 0.5 | 59.50 | 1 | 0.60 | 2.5 | 1.50 | 61.60 |
| 34 | 石油沥青 | t | 3672.00 | 本地 | 汽车5km | 5.00 | 1.00 | 6 | 0.5 | 3680.50 | 3 | 110.42 | 2.5 | 94.77 | 3885.69 |
| 35 | 煤 | t | 241.00 | 本地 | 汽车5km | 5.00 | 1.00 | 6 | 0.5 | 249.50 | 1 | 2.50 | 2.5 | 6.30 | 258.29 |
| 36 | 砂 | m³ | 40.00 | 本地 | 汽车5km | 5.00 | 1.00 | 6 | 0.5 | 48.50 | 2 | 0.97 | 2.5 | 1.24 | 50.71 |
| 37 | 矿粉 | m³ | 109.00 | 本地 | 汽车5km | 5.00 | 1.00 | 6 | 0.5 | 117.50 | 1 | 1.18 | 2.5 | 2.97 | 121.64 |
| 38 | 乳化沥青 | t | 3950.00 | 本地 | 汽车5km | 5.00 | 1.00 | 6 | 0.5 | 3958.50 | 1 | 39.59 | 2.5 | 99.95 | 4098.04 |
| 39 | 塑料波纹管(100mm) | m | 4.00 | 本地 | 汽车5km | 5.00 | 1.00 | 6 | 0.5 | 12.50 | 1 | 0.13 | 2.5 | 0.32 | 12.94 |
| 40 | 组合钢模板 | t | 5501.00 | 本地 | 汽车5km | 5.00 | 1.00 | 6 | 0.5 | 5509.50 | 1 | 55.10 | 2.5 | 139.11 | 5703.71 |
| 41 | 油毛毡 | m² | 2.10 | 本地 | 汽车5km | 5.00 | 1.00 | 6 | 0.5 | 2.12 | 1 | 0.02 | 2.5 | 0.05 | 2.19 |
| 42 | 42.5级水泥 | t | 327.00 | 本地 | 汽车5km | 5.00 | 1.01 | 6 | 0.5 | 335.59 | 2 | 6.71 | 2.5 | 8.56 | 350.85 |
| 43 | 钢绞线 | t | 6211.00 | 本地 | 汽车5km | 5.00 | 1.00 | 6 | 0.5 | 6219.50 | 2 | 124.39 | 2.5 | 158.60 | 6502.49 |
| 44 | 聚四氟乙烯滑块 | 块 | 193.00 | 本地 | 汽车5km | 5.00 | 1.00 | 6 | 0.5 | 201.50 | 1 | 2.02 | 2.5 | 5.09 | 208.60 |
| 45 | 不锈钢板 | kg | 21.00 | 本地 | 汽车5km | 5.00 | 1.00 | 6 | 0.5 | 21.01 | 2 | 0.42 | 2.5 | 0.54 | 21.96 |
| 46 | 钢箱梁及桥面板 | t | 9652.00 | 本地 | 汽车5km | 5.00 | 1.00 | 6 | 0.5 | 9660.50 | 1 | 96.61 | 2.5 | 243.93 | 10001.03 |

建设项目名称：深圳机场（鹤州）至荷坳高速公路

编制范围:: K14+920.00~K18+574.46

| 序号 | 规格名称 | 单位 | 原价(元) | 供应地点 | 运输方式比重及反运距 | 运距(km) | 毛重系数 | 单位装卸费(元) | 单位运费(元) | 原价运费合计(元) | 场外运输损耗 费率(%) | 场外运输损耗 金额(元) | 采购保管费 费率(%) | 采购保管费 金额(元) | 预算单价(元) |
|---|---|---|---|---|---|---|---|---|---|---|---|---|---|---|---|
| 47 | 钢丝绳 | t | 5593.00 | 本地 | 汽车5km | 5.00 | 1.00 | 6 | 0.5 | 5601.50 | 2 | 112.03 | 2.5 | 142.84 | 5856.37 |
| 48 | 钢管 | t | 5410.00 | 本地 | 汽车5km | 5.00 | 1.00 | 6 | 0.5 | 5418.50 | 1 | 54.19 | 2.5 | 136.82 | 5609.50 |
| 49 | 钢板 | t | 4250.00 | 本地 | 汽车5km | 5.00 | 1.00 | 6 | 0.5 | 4258.50 | 1 | 42.59 | 2.5 | 107.53 | 4408.61 |
| 50 | 钢绞线斜拉索 | t | 9087.00 | 本地 | 汽车5km | 5.00 | 1.10 | 6 | 0.5 | 9095.50 | 2 | 181.91 | 2.5 | 231.94 | 9509.35 |
| 51 | 光圆钢筋 | t | 3178.00 | 本地 | 汽车5km | 5.00 | 1.10 | 6 | 0.5 | 3187.35 | 1 | 31.87 | 2.5 | 80.48 | 3299.70 |
| 52 | 带肋钢筋 | t | 3269.00 | 本地 | 汽车5km | 5.00 | 1.10 | 6 | 0.5 | 3278.35 | 1 | 32.78 | 2.5 | 82.78 | 3393.91 |
| 53 | 20~22号铁丝 | kg | 6.20 | 本地 | 汽车5km | 5.00 | 1.10 | 6 | 0.5 | 6.21 | 1 | 0.06 | 2.5 | 0.16 | 6.43 |
| 54 | 铁皮 | t | 14.00 | 本地 | 汽车5km | 5.00 | 1.00 | 6 | 0.5 | 23.35 |  |  | 2.5 | 0.58 | 23.93 |
| 55 | 板式橡胶伸缩缝 | m | 340.00 | 本地 | 汽车5km | 5.00 | 1.00 | 6 | 0.5 | 348.50 | 1 | 3.49 | 2 | 8.80 | 360.78 |
| 56 | 汽油 | kg | 5.00 | 本地 | 汽车5km | 5.00 | 0.00 | 6 | 0.5 | 5.01 | 2 | 0.10 | 2.5 | 0.13 | 5.24 |
| 57 | 柴油 | kg | 5.00 | 本地 | 汽车5km | 5.00 | 0.00 | 6 | 0.5 | 5.01 | 2 | 0.10 | 2.5 | 0.13 | 5.24 |
| 58 | 钢钎 | kg | 5.52 | 本地 | 汽车5km | 5.00 | 1.00 | 6 | 0.5 | 5.53 |  |  | 2.5 | 0.14 | 5.67 |
| 59 | 导火线 | m | 0.80 | 本地 | 汽车1km | 1.00 | 1.00 | 6 | 0.5 | 0.80 | 2 | 0.02 | 2.5 | 0.02 | 0.84 |
| 60 | 电 | kW·h | 0.55 | 本地 | 汽车5km | 5.00 |  |  | 0.5 | 0.55 |  |  | 2.5 | 0.01 | 0.56 |
| 61 | 普通雷管 | 个 | 0.70 | 本地 | 汽车5km | 5.00 | 1.00 | 6 | 0.5 | 0.70 | 2 | 0.01 | 2.5 | 0.02 | 0.73 |
| 62 | 硝铵炸药 | kg | 6.00 | 本地 | 汽车5km | 5.00 | 1.35 | 6 | 0.5 | 6.01 |  |  | 2.5 | 0.15 | 6.16 |
| 63 | Φ50以内合金钻头 | 个 | 16.00 | 本地 | 汽车5km | 5.00 | 1.00 | 6 | 0.5 | 16.00 | 2 | 0.32 | 2.5 | 0.41 | 16.73 |
| 64 | 空心钢钎 | kg | 7.00 | 本地 | 汽车5km | 5.00 | 1.00 | 6 | 0.5 | 7.01 | 2 | 0.14 | 2.5 | 0.18 | 7.33 |
| 65 | 草籽 | kg | 80.00 | 本地 | 汽车5km | 5.00 | 1.00 | 6 | 0.5 | 80.01 | 2 | 1.60 | 2.5 | 2.04 | 83.65 |
| 66 | 乔木 | 株 | 8.00 | 本地 | 汽车5km | 5.00 | 1.00 | 6 | 0.5 | 8.01 | 2 | 0.16 | 2.5 | 0.20 | 8.37 |
| 67 | 白石子 | m³ | 220.00 | 本地 | 汽车5km | 5.00 | 1.00 | 6 | 0.5 | 220.01 | 1 | 2.20 | 2.5 | 5.56 | 227.76 |
| 68 | 涂料 | kg | 11.00 | 本地 | 汽车5km | 5.00 | 1.00 | 6 | 0.5 | 11.01 | 1 | 0.11 | 2.5 | 0.28 | 11.40 |

**表 2-49**

## 机械台班单价计算表

建设项目名称：深圳机场（鹤州）至荷坳高速公路

编制范围：K14+920.00~K18+574.46

| 定额序号 | 机械规格 名称 | 台班单价（元） | 不变费用（元） 调整系数 | 不变费用 调整值 | 人工（元/工日）81.0 定额 | 人工 金额 | 汽油（元/kg）5.24 定额 | 汽油 金额 | 柴油（元/kg）5.24 定额 | 柴油 金额 | 电（元/kW·h）0.56 定额 | 电 金额 | 合计 |
|---|---|---|---|---|---|---|---|---|---|---|---|---|---|
| 1003 | 75kW履带式推土机 | 636.12 | 1.00 | 245.14 | 2 | 162 | | | 43.68 | 228.88 | | | 390.98 |
| 1006 | 135kW履带式推土机 | 1280.62 | 1.00 | 604.69 | 2 | 162 | | | 98.06 | 513.83 | | | 675.93 |
| 1032 | 2.0m³以内履带式单斗挖掘机 | 1186.33 | 1.00 | 541.15 | 2 | 162 | | | 92.19 | 483.08 | | | 645.18 |
| 1027 | 0.6m³以内履带式单斗挖掘机 | 576.29 | 1.00 | 219.84 | 2 | 162 | | | 37.09 | 194.35 | | | 356.45 |
| 1029 | 1.0m³以内履带式单斗挖掘机 | 1013.69 | 1.00 | 459.06 | 2 | 162 | | | 74.91 | 392.53 | | | 554.63 |
| 1094 | 蛙式夯土机 | 18.79 | 1.00 | 9.08 | | | | | | | 17.34 | 9.71 | 9.71 |
| 1075 | 6~8t光轮压路机 | 289.91 | 1.00 | 107.57 | 1 | 81 | | | 19.33 | 101.29 | | | 182.34 |
| 1078 | 12~15t光轮压路机 | 457.38 | 1.00 | 164.32 | 1 | 81 | | | 40.46 | 212.01 | | | 293.06 |
| 1372 | 4t以内载货汽车 | 327.06 | 1.00 | 66.38 | 1 | 81 | 34.28 | 179.63 | | | | | 316.59 |
| 1627 | 袋装砂井机（门架式） | 531.97 | 1.00 | 281.80 | 2 | 162 | | | | | 157.27 | 88.07 | 250.17 |
| 1641 | 粉体发送设备 | 99.56 | 1.00 | 13.98 | 1 | 81 | | | | 0 | 8.09 | 4.53 | 85.58 |
| 1645 | 15m内深层喷射搅拌机 | 493.00 | 1.00 | 334.25 | 1 | 81 | | | | | 138.75 | 77.70 | 158.75 |
| 1840 | 3m³/min内机动空压机 | 296.68 | 1.00 | 89.87 | 1 | 81 | | | 24.00 | 125.76 | | | 206.81 |
| 1048 | 1.0m³以内轮胎式装载机 | 450.89 | 1.00 | 112.92 | 1 | 81 | | | 49.03 | 256.92 | | | 337.97 |
| 1272 | 250L以内混凝土搅拌机 | 129.16 | 1.00 | 18.58 | 1 | 81 | | | | | 52.74 | 29.53 | 110.58 |
| 1316 | 60m³/h以内混凝土输送泵 | 1135.46 | 1.00 | 849.95 | 1 | 81 | | | | | 365.11 | 204.46 | 285.51 |
| 1633 | φ600mm内螺旋钻孔机 | 603.36 | 1.00 | 305.29 | 2 | 162 | | | | | 242.81 | 135.97 | 298.07 |
| 1088 | 15t以内振动压路机 | 862.81 | 1.00 | 315.05 | 2 | 162 | | | 73.60 | 385.66 | | | 547.76 |
| 1726 | 32kVA内交流电弧焊机 | 137.36 | 1.00 | 7.24 | 1 | 81 | | | | | 87.63 | 49.07 | 130.12 |
| 1057 | 120kW以内自行式平地机 | 1000.51 | 1.00 | 408.05 | 2 | 162 | | | 82.13 | 430.36 | | | 592.46 |
| 1183 | 石屑撒布机 | 726.96 | 1.00 | 393.56 | 2 | 162 | | | 32.60 | 171.30 | | | 333.40 |
| 1045 | 6000L以内洒水汽车 | 561.28 | 1.00 | 257.90 | 1 | 81 | | | 42.43 | 222.33 | | | 303.38 |
| 1050 | 2.0m³以内轮胎式装载机 | 768.08 | 1.00 | 200.44 | 1 | 81 | | | 92.86 | 486.59 | | | 567.64 |

续表　第2页　共2页

建设项目名称：深圳机场（鹤州）至荷坳高速公路
编制范围：K14+920.00～K18+574.46

| 定额序号 | 机械规格名称 | 台班单价(元) | 不变费用(元) 调整系数 1.00 定额 | 调整值 | 可变费用(元) 人工(元/工日)81.00 定额 | 金额 | 汽油(元/kg)5.24 定额 | 金额 | 柴油(元/kg)5.24 定额 | 金额 | 电(元/kW·h)0.56 定额 | 金额 | 合计 |
|---|---|---|---|---|---|---|---|---|---|---|---|---|---|
| 1205 | 160t/h以内沥青混合料拌和设备 | 20312.66 | 4234.10 | 4234.10 | 6 | 486 | | | 4787.20 | 13882.88 | 3052.46 | 1709.38 | 16078.56 |
| 1193 | 4000L以内沥青洒布车 | 439.82 | 179.14 | 179.14 | 1 | 81 | 34.28 | 179.63 | | | | | 260.68 |
| 1251 | 水泥混凝土路缘石铺筑机 | 174.85 | 41.56 | 41.56 | 1 | 81 | | | 9.97 | 52.24 | | | 133.29 |
| 1323 | 15m³/h以内混凝土搅拌站 | 679.41 | 258.48 | 258.48 | 5 | 405 | | | | | 28.00 | 15.68 | 420.93 |
| 1304 | 3m³内混凝土搅拌运输车 | 740.96 | 447.90 | 447.90 | 1 | 81 | | | 40.46 | 212.01 | | | 293.06 |
| 1408 | 1t以内机动翻斗车 | 123.98 | 32.45 | 32.45 | 1 | 81 | 2.00 | 10.48 | | 0 | 0 | 0 | 91.53 |
| 1471 | 12t内80m高塔式起重机 | 1326.85 | 1040.43 | 1040.43 | 2 | 162 | | | | | 222.00 | 124.32 | 286.42 |
| 1600 | φ1500以内回旋钻机 | 1160.87 | 681.50 | 681.50 | 2 | 162 | | | | | 566.56 | 317.27 | 479.37 |
| 1612 | φ2500以内潜水钻机 | 1391.72 | 806.59 | 806.59 | 2 | 162 | | | | | 755.41 | 423.03 | 585.13 |
| 1436 | 40t以内履带式起重机 | 1148.19 | 633.96 | 633.96 | 2 | 162 | | | 67.20 | 352.13 | | | 514.23 |
| 1852 | 88kW以内内燃拖轮 | 1156.16 | 246.27 | 246.27 | 7 | 567 | | | 65.37 | 342.54 | | | 909.89 |
| 1876 | 200t以内工程驳船 | 535.06 | 210.86 | 210.86 | 4 | 324 | | | | | | | 324.20 |
| 1874 | 100t以内工程驳船 | 371.59 | 128.44 | 128.44 | 3 | 243 | | | | | | | 243.15 |
| 1624 | 泥浆搅拌机 | 94.16 | 7.66 | 7.66 | 1 | 81 | | | | | 9.74 | 5.45 | 86.50 |
| 1432 | 15t以内履带式起重机 | 667.61 | 329.87 | 329.87 | 2 | 162 | | | 33.52 | 175.64 | | | 337.74 |
| 1451 | 12t以内汽车式起重机 | 784.75 | 387.11 | 387.11 | 2 | 162 | | | 44.95 | 235.54 | | | 397.64 |
| 1344 | 90t以内预应力拉伸机 | 43.23 | 27.59 | 27.59 | | | | | | | 27.92 | 15.64 | 15.64 |
| 1341 | 69t以内桥梁顶推设备 | 69.63 | 49.64 | 49.64 | | | | | | | 35.70 | 19.99 | 19.99 |
| 1500 | 50kN内单筒慢动卷扬机 | 131.99 | 20.08 | 20.08 | 1 | 81 | | | | | 55.11 | 30.86 | 111.91 |
| 1499 | 30kN内单筒慢动卷扬机 | 119.31 | 17.22 | 17.22 | 1 | 81 | | | | | 37.58 | 21.04 | 102.09 |
| 1375 | 8t以内载货汽车 | 463.40 | 146.81 | 146.81 | 1 | 81 | 34.28 | 179.63 | | | | | 260.68 |
| 1932 | 30kW内流式通风机 | 112.39 | 23.13 | 23.13 | | | | | | | 159.40 | 89.26 | 89.26 |
| 1102 | 气腿式凿岩机 | 18.40 | 18.40 | 18.40 | | | | | | | | | 0.00 |
| 1283 | 混凝土喷射机 | 244.72 | 58.76 | 58.76 | 2 | 162 | | | | | 42.60 | 23.86 | 185.96 |
| 1842 | 9m³/min内机动空压机 | 600.83 | 203.60 | 203.60 | 1 | 81 | | | 60.34 | 316.18 | | | 397.23 |

**分项工程预算表**

表 2-50

建设项目名称：深圳机场（鹤州）至荷坳高速公路

编制范围：K14+920.00～K18+574.46

工程名称：路基

第 1 页　共 13 页

| 编号 | 人、料、机名称 | 单位 | 单价（元） | 清理与掘除 | | | 路基挖方 | | | | | | 合计 | |
| --- | --- | --- | --- | --- | --- | --- | --- | --- | --- | --- | --- | --- | --- | --- |
| | 工程项目 | | | | | | | | | | | | | |
| | 工程细目 | | | 清理与掘除 | | | 挖土方 | | | 挖石方 | | | | |
| | 定额单位 | | | 100m³ | | | 1000m³ | | | 1000m³ | | | | |
| | 工程数量 | | | 1503.97 | | | 59.92 | | | 60.05 | | | | |
| | 定额标号 | | | 1-1-1-12 | | | 1-1-9-8 | | | 1-1-9-14 | | | | |
| | | | | 定额 | 数量 | 金额 | 定额 | 数量 | 金额 | 定额 | 数量 | 金额 | 数量 | 金额 |
| 1 | 人工 | 工日 | 81.0 | 0.40 | 601.59 | 48 758 | 4.50 | 269.62 | 21 853 | | | | 871.21 | 70 611 |
| 2 | 135kW 内履带式推土机 | 台班 | 1280.62 | 0.16 | 240.64 | 308 163 | | | | | | | 240.64 | 308 163 |
| 3 | 75kW 以内履带式推土机 | 台班 | 636.12 | | | | 0.25 | 14.98 | 9528 | | | | 14.98 | 9528 |
| 4 | 2.0m³ 以内履带式单斗挖掘机 | 台班 | 1186.33 | | | | 1.12 | 67.11 | 79 609 | 1.94 | 116.50 | 138 201 | 183.60 | 217 811 |
| | 材料费合计 | 元 | | | | 0 | | | 0 | | | 0 | | 0 |
| | 机械费合计 | 元 | | 209 | | 308 163 | | | 89 138 | | | 138 201 | | 535 502 |
| | 定额基价 | 元 | | | | 314 330 | 1991.00 | | 97 663 | 2727.00 | | 127 124 | | 539 117 |
| | 直接费 | 元 | | | | 356 922 | | | 110 991 | | | 138 201 | | 606 113 |

建设项目名称：深圳机场（鹤州）至荷坳高速公路

编制范围：K14+920.00～K18+574.46

工程名称：路基　　　　　　　　　　　　　　　　　　　　续表　第2页　共13页

| 编号 | 人、料、机名称 | 单位 | 单价（元） | 改河、改渠、改路填方 |||||||||| 合计 ||
| | | | | 借土填筑 ||| 挖土方 ||| 挖石方 ||| | |
| | | | | 1000m³ ||| 1000m³ ||| 1000m³ ||| | |
| | 工程数量 | | | 9.76 ||| 6.68 ||| 8.27 ||| | |
| | 定额标号 | | | 1-1-7-2 ||| 1-1-2-5 ||| 1-1-9-11 ||| | |
| | | | | 定额 | 数量 | 金额 | 定额 | 数量 | 金额 | 定额 | 数量 | 金额 | 数量 | 定额 |
| 1 | 人工 | 工日 | 81.0 | 101.70 | 992.63 | 80 452 | 10.00 | 66.78 | 5412 | | | | 1059.41 | 85 864 |
| 2 | 75kW 以内履带式推土机 | 台班 | 636.12 | | | | 2.08 | 13.89 | 8835 | | | | 13.89 | 8835 |
| 3 | 0.6m³ 以内履带式单斗挖掘机 | 台班 | 576.29 | | | | 6.42 | 42.87 | 24 705 | | | | 42.87 | 24 705 |
| 4 | 1.0m³ 以内履带式单斗挖掘机 | 台班 | 1013.69 | | | | | | | 3.17 | 26.20 | 26 559 | 26.20 | 26 559 |
| | 材料费合计 | 元 | | | | 0 | | | 0 | | | 0 | 0.00 | 0 |
| | 机械费合计 | 元 | | | | 0 | | | 33 541 | | | 26 559 | 0.00 | 60 100 |
| | 定额基价 | 元 | | 6460.00 | | 63 052 | 4977.00 | | 33 234 | 2618.00 | | 21 638 | 0.00 | 117 924 |
| | 直接费 | 元 | | | | 80 452 | | | 38 953 | | | 26 559 | 0.00 | 145 964 |

建设项目名称：深圳机场（鹤州）至荷坳高速公路
编制范围：K14+920.00～K18+574.46

续表 第3页 共13页

工程名称：路基

| 编号 | 人、料、机名称 | 单位 | 单价（元） | 工程项目 路基填筑 | | | | | | | | | 合计 | |
| | | | | 工程细目 利用土方 | | | 利用石方 | | | 借土填方 | | | | |
| | | | | 定额单位 1000m³ | | | 1000m³ | | | 1000m³ | | | | |
| | | | | 工程数量 70.00 | | | 22.25 | | | 98.98 | | | | |
| | | | | 定额标号 1-1-7-2 | | | 1-1-7-1 | | | 1-1-7-2 | | | | |
| | | | | 定额 | 数量 | 金额 | 定额 | 数量 | 金额 | 定额 | 数量 | 金额 | 数量 | 金额 |
|---|---|---|---|---|---|---|---|---|---|---|---|---|---|---|
| 1 | 人工 | 工日 | 81.0 | 101.70 | 7119.00 | 576 989 | 151.80 | 3378.16 | 273 797 | 101.70 | 10 066.37 | 815 871 | 20 563.52 | 1 666 656 |
| 2 | 蛙式夯土机 | 台班 | 18.79 | 78.20 | 5474.00 | 102 859 | | | | | | | 5474.00 | 102 859 |
| | 材料费合计 | 元 | | | | 0 | | | 0 | | | 0 | 0.00 | 0 |
| | 机械费合计 | 元 | | | | 102 859 | | | 0 | | | 0 | 0.00 | 102 859 |
| | 定额基价 | 元 | | 6460.00 | | 452 200 | 7469.00 | | 166 215 | 6460.00 | | 639 417 | 0.00 | 1 257 832 |
| | 直接费 | 元 | | | | 679 848 | | | 273 797 | | | 815 871 | 0.00 | 1 769 515 |

建设项目名称：深圳机场（鹤州）至荷坳高速公路

编制范围：K14+920.00～K18+574.46　　　　　　续表　第 4 页　共 13 页

工程名称：路基

| 工程项目 | | | | 软土地基处理 | | | | | | | | | |
|---|---|---|---|---|---|---|---|---|---|---|---|---|---|
| 工程细目 | | | | 砂垫层、沙砾垫层 | | | 碎石垫层 | | | 预压与超载预压 | | | 合计 | |
| 定额单位 | | | | 1000m³ | | | 1000m³ | | | 1000m³ | | | | |
| 工程数量 | | | | 22.81 | | | 50.24 | | | 115.07 | | | | |
| 定额标号 | | | | 1-3-12-2 | | | 1-3-12-4 | | | 1-3-13-5 | | | | |
| 编号 | 人、料、机名称 | 单位 | 单价（元） | 定额 | 数量 | 金额 | 定额 | 数量 | 金额 | 定额 | 数量 | 金额 | 数量 | 金额 |
| 1 | 人工 | 工日 | 81.0 | 15.90 | 362.74 | 29 400 | 45.20 | 2270.80 | 184 047 | 184.60 | 21 242.59 | 1 721 640 | 23 876.13 | 1 935 086 |
| 2 | 75kW 以内履带式推土机 | 台班 | 636.12 | 0.99 | 22.59 | 14 367 | 2.51 | 126.10 | 80 215 | 42.70 | 4913.64 | 3 125 584 | 5062.33 | 3 220 167 |
| 3 | 砂砾 | m³ | 39.86 | 1300.00 | 29 657.81 | 1 182 075 | | | | | | | 29 657.81 | 1 182 075 |
| 4 | 6～8t 光轮压路机 | 台班 | 289.91 | 1.30 | 29.66 | 8598 | | | | | | | 29.66 | 8598 |
| 5 | 碎石 | m³ | 36.75 | | | | 1200.00 | 60 286.80 | 2 215 623 | | | | 60 286.80 | 2 215 623 |
| 6 | 12～15t 光轮压路机 | 台班 | 457.38 | | | | 3.23 | 162.27 | 74 220 | | | | 162.27 | 74 220 |
| 7 | 型钢 | t | 3722.24 | | | | | | | 0.13 | 14.50 | 53 968 | 14.50 | 53 968 |
| 8 | 其他材料费 | 元 | 1 | | | | | | | 14.60 | 1680.07 | 1680 | 1680.07 | 1680 |
| 9 | 4t 以内载货汽车 | 台班 | 327.06 | | | | | | | 0.10 | 11.51 | 3763 | 11.51 | 3763 |
| | 材料费合计 | 元 | | | | 1 182 075 | | | 2 215 623 | | | 55 648 | 0.00 | 3 453 346 |
| | 机械费合计 | 元 | | | | 22 965 | | | 154 435 | | | 3 129 348 | 0.00 | 3 306 748 |
| | 定额基价 | 元 | | 42 016 | | 958 540 | 38 107.00 | | 1 914 458 | 40 683.00 | | 4 681 539 | 0.00 | 7 554 391 |
| | 直接费 | 元 | | | | 1 234 440 | | | 2 554 105 | | | 4 906 636 | 0.00 | 8 695 180 |

建设项目名称：深圳机场（鹤州）至荷坳高速公路
编制范围：K14+920.00～K18+574.46

工程名称：路基

续表　　第5页　共13页

| 编号 | 工程项目／工程细目 | 单位 | 单价（元） | 塑料插板 | | | 软土地基处理 搅拌桩 | | | CFG桩 | | | 合计 | |
|---|---|---|---|---|---|---|---|---|---|---|---|---|---|---|
| | 定额单位 | | | 1000m板长 | | | 10m | | | 10m³ 实体 | | | | |
| | 工程数量 | | | 262.62 | | | 182.75 | | | 23.94 | | | | |
| | 定额编号 | | | 1-3-2-1 | | | 1-3-6-3 | | | 1-3-8-1 | | | | |
| | 人、料、机名称 | | | 定额 | 数量 | 金额 | 定额 | 数量 | 金额 | 定额 | 数量 | 金额 | 数量 | 金额 |
| 1 | 人工 | 工日 | 81.0 | 7.30 | 1917.12 | 155 381 | 1.10 | 201.03 | 16 293 | 13.80 | 330.31 | 26 771 | 2448.46 | 198 446 |
| 2 | 其他材料费 | 元 | 1 | 83.50 | 21 928.74 | 21 929 | 20.00 | 3655.01 | 3655 | 21.10 | 505.04 | 505 | 26 088.80 | 26 089 |
| 3 | 枕木 | m³ | 706.74 | 0.03 | 8.67 | 6125 | | | | | | | 8.67 | 6125 |
| 4 | 钢轨 | t | 3143.16 | 0.04 | 10.50 | 33 018 | | | | | | | 10.50 | 33 018 |
| 5 | 铁件 | kg | 4.42 | 4.50 | 1181.79 | 5219 | | | | | | | 1181.79 | 5219 |
| 6 | 塑料排水板 | m | 1.74 | 1071.00 | 281 265.70 | 490 547 | | | | | | | 281 265.70 | 490 547 |
| 7 | 袋装砂井管（门架式） | 台班 | 531.97 | 1.83 | 480.59 | 255 662 | | | | | | | 480.59 | 255 662 |
| 8 | 生石灰 | t | 115.40 | | | | 1.24 | 226.25 | 26 109 | | | | 226.25 | 26 109 |
| 9 | 粉体发送设备 | 台班 | 99.56 | | | | 0.11 | 20.10 | 2001 | | | | 20.10 | 2001 |
| 10 | 15m内深层喷射搅拌机 | 台班 | 493.00 | | | | 0.11 | 20.10 | 9911 | | | | 20.10 | 9911 |
| 11 | 3m³/min内机动空压机 | 台班 | 296.68 | | | | 0.11 | 20.10 | 5964 | | | | 20.10 | 5964 |
| 12 | 小型机具使用费 | 元 | 1 | | | | 5.0 | 913.75 | 914 | | | | 913.75 | 914 |
| 13 | 32.5级水泥 | t | 327.74 | | | | | | | 2.59 | 61.90 | 20 287 | 61.90 | 20 287 |
| 14 | 水 | m³ | 0.51 | | | | | | | 3.00 | 71.81 | 37 | 71.81 | 37 |
| 15 | 中（粗）砂 | m³ | 61.46 | | | | | | | 6.86 | 164.20 | 10 092 | 164.20 | 10 092 |

建设项目名称：深圳机场（鹤州）至荷坳高速公路
编制范围：K14+920.00～K18+574.46

工程名称：路基　　　　　　　　　　　　　　　　　续表　第6页　共13页

| 编号 | 工程项目 人、料、机名称 | 单位 | 单价（元） | 塑料插板 1000m 板长 262.62 1-3-2-1 定额 | 数量 | 金额 | 搅拌桩 10m 182.75 1-3-6-3 定额 | 数量 | 金额 | CFG桩 10m³ 实体 23.94 1-3-8-1 定额 | 数量 | 金额 | 合计 数量 | 金额 |
|---|---|---|---|---|---|---|---|---|---|---|---|---|---|---|
| 16 | 粉煤灰 | m³ | 17.91 | | | | | | | 2.23 | 53.38 | 956 | 53.38 | 956 |
| 17 | 碎石（4cm） | m³ | 63.67 | | | | | | | 9.04 | 216.38 | 13 776 | 216.38 | 13 776 |
| 18 | 设备摊销费 | 元 | 1 | | | | | | | 17.80 | 426.05 | 426 | 426.05 | 426 |
| 19 | 1.0m³ 以内轮胎式装载机 | 台班 | 450.89 | | | | | | | 0.77 | 18.43 | 8310 | 18.43 | 8310 |
| 20 | 250L 以内混凝土搅拌机 | 台班 | 129.16 | | | | | | | 0.86 | 20.58 | 2659 | 20.58 | 2659 |
| 21 | 60m³/h 以内混凝土输送泵 | 台班 | 1135.46 | | | | | | | 0.27 | 6.46 | 7338 | 6.46 | 7338 |
| 22 | φ600mm 内螺旋钻孔机 | 台班 | 603.36 | | | | | | | 0.62 | 14.84 | 8954 | 14.84 | 8954 |
| 23 | 小型机具使用费 | 元 | 1 | | | | 20.00 | | | 20.00 | 478.71 | 479 | 478.71 | 479 |
| | 材料费合计 | 元 | | | | 556 838 | | | 29 764 | | | 45 653 | 0.00 | 632 254 |
| | 机械费合计 | 元 | | | | 255 662 | | | 18 790 | | | 28 166 | 0.00 | 302 618 |
| | 定额基价 | 元 | | 3137.00 | | 823 838 | 295.00 | | 53 911 | 3546.00 | | 84 876 | 0.00 | 962 625 |
| | 直接费 | 元 | | | | 967 881 | | | 64 846 | | | 100 590 | 0.00 | 1 133 317 |

建设项目名称：深圳机场（鹤州）至荷坳高速公路
编制范围：K14+920.00～K18+574.46

工程名称：路基

| 编号 | 人、料、机名称 | 单位 | 单价（元） | 抛石挤淤<br>1000m³<br>0.86<br>1-3-11-1 | | | 软土地基处理<br>土工格栅<br>1000m²<br>68.97<br>1-3-9-3 | | | 土工织布<br>1000m²<br>20.46<br>1-3-9-1 | | | 合计 | |
|---|---|---|---|---|---|---|---|---|---|---|---|---|---|---|
| | | | | 定额 | 数量 | 金额 | 定额 | 数量 | 金额 | 定额 | 数量 | 金额 | 数量 | 金额 |
| 1 | 人工 | 工日 | 81.0 | 263.10 | 225.85 | 18 305 | 46.80 | 3227.80 | 261 611 | 47.60 | 973.82 | 78 928 | 4427.47 | 358 843 |
| 2 | 其他材料费 | 元 | 1 | | | | | 0.00 | 0 | 46.80 | 957.46 | 957 | 3149.50 | 3149 |
| 3 | 片石 | m³ | 40.65 | 1100.00 | 944.24 | 38 380 | 0.00 | 0.00 | 0 | | 0.00 | 0 | 944.24 | 38 380 |
| 4 | 石渣 | m³ | 32.83 | 70.45 | 60.47 | 1986 | 0.00 | 0.00 | 0 | | 0.00 | 0 | 60.47 | 1986 |
| 5 | 15t以内振动压路机 | 台班 | 862.81 | 0.15 | 0.13 | 111 | 0.00 | 0.00 | 0 | | 0.00 | 0 | 0.13 | 111 |
| 6 | 铁钉 | kg | 7.30 | | | | | 0.00 | 0 | 6.80 | 139.12 | 1013 | 139.12 | 1013 |
| 7 | 土工布 | m² | 10.15 | | | | | 0.00 | 0 | 1081.80 | 22 132.01 | 224 735 | 22 132.01 | 224 735 |
| 8 | 土工格栅 | m² | 13.97 | | | | 1094.6 | 75 453.29 | 1 053 752 | | 20.46 | | 20.46 | 1 053 752 |
| | 材料费合计 | 元 | | | | 40 406 | | | 1 055 904 | | | 226 707 | | 1 323 017 |
| | 机械费合计 | 元 | | | | 111 | | | 0 | | | 0 | | 111 |
| | 定额基价 | 元 | | 52 053 | | 44 682 | 13 212 | | 911 233 | 12 940 | | 264 733 | | 1 220 648 |
| | 直接费 | 元 | | | | 58 821 | | | 1 317 515 | | | 305 635 | | 1 681 971 |

建设项目名称：深圳机场（鹤州）至荷坳高速公路

编制范围：K14+920.00～K18+574.46

工程名称：路基

续表　　第8页　共13页

| 编号 | 人、料、机名称 | 单位 | 单价（元） | 路基边沟 矩形排水沟 10m³ 4.17 1-2-4-1 | | | 种草铺草皮 铺草皮 100m² 334.08 6-7-5-1 | | | 灌木 100株 8.25 6-7-3-4 | | | 合计 | |
|---|---|---|---|---|---|---|---|---|---|---|---|---|---|---|
| | | | | 定额 | 数量 | 金额 | 定额 | 数量 | 金额 | 定额 | 数量 | 金额 | 数量 | 金额 |
| 1 | 人工 | 工日 | 81.0 | 38.50 | 160.62 | 13 018 | 5.00 | 1670.40 | 135 385 | 4.80 | 39.60 | 3210 | 1870.62 | 151 612 |
| 2 | 其他材料费 | 元 | 1 | 29.50 | 123.07 | 123 | 28.50 | 235.13 | 235 | | | | 358.20 | 358 |
| 3 | 32.5级水泥 | t | 327.74 | 3.18 | 13.28 | 4351 | | | | | | | 13.28 | 4351 |
| 4 | 水 | m³ | 0.51 | 16.00 | 66.75 | 33 | 6.00 | 2004.48 | 1002 | 24.00 | 198.00 | 99 | 2269.23 | 1163 |
| 5 | 中（粗）砂 | m³ | 61.46 | 4.95 | 20.65 | 1269 | | | | | | | 20.65 | 1269 |
| 6 | 碎石（4cm） | m³ | 63.67 | 8.28 | 34.54 | 2199 | | | | | | | 34.54 | 2199 |
| 7 | 250L以内混凝土搅拌机 | 台班 | 129.16 | 0.37 | 1.54 | 199 | | | | | | | 1.54 | 199 |
| 8 | 小型机具使用费 | 元 | 1 | 7.80 | 32.54 | 33 | 1.60 | 534.53 | 535 | 1.60 | 13.20 | 13 | 580.27 | 580 |
| 9 | 钢模板 | t | 5703.71 | 0.04 | 0.17 | 1006 | | | | | | | 0.17 | 1006 |
| 10 | 草皮 | m² | 2.91 | | | | 110.00 | 36 748.80 | 106 806 | | | | 36 748.80 | 106 806 |
| 11 | 灌木 | 株 | 10.26 | | | | | | | 105.00 | 866.25 | 8887 | 866.25 | 8887 |
| | 材料费合计 | 元 | | | | 8982 | | | 107 834 | | | 9223 | 0.00 | 126 039 |
| | 机械费合计 | 元 | | | | 232 | | | 535 | | | 13 | 0.00 | 780 |
| | 定额基价 | 元 | | 3985.00 | | 16 625 | 449.00 | | 150 002 | 1378.00 | | 11 369 | 0.00 | 177 996 |
| | 直接费 | 元 | | | | 22 233 | | | 243 753 | | | 12 446 | 0.00 | 278 431 |

建设项目名称：深圳机场（鹤州）至荷坳高速公路
编制范围：K14+920.00～K18+574.46

续表　第9页　共13页

工程名称：路基

| 工程项目 |  |  |  | 路肩矮墙 |  |  | 砂浆片石护坡 |  |  | 砂浆块石护坡 |  |  | 合计 |  |
|---|---|---|---|---|---|---|---|---|---|---|---|---|---|---|
| 工程细目 |  |  |  | M7.5级浆砌块石 |  |  | M7.5级砂浆砌片石护坡 |  |  | 砂浆块石护坡 |  |  |  |  |
| 定额单位 |  |  |  | 10m³ |  |  | 10m³ |  |  | 10m³ |  |  |  |  |
| 工程数量 |  |  |  | 7.30 |  |  | 273.30 |  |  | 17.80 |  |  |  |  |
| 定额标号 |  |  |  | 5-1-17-4 |  |  | 5-1-10-2 |  |  | 5-1-10-3 |  |  |  |  |
| 编号 | 人、料、机名称 | 单位 | 单价（元） | 定额 | 数量 | 金额 | 定额 | 数量 | 金额 | 定额 | 数量 | 金额 | 数量 | 金额 |
| 1 | 人工 | 工日 | 81.0 | 16.70 | 121.91 | 9881 | 11.40 | 3115.62 | 252 518 | 11.00 | 195.80 | 15 869 | 3433.33 | 278 268 |
| 2 | 其他材料费 | 元 | 1 | 4.30 | 31.39 | 31 | 2.40 | 655.92 | 656 | 2.40 | 42.72 | 43 | 730.03 | 730 |
| 3 | 32.5级水泥 | t | 327.74 | 0.601 | 26.28 | 1438 | 0.87 | 236.68 | 77 570 | 0.56 | 9.97 | 3267 | 272.93 | 82 275 |
| 4 | 水 | m³ | 0.51 | 7.00 | 51.10 | 26 | 18.00 | 4919.40 | 2521 | 18.00 | 320.40 | 164 | 5290.90 |  |
| 5 | 中（粗）砂 | m³ | 61.46 | 3.07 | 22.41 | 1377 | 4.26 | 1164.26 | 71 557 | 3.23 | 57.49 | 3534 | 1244.16 | 76 468 |
| 6 | 碎石（4cm） | m³ | 63.67 | 0.11 | 0.80 | 51 |  |  |  |  |  |  | 0.80 | 51 |
| 7 | 片石 | m³ | 40.65 |  |  |  | 11.50 | 3142.95 | 127 750 |  |  |  | 3142.95 | 127 750 |
| 8 | 块石 | m³ | 86.44 | 10.50 | 76.65 | 6626 |  |  |  | 10.50 | 186.90 | 16 156 | 263.55 | 22 782 |
| 9 | 原木 | m³ | 1168.28 | 0.03 | 0.24 | 281 |  |  |  |  |  |  | 0.24 | 281 |
| 10 | 锯材 | m³ | 1364.98 | 0.02 | 0.14 | 189 |  |  |  |  |  |  | 0.14 | 189 |
| 11 | 铁钉 | kg | 7.22 | 0.20 | 1.46 | 11 |  |  |  |  |  |  | 1.46 | 11 |
| 12 | 8~12号铁丝 | kg | 6.32 | 3.60 | 26.28 | 166 |  |  |  |  |  |  | 26.28 | 166 |
| 13 | 黏土 | m³ | 17.64 | 0.18 | 1.31 | 23 |  |  |  |  |  |  | 1.31 | 23 |
|  | 材料费合计 | 元 |  | 1496.00 |  | 10 221 | 1496.00 |  | 280 054 | 847.00 |  | 23 164 | 0.00 | 313 438 |
|  | 机械费合计 | 元 |  |  |  | 0 |  |  | 0 |  |  |  | 0.00 | 0 |
|  | 定额基价 | 元 |  |  |  | 15 994 |  |  | 408 857 |  |  | 15 077 | 0.00 | 439 928 |
|  | 直接费 | 元 |  |  |  | 20 101 |  |  | 532 572 |  |  | 39 033 | 0.00 | 591 707 |

建设项目名称：深圳机场（鹤州）至荷坳高速公路

编制范围：K14+920.00～K18+574.46

工程名称：路基

| 编号 | 人、料、机名称 | 单位 | 单价（元） | 锥坡 | | | | | | 合计 | |
|---|---|---|---|---|---|---|---|---|---|---|---|
| | 工程项目 | | | 浆砌块石 | | | C20 预制混凝土 | | | | |
| | 工程细目 | | | 10m³ | | | 10m³ | | | | |
| | 定额单位 | | | 11.00 | | | 9.10 | | | | |
| | 工程数量 | | | 5-1-17-4 | | | 5-1-6-1 | | | | |
| | 定额标号 | | | 定额 | 数量 | 金额 | 定额 | 数量 | 金额 | 数量 | 金额 |
| 1 | 人工 | 工日 | 81.0 | 16.70 | 183.70 | 14 889 | 28.90 | 262.99 | 21 315 | 446.69 | 36 204 |
| 2 | 其他材料费 | 元 | 1 | 4.30 | 47.30 | 47 | 13.90 | 126.49 | 126 | 173.79 | 174 |
| 3 | 32.5 级水泥 | t | 327.74 | 0.601 | 39.60 | 2167 | 3.01 | 27.39 | 8977 | 66.99 | 11 144 |
| 4 | 水 | m³ | 0.51 | 7.00 | 77.00 | 39 | 16.00 | 145.60 | 75 | 222.60 | 114 |
| 5 | 中（粗）砂 | m³ | 61.46 | 3.07 | 33.77 | 2076 | 4.95 | 45.05 | 2769 | 78.82 | 4844 |
| 6 | 碎石（4cm） | m³ | 63.67 | 0.11 | 1.21 | 77 | 8.48 | 77.17 | 4913 | 78.38 | 4990 |
| 7 | 250L 以内混凝土搅拌机 | 台班 | 129.16 | | | | 0.37 | 3.37 | 435 | 3.37 | 435 |
| 8 | 小型机具使用费 | 元 | 1 | | | | 0.10 | 0.91 | 1 | 0.91 | 1 |
| 9 | 块石 | m³ | 86.44 | 10.50 | 115.50 | 9984 | | | | 115.50 | 9984 |
| 10 | 原木 | m³ | 1168.28 | 0.03 | 0.36 | 424 | | | | 0.36 | 424 |
| 11 | 锯材 | m³ | 1364.98 | 0.02 | 0.21 | 285 | | | | 0.21 | 285 |
| 12 | 铁钉 | kg | 7.30 | 0.20 | 2.20 | 16 | | | | 2.20 | 16 |
| 13 | 8～12号铁丝 | kg | 6.32 | 3.60 | 39.60 | 250 | | | | 39.60 | 250 |
| 14 | 黏土 | m³ | 17.64 | 0.18 | 1.98 | 35 | | | | 1.98 | 35 |
| 15 | 型钢 | t | 3722.24 | | | | 0.01 | 0.11 | 406 | 0.11 | 406 |
| 16 | 电焊条 | kg | 5.03 | | | | 0.20 | 1.82 | 9 | 1.82 | 9 |

建设项目名称：深圳机场（鹤州）至荷坳高速公路
编制范围：K14+920.00～K18+574.46

续表　第 11 页　共 13 页

工程名称：路基

| 编号 | 人、料、机名称 | 单位 | 单价（元） | 锥坡 浆砌块石 10m³ 11.00 5-1-17-4 定额 | 数量 | 金额 | 锥坡 C20 预制混凝土 10m³ 9.10 5-1-6-1 定额 | 数量 | 金额 | 合计 数量 | 金额 |
|---|---|---|---|---|---|---|---|---|---|---|---|
| | 工程项目 | | | | | | | | | | |
| | 工程细目 | | | | | | | | | | |
| | 定额单位 | | | | | | | | | | |
| | 工程数量 | | | | | | | | | | |
| | 定额标号 | | | | | | | | | | |
| 17 | 铁件 | kg | 4.42 | | | | 1.10 | 10.01 | 44 | 10.01 | 44 |
| 18 | 32kVA 内交流电弧焊机 | 台班 | 137.36 | | | | 0.03 | 0.27 | 38 | 0.27 | 38 |
| | 材料费合计 | 元 | | | | 15 401 | | | 17 321 | 0.00 | 32 722 |
| | 机械费合计 | 元 | | | | 0 | | | 472 | 0.00 | 472 |
| | 定额基价 | 元 | | 2191 | | 24 101 | 260.00 | | 29 666 | 0.00 | 53 767 |
| | 直接费 | 元 | | | | 30 290 | | | 39 108 | 0.00 | 69 398 |

建设项目名称：深圳机场（鹤州）至荷坳高速公路
编制范围：K14+920.00～K18+574.46

工程名称：路基

| 编号 | 人、料、机名称 | 单位 | 单价（元） | 石灰稳定土底基层 厚15cm 1000m² 785.65 2-1-3-5 | | | 级配碎石底基层 厚1cm 1000m² 6.77 2-2-2-4 | | | 水泥稳定碎石基层 厚1cm 1000m² 4.32 2-1-11-4 | | | 合计 | |
| --- | --- | --- | --- | --- | --- | --- | --- | --- | --- | --- | --- | --- | --- | --- |
| | 工程项目 / 工程细目 / 定额单位 / 工程数量 / 定额标号 | | | 定额 | 数量 | 金额 | 定额 | 数量 | 金额 | 定额 | 数量 | 金额 | 数量 | 金额 |
| 1 | 人工 | 工日 | 81.0 | 30.50 | 23 962.39 | 1 942 131 | 1.80 | 12.18 | 987 | 2.00 | 8.64 | 700 | 23 983.21 | 1 943 819 |
| 2 | 120kW 以内自行式平地机 | 台班 | 1000.51 | 0.37 | 290.69 | 290 840 | | | | | | | 290.69 | 290 840 |
| 3 | 75kW 以内履带式拖拉机 | 台班 | 636.12 | 0.21 | 164.99 | 104 952 | | | | | | | 164.99 | 104 952 |
| 4 | 6～8t 光轮压路机 | 台班 | 289.91 | 0.27 | 212.13 | 61 497 | | | | | | | 212.13 | 61 497 |
| 5 | 12～15t 光轮压路机 | 台班 | 457.38 | 1.27 | 997.78 | 456 364 | | | | | | | 997.78 | 456 364 |
| 6 | 设备摊销费 | 元 | 1 | 1.60 | 1257.04 | 1257 | 0.10 | 0.68 | 1 | 0.05 | 0.22 | 121 | 1257.72 | 1258 |
| 7 | 6000L 以内洒水汽车 | 台班 | 561.28 | 1.07 | 840.65 | 471 841 | 0.02 | 0.14 | 76 | 0.43 | 1.87 | 216 | 841.00 | 472 039 |
| 8 | 生石灰 | t | 115.40 | 24.05 | 18 891.79 | 2 180 105 | | | | | | 180 | 18 893.66 | 2 180 321 |
| 9 | 土 | m³ | 17.42 | 195.80 | 153 830.66 | 2 679 711 | | | | 2.39 | 10.32 | 180 | 153 840.99 | 2 679 891 |
| 10 | 黏土 | m³ | 17.64 | | | | 1.81 | 12.25 | 216 | 1.19 | 5.14 | 91 | 17.39 | 307 |
| 11 | 石屑 | m³ | 74.02 | | | | 5.44 | 36.81 | 2725 | | | | 36.81 | 2725 |
| 12 | 路面用碎石（1.5cm） | m³ | 74.02 | | | | 4.11 | 27.81 | 2059 | | | | 27.81 | 2059 |
| 13 | 路面用碎石（2.5cm） | m³ | 76.09 | | | | 2.05 | 13.87 | 1056 | | | | 13.87 | 1056 |
| 14 | 路面用碎石（3.5cm） | m³ | 71.95 | | | | 2.05 | 13.87 | 998 | 1.06 | 4.58 | 329 | 18.45 | 1328 |
| 15 | 路面用碎石（6cm） | m³ | 61.60 | | | | | | | 9.72 | 41.99 | 2586 | 41.99 | 2586 |
| | 材料费合计 | 元 | | | | 4 859 816 | | | 7053 | | | 3402 | | 4 870 272 |
| | 机械费合计 | 元 | | | | 1 386 752 | | | 77 | | | 121 | | 1 386 950 |
| | 定额基价 | 元 | | 7182.00 | | 5 642 553 | 997.00 | | 6747 | 849.00 | | 3668 | | 5 652 967 |
| | 直接费 | 元 | | | | 8 188 699 | | | 8117 | | | 4224 | | 8 201 040 |

建设项目名称：深圳机场（鹤州）至荷坳高速公路

编制范围：K14＋920.00～K18＋574.46

工程名称：路基

续表　第13页　共13页

| 编号 | 人、料、机名称 | 单位 | 单价（元） | 封层 / 封层 / 1000m² / 4.20 / 2-2-1-3 定额 | 数量 | 金额 | 沥青表面处治 / 厚30mm / 1000m² / 1.84 / 2-2-7-17 定额 | 数量 | 金额 | 细粒式沥青混凝土 / 厚40mm / 1000m² / 3.90 / 2-2-11-10 定额 | 数量 | 金额 | 合计 数量 | 合计 金额 |
|---|---|---|---|---|---|---|---|---|---|---|---|---|---|---|
| 1 | 人工 | 工日 | 81.0 | 3.00 | 12.60 | 1021 | 14.20 | 26.17 | 2121 | 36.70 | 143.13 | 11 601 | 181.90 | 14 743 |
| 2 | 2.0m³以内轮胎式装载机 | 台班 | 768.08 | | | | | | | 6.19 | 24.14 | 18 542 | 24.14 | 18 542 |
| 3 | 160t/h内沥青混合料拌和设备 | 台班 | 20 312.66 | | | | | | | 2.64 | 10.30 | 209 139 | 10.30 | 209 139 |
| 4 | 6～8t光轮压路机 | 台班 | 289.91 | | | | 0.54 | 1.00 | 289 | | | | 1.00 | 289 |
| 5 | 4000L以内沥青洒布车 | 台班 | 439.82 | | | | 0.36 | 0.66 | 292 | | | | 0.66 | 292 |
| 6 | 小型机具使用费 | 元 | 1 | | | | 12.40 | 22.85 | 23 | | | | 22.85 | 23 |
| 7 | 12～15t光轮压路机 | 台班 | 457.38 | | | | 0.81 | 1.49 | 683 | | | | 1.49 | 683 |
| 8 | 设备摊销费 | 元 | 1 | | | | 54.90 | 101.18 | 101 | 2869.50 | 11 191.05 | 11 191 | 11 405.16 | 11 292 |
| 9 | 石屑散布机 | 台班 | 726.96 | | | | 0.14 | 0.26 | 188 | | | | 0.26 | 188 |
| 10 | 新土 | m³ | 17.64 | 2.83 | 11.89 | 210 | | | | | | | 11.89 | 210 |
| 11 | 石屑 | m³ | 74.02 | 1.10 | 4.62 | 342 | 0.38 | 0.70 | 52 | 226.75 | 884.33 | 65 458 | 890.43 | 65 852 |
| 12 | 路面用碎石（1.5cm） | m³ | 74.02 | 1.11 | 4.66 | 345 | 20.94 | 38.59 | 2857 | 334.74 | 1391.81 | 96 633 | 1391.81 | 99 834 |
| 13 | 路面用碎石（2.5cm） | m³ | 76.09 | | | | 2.81 | 5.18 | 394 | 520.05 | 2039.15 | 154 327 | 2039.15 | 154 721 |
| 14 | 路面用碎石（3.5cm） | m³ | 71.95 | 10.03 | 42.13 | 3031 | 18.21 | 33.56 | 2415 | | 113.15 | | 113.15 | 5446 |
| 15 | 水 | m³ | 0.51 | 3.00 | 12.60 | 6 | | | | | | | 12.60 | 6 |
| 16 | 石油沥青 | t | 3885.69 | | | | 4.43 | 8.16 | 31 717 | 113.46 | 442.48 | 1 719 333 | 459.75 | 1 751 050 |
| 17 | 煤 | t | 258.29 | | | | 0.86 | 1.58 | 409 | | | | 3.35 | 409 |
| 18 | 砂 | m³ | 50.71 | | | | 2.60 | 4.79 | 243 | 389.79 | 1520.18 | 77 083 | 1530.32 | 77 326 |
| 19 | 其他材料费 | 元 | 1 | | | | 71.90 | 132.51 | 133 | 230.00 | 897.00 | 897 | 1177.41 | 1030 |
| 20 | 矿粉 | t | 121.64 | | | | | | | 117.72 | 459.11 | 55 847 | 459.11 | 55 847 |
| | 材料费合计 | 元 | | | | 3934 | | | 38 220 | | | 2 169 578 | | 2 211 732 |
| | 机械费合计 | 元 | | | | 0 | | | 1575 | | | 238 872 | | 240 447 |
| | 定额基价 | 元 | 948.00 | | | 3982 | 1370.00 | | 39 385 | 597 675 | | 2 330 933 | | 2 374 299 |
| | 直接费 | 元 | | | | 4955 | | | 41 915 | | | 2 420 051 | | 2 466 922 |

**表 2-51**

**建筑安装工程费计算表**

建设项目名称：深圳机场（鹤州）至荷坳高速公路

编制范围：K14+920.00～K18+574.46

第 1 页　共 5 页

| 工程名称 | 单位 | 工程量 | 直接费（元） | | | | | | 间接费（元） | 利润（元）费率 4% | 税金（元）综合税率 3.41% | 建安工程费 | |
| | | | 直接工程费 | | | | 其他工程费 | 合计 | | | | 合计（元） | 单价（元） |
| | | | 人工费 | 材料费 | 机械使用费 | 合计 | | | | | | | |
| 1 | 2 | 3 | 4 | 5 | 6 | 7 | 8 | 9 | 10 | 11 | 12 | 13 | 14 |
| 清理现场 | m³ | 150 397.00 | 48 758 | 0 | 308 163 | 356 922 | 15 214 | 372 135 | 30 711 | 16 114 | 14 287 | 433 247 | 2.88 |
| 挖土方 | m³ | 59 916.00 | 21 853 | 0 | 89 138 | 110 991 | 4727 | 115 717 | 11 691 | 5096 | 4518 | 137 023 | 2.29 |
| 挖石方 | m³ | 60 049.00 | 0 | 0 | 138 201 | 138 201 | 6153 | 144 354 | 5861 | 6009 | 5327 | 161 550 | 2.69 |
| 借土填筑 | m³ | 9760.40 | 80 452 | 0 | 0 | 80 452 | 3052 | 83 504 | 29 135 | 4506 | 3995 | 121 139 | 12.41 |
| 挖土方 | m³ | 6677.50 | 5412 | 0 | 33 541 | 38 953 | 1609 | 40 561 | 3379 | 1758 | 1558 | 47 256 | 7.08 |
| 开挖石方 | m³ | 8265.20 | 0 | 0 | 26 559 | 26 559 | 1047 | 27 607 | 1121 | 1149 | 1019 | 30 895 | 3.74 |
| 利用土方 | m³ | 70 000.00 | 576 989 | 0 | 102 859 | 679 848 | 21 886 | 701 734 | 213 127 | 36 594 | 32 445 | 983 900 | 14.06 |
| 利用石方 | m³ | 22 254.00 | 273 797 | 0 | 0 | 273 797 | 8045 | 281 842 | 99 058 | 15 236 | 13 508 | 409 644 | 18.41 |
| 借土填筑 | m³ | 98 981.00 | 815 871 | 0 | 0 | 815 871 | 30 948 | 846 818 | 295 459 | 45 691 | 40 510 | 1 228 479 | 12.41 |
| 砂、沙砾垫层 | m³ | 22 813.70 | 29 400 | 1 182 075 | 22 965 | 1 234 440 | 46 393 | 1 280 833 | 61 410 | 53 690 | 47 601 | 1 443 534 | 63.27 |
| 碎石垫层 | m³ | 50 239.00 | 184 047 | 2 215 623 | 154 435 | 2 554 105 | 92 660 | 2 646 764 | 166 354 | 112 525 | 99 764 | 3 025 407 | 60.22 |
| 预压与超载预压 | m² | 115 073.60 | 1 721 640 | 55 648 | 3 129 348 | 4 906 636 | 226 579 | 5 133 215 | 759 333 | 235 702 | 208 973 | 6 337 224 | 55.07 |
| 塑料插板 | m | 262 619.70 | 155 381 | 556 838 | 255 662 | 967 881 | 39 874 | 1 007 755 | 90 637 | 43 936 | 38 953 | 1 181 281 | 4.50 |
| 搅拌桩 | m | 82 750.70 | 16 293 | 29 764 | 18 790 | 64 846 | 2609 | 67 456 | 7952 | 3016 | 2674 | 81 099 | 0.44 |
| GFC桩 | m³ | 23 935.60 | 26 771 | 45 653 | 28 166 | 100 590 | 4108 | 104 698 | 12 818 | 4701 | 4168 | 126 383 | 5.28 |
| 抛石挤淤 | m³ | 858.40 | 18 305 | 40 406 | 111 | 588 821 | 2163 | 60 984 | 8333 | 2773 | 2458 | 74 548 | 86.85 |
| 土工格栅 | m² | 68 970.10 | 261 611 | 1 055 904 | 0 | 1 317 515 | 44 104 | 1 361 618 | 138 997 | 60 025 | 53 218 | 1 613 858 | 23.40 |

建设项目名称：深圳机场（鹤州）至荷坳高速公路

编制范围：K14+920.00～K18+574.46

| 工程名称 | 单位 | 工程量 | 直接费（元） | | | | | | 间接费（元） | 利润（元）费率4% | 税金（元）综合税率3.41% | 建安工程费 | |
|---|---|---|---|---|---|---|---|---|---|---|---|---|---|
| | | | 直接工程费 | | | | 其他工程费 | 合计 | | | | 合计（元） | 单价（元） |
| | | | 人工费 | 材料费 | 机械使用费 | 合计 | | | | | | | |
| 1 | 2 | 3 | 4 | 5 | 6 | 7 | 8 | 9 | 10 | 11 | 12 | 13 | 14 |
| 土工织布 | m² | 20 458.50 | 78 928 | 226 707 | 0 | 305 635 | 12 813 | 318 448 | 38 186 | 14 265 | 12 648 | 383 547 | 18.75 |
| 矩形排水沟 | m³ | 4172.00 | 13 018 | 8982 | 232 | 22 233 | 805 | 23 037 | 5101 | 1126 | 998 | 30 262 | 7.25 |
| 铺草皮 | m² | 33 408.00 | 135 385 | 107 834 | 535 | 243 753 | 7260 | 251 013 | 53 514 | 12 181 | 10 800 | 327 508 | 9.80 |
| 灌木 | 株 | 825.00 | 3210 | 9223 | 13 | 12 446 | 550 | 12 996 | 1555 | 582 | 516 | 15 649 | 18.97 |
| M7.5级浆砌块石 | m³ | 73.00 | 9881 | 10 221 | 0 | 20 101 | 774 | 20 875 | 4009 | 995 | 883 | 26 763 | 366.61 |
| 砂浆片石护坡 | m³ | 2733.00 | 252 518 | 280 054 | 0 | 532 572 | 197 89 | 552 361 | 103 232 | 26 224 | 23 250 | 705 066 | 257.98 |
| 砂浆块石护坡 | m³ | 178.00 | 15 869 | 23 164 | 0 | 39 033 | 730 | 39 763 | 6693 | 1858 | 1647 | 49 961 | 280.68 |
| M7.5级浆砌片石 | m³ | 110.00 | 14 889 | 15 401 | 0 | 30 290 | 1166 | 31 456 | 6042 | 1500 | 1330 | 40 328 | 366.61 |
| C20预制混凝土 | m³ | 91.00 | 21 315 | 17 321 | 472 | 39 108 | 1436 | 40 544 | 8467 | 1960 | 1738 | 52 710 | 579.23 |
| 石灰稳定土基层厚15cm | m² | 785 652.00 | 1 942 131 | 4 859 816 | 1 386 752 | 8 188 699 | 273 100 | 8 461 799 | 965 031 | 377 073 | 334 313 | 10 138 216 | 12.90 |
| 级配碎石底基层厚1cm | m² | 6767.00 | 987 | 7053 | 77 | 8117 | 327 | 8444 | 650 | 364 | 323 | 9780 | 1.45 |
| 碎石基层厚1cm | m² | 4320.00 | 700 | 3402 | 121 | 4224 | 178 | 4401 | 398 | 192 | 170 | 5162 | 1.19 |
| 封层 | m² | 4200.00 | 1021 | 3934 | 0 | 4955 | 193 | 5148 | 531 | 227 | 201 | 6107 | 1.45 |
| 细粒式沥青混凝土 | m² | 3900.00 | 11 569 | 2 235 417 | 238 915 | 2 485 901 | 119 165 | 2 605 066 | 106 863 | 108 477 | 96 176 | 2 916 582 | 747.84 |
| 中粒式沥青混凝土 | m² | 3900.00 | 11 601 | 2 169 578 | 238 872 | 2 420 051 | 112 817 | 2 532 868 | 104 014 | 105 475 | 93 514 | 2 835 871 | 727.15 |
| 沥青表面处治 | m² | 1843.00 | 2121 | 38 220 | 1575 | 41 915 | 1906 | 43 822 | 2414 | 1849 | 1640 | 49 725 | 26.98 |
| 预制混凝土路缘石 | m³ | 1.40 | 52 | 258 | 58 | 368 | 20 | 388 | 32 | 17 | 15 | 452 | 322.54 |
| 排水管 | m | 606.00 | 4912 | 8637 | 0 | 13 548 | 748 | 14 296 | 2138 | 657 | 583 | 17 674 | 29.17 |
| 混凝土基础（φ300mm内） | m | 573.00 | 8963 | 7701 | 0 | 16 665 | 920 | 17 584 | 3565 | 846 | 750 | 22 745 | 39.69 |

建设项目名称：深圳机场（鹤州）至荷坳高速公路
编制范围：K14+920.00～K18+574.46

| 工程名称 | 单位 | 工程量 | 直接费（元） | | | | | | 间接费（元） | 利润（元）费率4% | 税金（元）综合税率3.41% | 建安工程费 | |
| | | | 直接工程费 | | | | 其他工程费 | 合计 | | | | 合计（元） | 单价（元） |
| | | | 人工费 | 材料费 | 机械使用费 | 合计 | | | | | | | |
| 1 | 2 | 3 | 4 | 5 | 6 | 7 | 8 | 9 | 10 | 11 | 12 | 13 | 14 |
| 混凝土基础（φ400mm内） | m | 1208.00 | 24 673 | 21 309 | 3370 | 49 352 | 2724 | 52 077 | 9957 | 2481 | 2200 | 66 716 | 55.23 |
| 混凝土基础（φ500mm内） | m | 959.00 | 24 639 | 21 369 | 3437 | 49 446 | 2729 | 52 175 | 9951 | 2485 | 2203 | 66 814 | 69.67 |
| 混凝土基础（φ600mm内） | m | 2299.00 | 77 328 | 67 514 | 11 614 | 156 456 | 8636 | 165 093 | 31 283 | 7855 | 6964 | 211 194 | 91.86 |
| 混凝土基础（φ700mm内） | m | 990.00 | 35 236 | 31 013 | 5359 | 71 608 | 3953 | 75 561 | 14 268 | 3593 | 3186 | 96 608 | 97.58 |
| 混凝土基础（φ800mm内） | m | 747.00 | 35 236 | 31 013 | 5359 | 71 608 | 3953 | 75 561 | 14 268 | 3593 | 3186 | 96 608 | 129.33 |
| 干处挖土方 | m³ | 8540.00 | 158 297 | 0 | 0 | 158 297 | 10 353 | 168 650 | 59 846 | 9140 | 8103 | 245 739 | 28.78 |
| 水下挖方 | m³ | 950.00 | 3411 | 134 | 3162 | 6706 | 439 | 7145 | 1481 | 345 | 306 | 9277 | 9.77 |
| 路上钻孔灌注桩 | m | 1280.00 | 98 556 | 1507 | 0 | 100 063 | 6544 | 106 607 | 37 348 | 5758 | 5105 | 154 819 | 120.95 |
| 路上钻孔灌注桩 | m | 1314.00 | 121 408 | 13 448 | 346 914 | 481 771 | 31 508 | 513 278 | 66 824 | 23 204 | 20 573 | 623 880 | 474.79 |
| 水中孔钻孔灌注桩 | m | 450.00 | 33 919 | 113 | 259 398 | 293 430 | 19 190 | 312 621 | 27 892 | 13 621 | 12 076 | 366 209 | 813.80 |
| 水中φ250cm内孔深30m内卵石 | m | 240.00 | 37 736 | 4019 | 317 293 | 359 049 | 23 482 | 382 531 | 32 924 | 16 618 | 14 734 | 446 806 | 1861.69 |
| 支撑梁混凝土 | m³ | 1050.90 | 279 373 | 201 917 | 1124 | 482 414 | 31 550 | 513 964 | 117 410 | 25 255 | 22 391 | 679 020 | 646.13 |
| 浆砌片石 | m³ | 187.10 | 14 406 | 18 467 | 131 | 33 004 | 2158 | 35 162 | 6526 | 1668 | 1478 | 44 835 | 239.63 |
| 扩大基础混凝土下部结构 | m³ | 1148.71 | 137 791 | 299 336 | 43 237 | 480 363 | 31 416 | 511 779 | 71 985 | 23 351 | 20 703 | 627 817 | 546.54 |

建设项目名称：深圳机场（鹤州）至荷坳高速公路

编制范围：K14+920.00～K18+574.46

续表　第 4 页　共 5 页

| 工程名称 | 单位 | 工程量 | 直接费（元）直接工程费 人工费 | 材料费 | 机械使用费 | 合计 | 其他工程费 | 合计 | 间接费（元） | 利润（元）费率 4% | 税金（元）综合税率 3.41% | 建安工程费 合计（元） | 单价（元） |
|---|---|---|---|---|---|---|---|---|---|---|---|---|---|
| 1 | 2 | 3 | 4 | 5 | 6 | 7 | 8 | 9 | 10 | 11 | 12 | 13 | 14 |
| C40 级混凝土 | m³ | 149.90 | | | 0 | | 0 | | 0 | 0 | 0 | 3748 | 25 |
| C50 级混凝土 | m³ | 177.46 | 14 406 | 4765 | 0 | 19 171 | 0 | 19 171 | 0 | 0 | 0 | 4791 | 27 |
| 枕梁混凝土 | m³ | 800.80 | 116 827 | 184 744 | 1233 | 302 805 | 0 | 302 805 | 0 | 0 | 0 | 5766 | 7 |
| 现浇混凝土挡土墙 | m³ | 880.00 | 139 080 | 189 671 | 6229 | 334 981 | 0 | 334 981 | 0 | 0 | 0 | 20 680 | 24 |
| 钢绞线斜拉索 1.748 束/10t | t | 197.19 | 464 921 | 1 921 825 | 651 | 2 387 397 | 0 | 2 387 397 | 0 | 0 | 0 | 19 897 | 101 |
| 自锚式悬索桥顶推式钢箱梁 | t | 11.50 | 1258 | 116 077 | 31 | 117 366 | 0 | 117 366 | 0 | 0 | 0 | 1054 | 92 |
| 水泥混凝土桥面铺装 | t | 6.80 | 5070 | 23 646 | 1675 | 30 392 | 0 | 30 392 | 0 | 0 | 0 | 1598 | 235 |
| 防水层 | m³ | 20.26 | 4056 | 1652 | 0 | 5708 | 0 | 5708 | 0 | 0 | 0 | 4070 | 201 |
| 伸缩装置 | m | 40.00 | 36 634 | 7715 | 432 | 44 782 | 0 | 44 782 | 0 | 0 | 0 | 9480 | 237 |
| 钢板伸缩缝 | m | 28.00 | 4766 | 6493 | 1048 | 12 307 | 0 | 12 307 | 0 | 0 | 0 | 10 052 | 359 |
| 板式橡胶伸缩缝 | m | 99.60 | 23 410 | 44 577 | 444 | 72 462 | 0 | 72 462 | 0 | 0 | 0 | 62 250 | 625 |
| 单孔钢筋混凝土圆管涵 | m³ | 160.00 | 94 536 | 45 110 | 86 | 139 732 | 0 | 139 732 | 0 | 0 | 0 | 106 720 | 667 |
| 洞口、明洞开挖 | m³ | 118 417.20 | 12 620 862 | 2 636 111 | 518 182 | 15 775 156 | 0 | 15 775 156 | 0 | 0 | 0 | 692 741 | 6 |
| 防水与排水 | m³ | 274.00 | 105 708 | 69 096 | 323 | 175 127 | 0 | 175 127 | 0 | 0 | 0 | 132 260 | 483 |

建设项目名称：深圳机场（鹤州）至荷坳高速公路

编制范围：K14+920.00～K18+574.46

| 工程名称 | 单位 | 工程量 | 直接费（元） | | | | | | 间接费（元） | 利润（元）费率 4% | 税金（元）综合税率 3.41% | 建安工程费 | |
| | | | 直接工程费 | | | | 其他工程费 | 合计 | | | | 合计（元） | 单价（元） |
| | | | 人工费 | 材料费 | 机械使用费 | 合计 | | | | | | | |
| 1 | 2 | 3 | 4 | 5 | 6 | 7 | 8 | 9 | 10 | 11 | 12 | 13 | 14 |
| 洞口坡面防护 | m³ | 92.00 | 13 571 | 11 366 | 69 | 25 006 | 0 | 25 006 | 0 | 0 | 0 | 19 016 | 207 |
| 钢筋网 | t | 2.03 | 3580 | 6934 | 493 | 11 007 | 0 | 11 007 | 0 | 0 | 0 | 1489 | 735 |
| 砂浆锚杆 | t | 2.03 | 7994 | 8557 | 6372 | 22 923 | 0 | 22 923 | 0 | 0 | 0 | 1515 | 745 |
| 植草皮 | m² | 43 390.00 | 118 162 | 104 097 | 0 | 222 259 | 0 | 222 259 | 0 | 0 | 0 | 172 388 | 4 |
| 乔木 | 株 | 150.00 | 280 | 2762 | 1 | 3042 | 0 | 3042 | 0 | 0 | 0 | 2579 | 17 |
| 灌木 | 株 | 147.00 | 5862 | 1624 | 1 | 7487 | 0 | 7487 | 0 | 0 | 0 | 1723 | 12 |
| 培耕植土 | m² | 512 600.00 | 45 700 | 609 103 | 154 | 654 958 | 0 | 654 958 | 0 | 0 | 0 | 611 019 | 1 |
| 片石混凝土洞门墙 | m³ | 1285.00 | 176 010 | 306 598 | 33 460 | 516 068 | 0 | 516 068 | 0 | 0 | 0 | 428 162 | 333 |
| 混凝土洞门墙 | m³ | 64.50 | 9880 | 16 775 | 1960 | 28 615 | 0 | 28 615 | 0 | 0 | 0 | 23 762 | 368 |
| 洞口饰面 | m² | 842.00 | 32 211 | 7715 | 68 | 39 994 | 0 | 39 994 | 0 | 0 | 0 | 10 037 | 12 |
| 现浇混凝土（模架） | m³ | 1915.50 | 268 582 | 495 344 | 32 776 | 796 702 | 0 | 796 702 | 0 | 0 | 0 | 679 428 | 355 |
| 明洞钢筋 | t | 135.13 | 117 188 | 474 128 | 21 638 | 612 955 | 0 | 612 955 | 0 | 0 | 0 | 101 618 | 752 |
| 砂浆锚杆 | t | 3.60 | 3847 | 821 | 472 | 5140 | 0 | 5140 | 0 | 0 | 0 | 2028 | 564 |
| 喷射混凝土 | m³ | 180.50 | 46 083 | 55 114 | 23 929 | 125 126 | 0 | 125 126 | 0 | 0 | 0 | 100 430 | 556 |
| 洞内拱顶喷涂 | m² | 21 378.42 | 152 478 | 204 723 | 0 | 357 201 | 0 | 357 201 | 0 | 0 | 0 | 286 685 | 13 |

表 2-52

建设项目名称：深圳机场（鹤州）至荷坳高速公路

编制范围：K14＋920.00～K18＋574.46

**费率表**

| 序号 | 项目 | 其他工程费费率（%） | | | | | | | | 间接费费率（%） | | | | | | 规费综合费率 |
|---|---|---|---|---|---|---|---|---|---|---|---|---|---|---|---|---|
| | | | | | | | | | | 企业管理费 | | | | | | |
| | | 冬季施工增加费 | 雨季施工增加费 | 安全及文明施工措施费 | 临时设施费 | 沿海地区增加费 | 行车干扰增加费 | 施工辅助费 | 综合费率 | 基本费用 | 主副食运费补贴 | 职工探亲路费 | 职工取暖补贴 | 财务费用 | 综合费率 | |
| 1 | 人工土方 | 0.28 | 0.26 | 0.70 | 1.73 | | 1.64 | 0.89 | 5.50 | 3.36 | 0.31 | 0.10 | 0.06 | 0.23 | 4.06 | 32 |
| 2 | 机械土方 | 0.43 | 0.27 | 0.70 | 1.56 | | 1.39 | 0.49 | 4.84 | 3.26 | 0.24 | 0.22 | 0.13 | 0.21 | 4.06 | 32 |
| 3 | 汽车运输 | 0.08 | 0.27 | 0.25 | 1.01 | | 1.36 | 0.16 | 3.13 | 1.44 | 0.25 | 0.14 | 0.12 | 0.21 | 2.16 | 32 |
| 4 | 人工石方 | 0.06 | 0.19 | 0.70 | 1.76 | | 1.66 | 0.85 | 5.22 | 3.45 | 0.24 | 0.10 | 0.06 | 0.22 | 4.07 | 32 |
| 5 | 机械石方 | 0.08 | 0.25 | 0.70 | 2.17 | | 1.16 | 0.46 | 4.82 | 3.28 | 0.22 | 0.22 | 0.11 | 0.20 | 4.03 | 32 |
| 6 | 高级路面 | 0.37 | 0.25 | 1.18 | 2.11 | | 1.24 | 0.80 | 5.95 | 1.19 | 0.15 | 0.14 | 0.07 | 0.27 | 2.54 | 32 |
| 7 | 其他路面 | 0.11 | 0.24 | 1.20 | 2.06 | | 1.17 | 0.74 | 5.52 | 3.28 | 0.15 | 0.16 | 0.07 | 0.30 | 3.96 | 32 |
| 8 | 构造物I | 0.34 | 0.19 | 0.85 | 2.92 | | 0.94 | 1.30 | 6.54 | 4.44 | 0.23 | 0.29 | 0.12 | 0.37 | 5.45 | 32 |
| 10 | 技术复杂大桥 | 0.48 | 0.45 | 1.01 | 3.21 | 0.15 | | 1.68 | 7.33 | 4.72 | 0.20 | 0.20 | 0.10 | 0.46 | 5.68 | 32 |
| 11 | 隧道 | 0.10 | 0.00 | 0.86 | 2.83 | | | 1.23 | 5.02 | 4.22 | 0.19 | 0.27 | 0.08 | 0.39 | 5.15 | 32 |
| 12 | 钢材及钢结构 | 0.02 | 0.00 | 0.63 | 2.73 | 0.15 | | 0.56 | 4.44 | 2.42 | 0.20 | 0.16 | 0.07 | 0.48 | 5.33 | 32 |

**表 2-53** 　　　　　　　　　　　**实物消耗量表（部分）**

建设项目名称：深圳机场（鹤州）至荷坳高速公路

编制范围 K14+920.00～K18+574.46　　　　　　　　　　　　第 1 页　共 3 页

| 序号 | 规格名称 | 单位 | 总数量 | 路基 | 路面 | 桥梁 | 隧道 |
|---|---|---|---|---|---|---|---|
| 1 | 人工 | 工日 | 329 684 | 106 597.84 | 26 863.3 | 26 843.67 | 169 378 |
| 2 | 砂砾 | m³ | 29 657.81 | 29 657.81 | 0.00 | 0.00 | 0.00 |
| 3 | 碎石（4cm） | m³ | 69 671.09 | 60 616.90 | 933.36 | 5149.62 | 2971.21 |
| 4 | 型钢 | t | 30.37 | 14.61 | 0.00 | 13.98 | 1.78 |
| 5 | 枕木 | m³ | 8.67 | 8.67 | 0.00 | 0.00 | 0.00 |
| 6 | 钢轨 | t | 10.50 | 10.50 | 0.00 | 0.00 | 0.00 |
| 7 | 铁件 | kg | 23 847.69 | 1191.80 | 0.00 | 9624.24 | 13 031.65 |
| 8 | 塑料排水板 | m | 281 265.70 | 281 265.70 | 0.00 | 0.00 | 0.00 |
| 9 | 生石灰 | t | 19 124.98 | 226.25 | 18 893.66 | 5.08 | 0.00 |
| 10 | 32.5 级水泥 | t | 4294.25 | 415.09 | 293.62 | 2102.80 | 1482.74 |
| 11 | 水 | m³ | 72 583.17 | 7854.54 | 1337.01 | 16 675.45 | 46 716.17 |
| 12 | 中（粗）砂 | m³ | 6018.74 | 1507.83 | 550.72 | 3074.80 | 885.40 |
| 13 | 粉煤灰 | m³ | 54.08 | 54.08 | 0.00 | 0.00 | 0.00 |
| 14 | 片石 | m³ | 4689.57 | 4087.19 | 0.00 | 215.17 | 387.22 |
| 15 | 石渣 | m³ | 60.47 | 60.47 | 0.00 | 0.00 | 0.00 |
| 16 | 铁钉 | kg | 666.22 | 142.78 | 0.00 | 0.00 | 523.44 |
| 17 | 土工布 | m³ | 22 132.01 | 22 132.01 | 0.00 | 0.00 | 0.00 |
| 18 | 钢模板 | t | 2.05 | 0.17 | 0.00 | 1.89 | 0.00 |
| 19 | 草皮 | m³ | 84 477.80 | 36 748.80 | 0.00 | 0.00 | 47 729.00 |
| 20 | 灌木 | 株 | 1020.60 | 866.25 | 0.00 | 0.00 | 154.35 |
| 21 | 块石 | m³ | 379.05 | 379.05 | 0.00 | 0.00 | 0.00 |
| 22 | 原木 | m³ | 843.68 | 0.60 | 0.00 | 4.32 | 838.75 |
| 23 | 锯材 | m³ | 194.20 | 0.35 | 0.00 | 30.01 | 163.84 |
| 24 | 铁钉 | kg | 666.22 | 142.78 | 0.00 | 0.00 | 523.44 |
| 25 | 8～12 号铁丝 | m³ | 897.96 | 65.88 | 0.00 | 184.80 | 647.28 |
| 26 | 黏土 | m³ | 1179.27 | 1.98 | 29.28 | 1148.01 | 0.00 |
| 27 | 电焊条 | kg | 1135.92 | 1.82 | 0.00 | 540.28 | 593.82 |
| 28 | 土 | m³ | 153 840.99 | 0.00 | 153 840.99 | 0.00 | 0.00 |
| 29 | 石屑 | m³ | 935.63 | 0.00 | 935.63 | 0.00 | 0.00 |
| 30 | 路面用碎（1.5cm） | m³ | 1448.40 | 0.00 | 1448.40 | 0.00 | 0.00 |
| 31 | 路面用碎（2.5cm） | m³ | 2057.91 | 0.00 | 2057.91 | 0.00 | 0.00 |
| 32 | 路面用碎（3.5cm） | m³ | 165.16 | 0.00 | 165.16 | 0.00 | 0.00 |
| 33 | 路面用碎（6cm） | m³ | 41.99 | 0.00 | 41.99 | 0.00 | 0.00 |
| 34 | 石油沥青 | t | 459.98 | 0.00 | 459.75 | 0.23 | 0.00 |
| 35 | 煤 | t | 66.12 | 0.00 | 3.35 | 0.00 | 62.76 |
| 36 | 砂 | m³ | 1535.11 | 0.00 | 1535.11 | 0.00 | 0.00 |

建设项目名称：深圳机场（鹤州）至荷坳高速公路

编制范围：K14＋920.00～K18＋574.46

续表 第2页 共3页

| 序号 | 规格名称 | 单位 | 总数量 | 路基 | 路面 | 桥梁 | 隧道 |
|---|---|---|---|---|---|---|---|
| 38 | 乳化沥青 | t | 9.68 | 0.00 | 9.68 | 0.00 | 0.00 |
| 39 | 塑料波纹管（φ100mm） | m | 618.12 | 0.00 | 618.12 | 0.00 | 0.00 |
| 40 | 组合钢模板 | t | 16.92 | 0.00 | 0.00 | 11.85 | 5.07 |
| 41 | 油毛毡 | m² | 1505.86 | 0.00 | 0.00 | 1505.86 | 0.00 |
| 42 | 42.5级水泥 | t | 9.80 | 0.00 | 0.00 | 9.80 | 0.00 |
| 43 | 钢绞线 | t | 0.01 | 0.00 | 0.00 | 0.01 | 0.00 |
| 44 | 聚四氟乙烯滑块 | 块 | 2.90 | 0.00 | 0.00 | 2.90 | 0.00 |
| 45 | 不锈钢板 | kg | 4.02 | 0.00 | 0.00 | 4.02 | 0.00 |
| 46 | 钢箱梁及桥面板 | t | 11.50 | 0.00 | 0.00 | 11.50 | 0.00 |
| 47 | 钢丝绳 | t | 0.57 | 0.00 | 0.00 | 0.57 | 0.00 |
| 48 | 钢管 | t | 14.66 | 0.00 | 0.00 | 0.55 | 14.11 |
| 49 | 钢板 | t | 8.02 | 0.00 | 0.00 | 2.66 | 5.36 |
| 50 | 钢绞线斜拉索 | t | 197.19 | 0.00 | 0.00 | 197.19 | 0.00 |
| 51 | 光圆钢筋 | t | 27.43 | 0.00 | 0.00 | 6.16 | 21.27 |
| 52 | 带肋钢筋 | t | 124.15 | 0.00 | 0.00 | 2.75 | 121.40 |
| 53 | 20～22号铁丝 | kg | 442.49 | 0.00 | 0.00 | 21.76 | 420.73 |
| 54 | 铁皮 | t | 6.80 | 0.00 | 0.00 | 6.80 | 0.00 |
| 55 | 板式橡胶伸缩缝 | m | 99.60 | 0.00 | 0.00 | 99.60 | 0.00 |
| 56 | 钢钎 | kg | 7933.95 | 0.00 | 0.00 | 0.00 | 7933.95 |
| 57 | 导火线 | m | 145 653.16 | 0.00 | 0.00 | 0.00 | 145 653.16 |
| 58 | 电 | kW·h | 127 890.58 | 0.00 | 0.00 | 0.00 | 127 890.58 |
| 59 | 普通雷管 | 个 | 118 417.20 | 0.00 | 0.00 | 0.00 | 118 417.20 |
| 60 | 硝铵炸药 | kg | 71 050.32 | 0.00 | 0.00 | 0.00 | 71 050.32 |
| 61 | φ50mm以内合金钻头 | 个 | 29.09 | 0.00 | 0.00 | 0.00 | 29.09 |
| 62 | 空心钢钎 | kg | 46.60 | 0.00 | 0.00 | 0.00 | 46.60 |
| 63 | 草籽 | kg | 7176.40 | 0.00 | 0.00 | 0.00 | 7176.40 |
| 64 | 乔木 | 株 | 157.50 | 0.00 | 0.00 | 0.00 | 157.50 |
| 65 | 白石子 | m³ | 7.83 | 0.00 | 0.00 | 0.00 | 7.83 |
| 66 | 涂料 | kg | 9620.29 | 0.00 | 0.00 | 0.00 | 9620.29 |
| 67 | 75kW履带式推土机 | 台班 | 5256.18 | 5091.20 | 164.99 | 0.00 | 0.00 |
| 68 | 135kW履带式推土机 | 台班 | 240.64 | 240.64 | 0.00 | 0.00 | 0.00 |
| 69 | 2.0m³以内履带式单斗挖掘机 | 台班 | 183.60 | 183.60 | 0.00 | 0.00 | 0.00 |
| 70 | 0.6m³以内履带式单斗挖掘机 | 台班 | 42.87 | 42.87 | 0.00 | 0.00 | 0.00 |
| 71 | 1.0m³以内履带式单斗挖掘机 | 台班 | 31.76 | 26.20 | 0.00 | 5.56 | 0.00 |
| 72 | 6～8t光轮压路机 | 台班 | 245.64 | 29.66 | 215.98 | 0.00 | 0.00 |
| 73 | 12～15t光轮压路机 | 台班 | 1161.05 | 162.27 | 998.77 | 0.00 | 0.00 |
| 74 | 4t以内载货汽车 | 台班 | 23.00 | 11.51 | 0.00 | 0.00 | 11.49 |

建设项目名称：深圳机场（鹤州）至荷坳高速公路

编制范围：K14＋920.00～K18＋574.46

| 序号 | 规格名称 | 单位 | 总数量 | 路基 | 路面 | 桥梁 | 隧道 |
|---|---|---|---|---|---|---|---|
| 76 | 250L 以内混凝土搅拌机 | 台班 | 101.66 | 25.50 | 38.32 | 37.84 | 0.00 |
| 77 | 60m³/h 以内混凝土输送泵 | 台班 | 31.36 | 6.46 | 0.00 | 0.00 | 24.90 |
| 78 | 15t 以内振动压路机 | 台班 | 0.13 | 0.13 | 0.00 | 0.00 | 0.00 |
| 79 | 32kVA 内交流电弧焊机 | 台班 | 176.56 | 0.27 | 0.00 | 86.94 | 89.35 |
| 80 | 120kW 以内自行式平地机 | 台班 | 290.69 | 0.00 | 290.69 | 0.00 | 0.00 |
| 81 | 石屑撒布机 | 台班 | 0.73 | 0.00 | 0.73 | 0.00 | 0.00 |
| 82 | 6000L 以内洒水汽车 | 台班 | 841.00 | 0.00 | 841.00 | 0.00 | 0.00 |
| 83 | 2.0m³ 以内轮胎式装载机 | 台班 | 24.14 | 0.00 | 24.14 | 0.00 | 0.00 |
| 84 | 160t/h 内沥青混合料拌和设备 | 台班 | 10.30 | 0.00 | 10.30 | 0.00 | 0.00 |
| 85 | 4000L 以内沥青洒布车 | 台班 | 2.18 | 0.00 | 2.18 | 0.00 | 0.00 |
| 86 | 水泥混凝土路缘石铺筑机 | 台班 | 0.05 | 0.00 | 0.05 | 0.00 | 0.00 |
| 87 | 15m³/h 以内混凝土搅拌站 | 台班 | 0.02 | 0.00 | 0.02 | 0.00 | 0.00 |
| 88 | 3m³ 内混凝土搅拌运输车 | 台班 | 0.03 | 0.00 | 0.03 | 0.00 | 0.00 |
| 89 | 1t 以内机动翻斗车 | 台班 | 36.47 | 0.00 | 0.00 | 34.74 | 1.73 |
| 90 | 12t 内 80m 高塔式起重机 | 台班 | 2.42 | 0.00 | 0.00 | 2.42 | 0.00 |
| 91 | φ1500mm 以内回旋钻机 | 台班 | 287.77 | 0.00 | 0.00 | 287.77 | 0.00 |
| 92 | φ2500mm 以内潜水钻机 | 台班 | 183.45 | 0.00 | 0.00 | 183.45 | 0.00 |
| 93 | 40t 以内履带式起重机 | 台班 | 159.21 | 0.00 | 0.00 | 159.21 | 0.00 |
| 94 | 88kW 以内内燃拖轮 | 台班 | 10.83 | 0.00 | 0.00 | 10.83 | 0.00 |
| 95 | 200t 以内工程驳船 | 台班 | 228.45 | 0.00 | 0.00 | 228.45 | 0.00 |
| 96 | 100t 以内工程驳船 | 台班 | 2.31 | 0.00 | 0.00 | 2.31 | 0.00 |
| 97 | 泥浆搅拌机 | 台班 | 156.84 | 0.00 | 0.00 | 156.84 | 0.00 |
| 98 | 15t 以内履带式起重机 | 台班 | 156.84 | 0.00 | 0.00 | 156.84 | 0.00 |
| 99 | 12t 以内汽车式起重机 | 台班 | 150.95 | 0.00 | 0.00 | 107.44 | 43.51 |
| 100 | 90t 以内预应力拉伸机 | 台班 | 235.05 | 0.00 | 0.00 | 235.05 | 0.00 |
| 101 | 69t 以内桥梁顶推设备 | 台班 | 3.74 | 0.00 | 0.00 | 3.74 | 0.00 |
| 102 | 50kN 内单筒慢动卷扬机 | 台班 | 317.67 | 0.00 | 0.00 | 317.67 | 0.00 |
| 103 | 30kN 内单筒慢动卷扬机 | 台班 | 531.73 | 0.00 | 0.00 | 531.73 | 0.00 |
| 104 | 8t 以内载货汽车 | 台班 | 97.22 | 0.00 | 0.00 | 97.22 | 0.00 |
| 105 | 30kW 内轴流式通风机 | 台班 | 2830.17 | 0.00 | 0.00 | 0.00 | 2830.17 |
| 106 | 气腿式凿岩机 | 台班 | 30.20 | 0.00 | 0.00 | 0.00 | 30.20 |
| 107 | 混凝土喷射机 | 台班 | 25.63 | 0.00 | 0.00 | 0.00 | 25.63 |
| 108 | 9m³/min 内机动空压机 | 台班 | 22.02 | 0.00 | 0.00 | 0.00 | 22.02 |

### 任务 2.2.4　铁路工程造价编制

（1）铁路工程计价依据

铁路工程造价编制依据如下：

铁建设〔2006〕113 号文发布的《铁路基本建设工程设计概（预）算编制办法》；

铁建设〔2007〕152 号文发布的《铁路建设项目预可行性研究、可行性研究和设计文件编制办法》；

铁建设〔2008〕11 号文发布的《铁路基本建设工程投资预估算、估算、设计概算费税取值规定》；

铁建设〔2007〕137 号文发布的《关于严格执行建设工程监理与相关服务收费管理规定的通知》；

铁建设〔2006〕139 号文发布的关于执行《高危行业企业安全生产费用财务管理暂行办法》的有关问题的通知；

铁建设〔2008〕26 号文发布的《关于补充铁路基本建设工程设计概预算综合工费类别划分的通知》；

铁建设〔2008〕259 号文发布的《关于铁路基本建设工程设计概预算有关费用计列问题的通知》；

铁建设〔2010〕223 号文发布的《铁路工程预算定额》；

本工程设计图纸、工程数量资料。

（2）铁路工程预算项目及费用

铁路基本建设工程的预算费用，按不同工程和费用类别划分为四部分，共十六章 34 节，编预算应采用统一的章节表，各章费用名称如下：

第一部分　静态投资
　第一章　拆迁及征地费用
　第二章　路基
　第三章　桥涵
　第四章　隧道及明洞
　第五章　轨道
　第六章　通信、信号及信息
　第七章　电力及电力牵引供电
　第八章　房屋
　第九章　其他运营生产设备及建筑物

第十章　大型临时设施和过渡工程
　第十一章　其他费用
　第十二章　基本预备费
第二部分　动态投资
　第十三章　工程造价增长预留费
　第十四章　建设期投资贷款利息
第三部分　机车车辆购置费
　第十五章　机车车辆购置费
第四部分　铺底流动资金
　第十六章　铺底流动资金

其各章节的细目及内容，见《铁路基本建设工程设计概预算编制办法》，预算费用组成如图 2-67 所示。

按投资构成划分，静态投资分属下列五种费用：

1）建筑工程费（费用代号：Ⅰ）

指路基、桥涵、隧道及明洞、轨道、通信、信号、信息、电力、电力牵引供电、房屋、给排水、机务、车辆、动车、站场、工务、其他建筑工程等和属于建筑工程范围内的管线敷设、设备基础、工作台等，以及拆迁工程和应属于建筑工程费内容的费用。

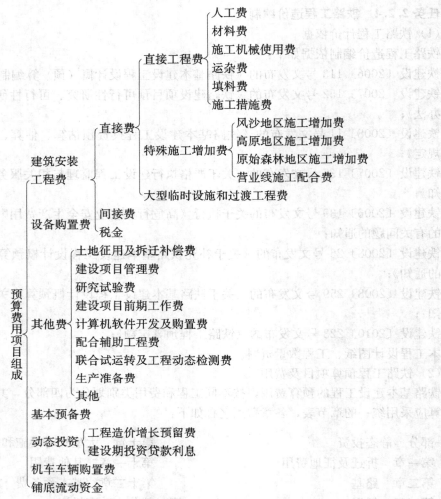

图 2-67　铁路工程预算项目及费用

2）安装工程费（费用代号：Ⅱ）

指各种需要安装的机电设备的装配、装置工程，与设备相连的工作台、梯子等的装设工程，附属于被安装设备的管线敷设，以及被安装设备的绝缘、刷油、保温和调整、试验所需的费用。

3）设备购置费（费用代号：Ⅲ）

指一切需要安装与不需要安装的生产、动力、弱电、起重、运输等设备（包括备品备件）的购置费。

4）其他费（费用代号：Ⅳ）

指土地征用及拆迁补偿费、建设项目管理费、建设项目前期工作费、研究试验费、计算机软件开发及购置费、配合辅助工程费、联合试运转及工程动态检测费、生产准备费、其他。

5）基本预备费

指设计概（预）算中难以预料的工程和费用。铁路工程单项概（预）算计算程序见表 2-54。

**表 2-54**　　　　　　　　　　　　　**单项概（预）算计算程序**

| 序号 | 费 用 名 称 | 计 算 式 |
|---|---|---|
| 1 | 基期人工费 | 按工程量和基期价格水平计列 |
| 2 | 基期材料费 | |
| 3 | 基期施工机械使用费 | |
| 4 | 定额直接工程费 | (1)＋(2)＋(3) |
| 5 | 运杂费 | 指需要单独计列的运杂费，按施工组织设计的材料供应方案及本办法的有关规定计算 |
| 6 | 人工费价差 | 基期至编制期价差按有关规定计列 |
| 7 | 材料费价差 | |
| 8 | 施工机械使用费价差 | |
| 9 | 价差合计 | (6)＋(7)＋(8) |
| 10 | 填料费 | 按设计数量和购买价计算 |
| 11 | 直接工程费 | (4)＋(5)＋(9)＋(10) |
| 12 | 施工措施费 | [(1)＋(3)]×费率 |
| 13 | 特殊施工增加费 | （编制期人工费＋编制期施工机械使用费）×费率或编制期人工费×费率 |
| 14 | 直接费 | (11)＋(12)＋(13) |
| 15 | 间接费 | [(1)＋(3)]×费率 |
| 16 | 税金 | [(14)＋(15)]×费率 |
| 17 | 单项预算价值 | (14)＋(15)＋(16) |

（3）铁路工程造价编制步骤

概（预）算中的各项费用计算都是按照一定的程序、方法进行的。在编制概（预）算文件之前，应全面掌握设计文件、设计图纸、施工组织设计及概（预）算调查资料，铁路工程造价编制程序如图 2-68 所示。

（4）项目成果示例

1）建设项目概况

建设项目名称：青藏铁路第二期土建工程第二十一标段（格拉段）。

工程概况：青藏铁路第二期土建工程第二十一标段，新建线路全长 42.95km。混凝土采用现场集中拌制，设置 60m³/h 搅拌站一处，混凝土运输车运送至施工现场。

建设工期：21 个月。

2）编制依据

法令性文件：铁建设〔2006〕113 号文《铁路基本建设设计概预算编制办法》。

主要采用资料：人工费采用铁建设〔2010〕196 号文关于调整《铁路基本建设工程设计概预算综合工费标准》；铁建设〔2006〕129 号文《铁路工程施工机械台班费用定额》；《铁路工程预算定额》；铁建设〔2006〕129 号文《铁路工程预概算定额基价表》；辅助材料价差采用〔2008〕105 号文。

水、电不调整价差。燃油：汽油 7.5 元/kg；柴油 7.0 元/kg。

3）工程数量表

工程数量表见表 2-55。

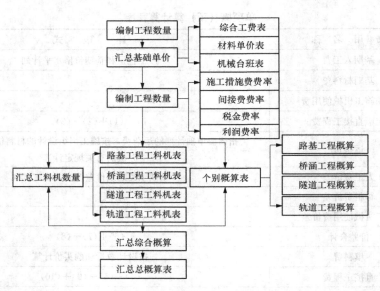

图 2-68　铁路工程造价编制步骤

<table>
<tr><td colspan="2">表 2-55</td><td colspan="2" align="center">工 程 数 量 表</td><td colspan="2" align="right">第 1 页　共 6 页</td></tr>
<tr><td>章节</td><td>单价编号</td><td colspan="2">工作项目或费用名称</td><td>单　位</td><td>数　　量</td></tr>
<tr><td></td><td></td><td colspan="2">第一部分　静态投资</td><td></td><td></td></tr>
<tr><td>第一章</td><td></td><td colspan="2">一、拆迁及征地费用</td><td></td><td></td></tr>
<tr><td></td><td></td><td colspan="2">拆迁</td><td>km</td><td>42.95</td></tr>
<tr><td></td><td></td><td colspan="2">二、砍伐、挖根</td><td>根</td><td>1440</td></tr>
<tr><td></td><td></td><td colspan="2">伐树</td><td>株</td><td>1440</td></tr>
<tr><td>第二章</td><td></td><td colspan="2">路基</td><td></td><td></td></tr>
<tr><td></td><td></td><td colspan="2">区间路基土石方</td><td>施工方/施工方</td><td>161 340</td></tr>
<tr><td></td><td></td><td colspan="2">Ⅰ.建筑工程费</td><td>施工方/施工方</td><td>161 340</td></tr>
<tr><td></td><td></td><td colspan="2">一、土方</td><td>m³</td><td>128 544</td></tr>
<tr><td></td><td></td><td colspan="2">（一）挖土方</td><td>m³</td><td>37 800</td></tr>
<tr><td></td><td></td><td colspan="2">1.挖土方（运距≤1km）</td><td>m³</td><td>37 800</td></tr>
<tr><td></td><td></td><td colspan="2">机械施工</td><td>m³/km</td><td>37 800</td></tr>
<tr><td></td><td>LY-29</td><td colspan="2">≤0.6m³ 挖掘机自挖自卸普通土</td><td>100m³</td><td>378</td></tr>
<tr><td></td><td>LY-41</td><td colspan="2">≤0.6m³ 挖掘机装车普通土</td><td>100m³</td><td>378</td></tr>
<tr><td></td><td>LY-140</td><td colspan="2">≤6t 自卸汽车车运土运距≤1km</td><td>100m³</td><td>378</td></tr>
<tr><td></td><td></td><td colspan="2">2.增运土方</td><td>m³·km</td><td>75 600</td></tr>
<tr><td></td><td>LY-141＊2</td><td colspan="2">≤6t 自卸汽车车运土　增运1km</td><td>100m³</td><td>378</td></tr>
<tr><td></td><td></td><td colspan="2">（二）利用土填方</td><td>m³</td><td>26 484</td></tr>
<tr><td></td><td></td><td colspan="2">机械施工</td><td>m³</td><td>26 484</td></tr>
</table>

| 章节 | 单价编号 | 工作项目或费用名称 | 单　位 | 数　量 |
|---|---|---|---|---|
| | LY-431 | 填筑压实Ⅱ级以下铁路 | 100m³ | 264.84 |
| | | （三）借土填方 | m³ | 64 260 |
| | | 挖填土方（运距≤1m） | m³ | 64 260 |
| | | 机械施工 | m³ | 64 260 |
| | LY-33 | ≤1.0m³ 挖掘机自挖自卸硬土 | 100m³ | 642.6 |
| | LY-431 | 填筑压实Ⅱ级以下铁路 | 100m³ | 642.6 |
| | LY-114 | ≤6t 自卸汽车车运土，运距≤1km | 100m³ | 642.6 |
| | LY-114 * 10 | ≤6t 自卸汽车车运土，增运 1km | 100m³ | 642.6 |
| | | 二、路基附属工程 | 正线 km | 42.95 |
| | | 一、附属土石方及加固防护 | 正线 km | 42.95 |
| | | （一）土石方 | km | 42.95 |
| | | 1. 土方 | km | 42.95 |
| | LY-436 | 挖沟排水沟、侧沟、天沟、<br>急流槽及截水沟土 | 100m³ | 7.8 |
| | | （九）地基处理 | m³ | 9960 |
| | | 1. 抛填石（片石） | m³ | 9960 |
| | LY-368 | 抛填片石 | 10m³ | 996 |
| | | 二、支挡结构 | m³ | 780 |
| | | （一）挡土墙浆砌石 | 瓦工方 | 780 |
| | LY-6 | 人力挑抬运普通土运距≤20m | 100m³ | 7.8 |
| | LY-390 | 浆砌片石挡土墙 M10 | 10m³ | 60 |
| | QY-1037 | 垫层：混凝土 C10，碎石粒径≤40mm | m³ | 144 |
| 第三章 | | 中桥 | | |
| | | 一、梁式中桥 | 延长 m | 984.24 |
| | | （一）基础 | 瓦工方 | 25 596 |
| | | 2. 承台 | 瓦工方 | 25 596 |
| | | （1）混凝土 | 瓦工方 | 25 596 |
| | QY-343 | 陆上承台混凝土（非泵送） | 10m³ | 255.96 |
| | QY-563 | 混凝土拌制：搅拌站≤60m³/h，C30 | 10m³ | 261.084 |
| | QY-564 | 混凝土搅拌运输车容量≤6m³ 装卸 | 10m³ | 261.084 |
| | QY-565 | 混凝土搅拌运输车容量≤6m³ 运 1km | 10m³ | 261.084 |
| | | （2）钢筋 | t | 372 |
| | QY-351 | 陆上承台（钢筋） | t | 372 |
| | | 5. 钻孔桩 | m | 4740 |
| | QY-9 | 人力挖土方卷扬机提升：基坑深≤3m，无水 | 10m³ | 837.24 |
| | QY-98 | 陆上钻机钻孔桩径≤1.25m，土 | 10m³ | 474 |

| 章节 | 单价编号 | 工作项目或费用名称 | 单　位 | 数　量 |
|---|---|---|---|---|
| | QY-187 | 钻孔桩钢筋笼制安陆上 | t | 144 |
| | QY-173 | 陆上钻孔浇筑水下混凝土土质地层（非泵送） | 10m³ | 837.6 |
| | QY-563 | 混凝土拌制：搅拌站≤60m³/h，C30 | 10m³ | 939.792 |
| | QY-564 | 混凝土搅拌运输车容量≤6m³ 装卸 | 10m³ | 939.6 |
| | QY-565 | 混凝土搅拌运输车容量≤6m³ 运 1km | 10m³ | 939.6 |
| | QY-181 | 钻孔桩泥浆外运 1km | 10m³ | 837.6 |
| | QY-182×4 | 钻孔桩泥浆外运，增运 1km | 10m³ | 837.6 |
| | QY-194 | 钻孔桩钢护筒陆上钢护筒埋深＞1.5m | t | 38.4 |
| | | （二）墩台 | 瓦工方 | 4257.6 |
| | | 1. 混凝土 | 瓦工方 | 4257.6 |
| | QY-420 | 单双柱式桥墩：立柱混凝土非泵送 | 10m³ | 249.6 |
| | QY-563 | 混凝土拌制：搅拌站≤60m³/h，C30 | 10m³ | 245.784 |
| | QY-491 | 托盘及台顶混凝土（非泵送） | 10m³ | 145.2 |
| | QY-563 | 混凝土拌制：搅拌站≤60m³/h，C30 | 10m³ | 148.104 |
| | QY-461 | 陆上顶帽混凝土墩高≤30m | 10m³ | 39.6 |
| | QY-563 | 混凝土拌制：搅拌站≤60m³/h，C30 | 10m³ | 40.392 |
| | QY-564 | 混凝土搅拌运输车容量≤6m³ 装卸 | 10m³ | 434.16 |
| | QY-565 | 混凝土搅拌运输车容量≤6m³ 运 1km | 10m³ | 434.16 |
| | | 2. 钢筋 | t | 313.2 |
| | QY-425 | 单双柱式桥墩（立柱钢筋） | t | 42 |
| | QY-495 | 托盘及台顶钢筋 | t | 202.8 |
| | QY-461 | 陆上顶帽（钢筋）墩高≤30m | t | 68.4 |
| | | （三）预应力混凝土简支箱梁 | 孔 | 72 |
| | | 1. 预制 | 孔 | 36 |
| | QY-535 | 预制 T 形梁 | 10m³ | 67.8 |
| | QY-563 | 混凝土拌制：搅拌站≤60m³/h，C30 | 10m³ | 68.484 |
| | QY-536 | 预制 T 形梁（钢筋） | t | 145.2 |
| | QY-537 | 现浇翼缘板及 T 形梁架设后横向联结湿接缝混凝土 | 10m³ | 7.08 |
| | QY-460 | 预制 T 形梁钢筋 | 10m³ | 7.224 |
| | QY-1084 参 | 混凝土拌制：搅拌站≤60m³/h，C30 | t | 7.92 |
| | QY-1122 | 混凝土搅拌运输车容量≤6m³ 装卸 | 10m³ | 75.6 |
| | QY-1123 | 混凝土搅拌运输车容量≤6m³ 运 1km | 10m³ | 75.6 |
| | | 2. 架设 | 孔 | 36 |
| | QY-585 | 架桥机安拆、调试 130t | 次 | 12 |
| | QY-496 | 130t 架桥机架设 T 形梁，跨度 24m | 单线孔 | 36 |
| | QY-512 | 桥头线路加固 | 座 | 12 |

| 章节 | 单价编号 | 工作项目或费用名称 | 单 位 | 数 量 |
|---|---|---|---|---|
| | | （十二）支座 | 元 | 36 |
| | | 2. 板式橡胶支座 | 孔 | 36 |
| | QY-623 | 支座安装（金属支座，弧形支座） | 单线孔 | 36 |
| | | （十三）桥面系 | 延长 m | 984.24 |
| | | 1. 混凝土梁桥面系 | 延长 m | 984.24 |
| | QY-733 | 现浇挡碴（防撞）墙及竖墙混凝土浇筑 | 10m³ | 22.68 |
| | QY-563 | 混凝土拌制：搅拌站≤60m³/h，C50碳化环境混凝土 | 10m³ | 23.136 |
| | QY-727 | 混凝土栏杆（安装） | 100 双侧米 | 5.52 |
| | QY-742 | 木枕地段铺设护轮轨（单线）护轮轨 | 100m | 0.92 |
| | QY-743 | 木枕地段铺设护轮轨（单线）弯轨及梭头 | 一座桥 | 1 |
| | QY-767 | 桥上设施桥墩检查设施围栏 | 一个墩 | 67.2 |
| | QY-768 | 桥上设施桥墩检查设施吊篮 | 每侧 | 79.2 |
| | QY-1122 | 混凝土搅拌运输车：容量≤6m³ 装卸 | 10m³ | 23.16 |
| | QY-1123 | 混凝土搅拌运输车：容量≤6m³ 运 1km | 10m³ | 23.16 |
| | | （十四）附属工程 | 项 | 12 |
| | | 7. 台厚及椎体填筑 | m³ | 1080 |
| | LY-368 | 夯填砂卵石 | 10m³ | 672 |
| | QY-1054 | 干砌片石锥体护坡 | 10m³ | 123.6 |
| | QY-1059 | 浆砌片石锥体护坡 M10 | 10m³ | 54 |
| | QY-1039 | 垫层：混凝土 C10，碎石粒径≤40mm | m³ | 90 |
| | QY-1080 | 桥头检查台阶：浆砌片石 M10 | 10m³ | 9.6 |
| | | （十五）基础施工辅助设施 | 元 | 33 840 |
| | QY-17 | 机械挖土方：基坑深≤6m，无水 | 10m³ | 1440 |
| | QY-18 | 机械挖土方：基坑深≤6m，有水 | 10m³ | 1944 |
| | QY-41 | 基坑抽水：弱水流≤15m³/h | 10m³ 湿土 | 600 |
| | QY-45 | 基坑回填（原土） | 10m³ | 864 |
| 第四章 | | 涵洞 | | |
| | | 涵洞 | 横延 m | 134.52 |
| | | I. 建筑工程费 | 横延 m | 134.52 |
| | | 一、圆涵 | 横延 m | 134.52 |
| | | （一）明挖 | 横延 m | 134.52 |
| | | 2. 双孔 | 横延 m | 134.52 |
| | | （1）涵身及附属 | 横延 m | 134.52 |
| | QY-828 | 圆涵：场内预制管节混凝土孔径＞2.0m | 10m³ | 33 |
| | QY-829 | 圆涵（管节钢筋） | t | 88.224 |
| | QY-830 | 圆涵（现浇管座，混凝土） | 10m³ | 469.32 |
| | QY-825 | 双孔间填筑混凝土 | 10m³ | 0.78 |

| 章节 | 单价编号 | 工作项目或费用名称 | 单　位 | 数　量 |
|---|---|---|---|---|
| | QY-818 | 涵洞墙身及端翼墙（浆砌片）石 M10 | 10m³ | 23.88 |
| | QY-824 | 帽石、墙顶：混凝土 | 10m³ | 3.96 |
| | QY-1112 | 混凝土拌制：搅拌机≤250L，C20 普通混凝土 | 10m³ | 4.044 |
| | QY-1122 | 混凝土搅拌运输车：容量≤6m³ 装卸 | 10m³ | 520.56 |
| | QY-1123 | 混凝土搅拌运输车：容量≤6m³ 运 1km | 10m³ | 520.56 |
| | QY-1059 | 浆砌片石：锥体护坡，M7.5 | 10m³ | 16.68 |
| | QY-1061 | 浆砌片石：河床护坡，M7.5 | 10m³ | 50.16 |
| | LY-360 | 松填（碎石） | 10m³ | 16.2 |
| | QY-1014 | 热沥青防水层：涂沥青一层 | 10m³ | 45.72 |
| | QY-1015 | 热沥青防水层：涂沥青增加一层 | 10m³ | 45.72 |
| | QY-1016 | 热沥青防水层：浸制麻布一层 | 10m³ | 45.72 |
| | QY-1041 | 伸缩缝、沉降缝：水泥砂浆 M10 | 10m³ | 7.32 |
| | QY-1042 | 热作式伸缩缝、沉降缝：沥青麻筋，厚 30 | 10m³ | 7.8 |
| | | （2）明挖基础（含承台） | 瓦工方 | 3072 |
| | QY-7 | 人力挖土方人力提升：基坑深≤3m，无水 | 10m³ | 307.2 |
| | QY-45 | 基坑回填（原土） | 10m³ | 121.2 |
| 第五章 | | 轨道 | | |
| | | 站线 | 铺轨 km | 42.95 |
| | | 甲、新建 | 铺轨 km | 42.95 |
| | | Ⅰ. 建筑工程费 | 铺轨 km | 42.95 |
| | | 一、铺新枕 | 铺轨 km | 42.95 |
| | | （二）钢筋混凝土枕 | km | 42.95 |
| | GY-84 | 人工铺轨：混凝土枕 60kg；钢轨Ⅲ A1667 根 | km | 42.95 |
| | GY-84 | 人工铺轨：混凝土枕 60kg；钢轨Ⅲ A1667 根 | km | 144 |
| | | 三、铺新岔 | 组 | 24 |
| | | （一）单开道岔 | 组 | 24 |
| | | 1. 有碴道床铺道岔 | 组 | 24 |
| | GY-377 | 人工铺道岔：单开道岔 V≤160km/h；<br>木岔枕 60kg，钢轨 12 号 | 组 | 24 |
| | GY-539 | 道岔铺料：单开道岔<br>V≤160km/h；混凝土岔枕 60kg，钢轨 12 号，固定辙岔 | 组 | 24 |
| | GY-805 | 安装轨道加强设备：防爬器（穿销式）木枕 60kg | 1000 个 | 3.6 |
| | GY-807 | 安装轨道加强设备：防爬支撑（混凝土制），木枕 | 1000 个 | 3.6 |
| | | 五、铺道床 | 铺轨 kM | 42.95 |
| | | （一）粒料道床 | m³ | 45 600 |
| | | 1. 面碴 | m³ | 45 600 |
| | GY-725 | 站线铺面碴：碎石道碴，混凝土枕 | 1000m³ | 45.6 |
| 第六章 | | 隧道 | | |
| | | 甲、新建 | 延长 m | 984.24 |

| 章节 | 单价编号 | 工作项目或费用名称 | 单 位 | 数 量 |
|------|---------|------------------|-------|-------|
|      |         | Ⅰ.建筑工程费 | 延长 m | 984.24 |
|      |         | 一、正洞 | 延长 m | 984.24 |
|      |         | （一）开挖 | m³ | 112 567 |
|      |         | Ⅲ级围岩 | 延长 m | 1070 |
|      | SY-3 | 洞身开挖：隧长≤1000m | 10m³ | 11 256.7 |
|      | SY-63 | 洞身出渣：正洞无轨出渣 隧长≤1000m | 10m³ | 11 256.7 |
|      | SY-151 | 洞外运渣：无轨每增运 1000m | 10m³ | 11 256.7 |
|      | SY-262 | 通风：隧长≤2000m | 延长 m | 1070 |
|      | SY-272 | 照明：隧长≤2000m | 延长 m | 1070 |
|      |         | （二）支护 | 延长 m | 1070 |
|      |         | A.喷射混凝土 | 圬工方 | 965 |
|      | SY-161 | 喷射混凝土 C25 | 10m³ | 96.5 |
|      | SY-464 | 材料运输：正洞无轨运输  隧长≤1000m | 10t | 2345 |

4）基础单价

各工程工费和综合工费标准见表 2-56 和表 2-57。

**表 2-56**　　　　**青藏线第二期土建工程第二十一标段各工程工费表**　　　单位：元/工日

| 综合工费类别 | 工 程 类 别 | 基期 | 编制期 |
|------|------|-------|-------|
| Ⅰ－1 类工 | 路基（不含路基基床表层及过渡段的级配碎石、砂砾石），小桥涵，一般生产及办公室房屋和附属、给排水、站场（不含旅客地道）等的建筑工程，取弃土（石）场处理，临时工程 | 20.35 | 43 |
| Ⅱ-1 类工 | 中桥（不含箱梁的预制、运输、架设、现浇、桥面系），通信、信号、电力、电力牵引供电、机务、车辆、动车等的建筑工程 | 22 | 45 |
| Ⅱ-2 类工 | 箱梁（预制、运输、架设、现浇）、钢梁、钢管拱架设，桥面系，粒料道床，站房（含站房综合楼），旅客地道，天桥 | 24 | 47 |
| Ⅲ-1 类工 | 隧道，设备安装工程（不含通信、信号、电力牵引供电的设备安装） | 23 | 46 |
| Ⅲ-2 类工 | 轨道，通信、信号、电力、电力牵引供电的设备安装 | 27 | 50 |

**表 2-57**　　　　**青藏线第二期土建工程第二十一标段综合工费表**　　　单位：元/工日

| 序号 | 项 目 | 基期 | 编制期 |
|------|------|-------|-------|
| 1 | 基本工资 | 10.18 | 16.86 |
| 2 | 工资性补贴 |  |  |
| (1) | 施工津贴和流动施工津贴 | 3.80 | 8.63 |
| (2) | 隧道津贴 | 2.00 | 5.00 |
| (3) | 副食品价格补贴、煤、住房补贴及交通费补贴等 | 1.35 | 2.55 |
| 3 | 生产工人辅助工资 | 2.01 | 3.98 |
| 4 | 职工福利费 | 1.79 | 5.98 |
| 5 | 生产工人劳动保护费 | 1.22 | 5.00 |
| 6 | 综合工费标准 | 20.35 | 43.00 |
| 7 | 路基、小桥、房屋和临时工程综合工费标准 | 16.28 | 34.40 |
| 8 | 隧道、轨道工程综合工费标准 | 22.35 | 48.00 |

利润率见表 2-58。

**表 2-58** 利润率表

| 工程代码 | 工程名称 | 利润率（%） | 税率（%） | 工程代码 | 工程名称 | 利润率（%） | 税率（%） |
|---|---|---|---|---|---|---|---|
| 11 | 路基土方 | 6.40 | 3.35 | 25 | 桥涵、房屋、给排水 | 7.20 | 3.35 |
| 49 | 铺轨 | 6.50 | 3.35 | 45 | 隧道及明洞、棚洞 | 7.40 | 3.35 |

基础单价见表 2-59。

**表 2-59** 材料价格表　　　　　第 1 页　共 2 页

| 电算代号 | 工料机名称 | 单位 | 单价：元 基期 | 单价：元 编制期 |
|---|---|---|---|---|
| 52 | 普通水泥 32.5 级 | kg | 0.26 | 0.39 |
| 53 | 普通水泥 42.5 级 | kg | 0.31 | 0.42 |
| 165 | 锯材 | m³ | 794.00 | 794.00 |
| 268 | 膨润土 | t | 1013.00 | 1013.00 |
| 271 | 黏土 | m³ | 8.00 | 8.00 |
| 297 | 片石 | m³ | 15.00 | 30.00 |
| 299 | 碎石 25 以内（高性能混凝土） | m³ | 30.00 | 63.00 |
| 301 | 碎石 80 以内 | m³ | 23.00 | 63.00 |
| 299 | 碎石 25 以内（高性能混凝土） | m³ | 30.00 | 63.00 |
| 299 | 碎石 40 以内 | m³ | 26.00 | 63.00 |
| 353 | 中粗砂 | m³ | 17.00 | 43.00 |
| 354 | 天然级配砂（砾）卵石 | m³ | 9.00 | 9.00 |
| 340 | 碎石道砟 | m³ | 26.00 | 28.00 |
| 388 | 木材防腐油 | kg | 1.42 | 1.42 |
| 386 | 软媒沥青 8 号 | kg | 1.06 | 1.06 |
| 383 | 建筑石油沥青 | kg | 1.59 | 1.59 |
| 980 | 软质通风管 φ800 | m | 51.00 | 51.00 |
| 1211 | 圆钢 Q235-A φ10-18 | kg | 3.33 | 4.26 |
| 1205 | 圆钢 Q235-A φ6-9 | kg | 3.31 | 4.26 |
| 1214 | 圆钢 Q235-A φ18 以上 | kg | 3.28 | 4.26 |
| 982 | 软质通风管 φ1000 | m | 78.00 | 98.00 |
| 1014 | 速凝剂 | t | 1956.00 | 1956.00 |
| 1425 | 槽钢 Q235-A | kg | 3.43 | 3.43 |
| 1540 | 角钢 Q235-A | kg | 3.19 | 3.19 |
| 1221 | 螺纹钢 φ10-16 | kg | 3.30 | 4.26 |
| 1632 | 钢板 Q235-A δ=4.5～7 | kg | 3.90 | 3.90 |
| 1592 | 合金工具钢　空心 | kg | 5.63 | 5.63 |
| 1882 | 镀锌低碳钢丝 φ2.8～5 | kg | 4.46 | 4.46 |

| 电算代号 | 工 料 机 名 称 | 单位 | 单位：元 | |
|---|---|---|---|---|
| | | | 基期 | 编制期 |
| 1884 | 镀锌低碳钢丝 φ0.7～1 | kg | 4.46 | 4.46 |
| 1820 | 钢丝绳 | kg | 7.23 | 7.23 |
| 2023 | 焊接钢管 | kg | 3.87 | 3.87 |
| 1742 | 白铁皮 δ＝0.2 | kg | 3.68 | 3.68 |
| 2151 | 铁皮通风管 φ800 | m | 267.00 | 267.00 |
| 2154 | 铁皮通风管 φ1000 | m | 297.00 | 297.00 |
| 3080 | 铁拉杆 | kg | 3.50 | 3.50 |
| 3077 | 铁件 | kg | 4.00 | 4.00 |
| 3076 | 铁线钉 | kg | 3.30 | 3.30 |
| 3496 | 废（旧）轨 | t | 3131.00 | 3131.00 |
| 3498 | 接头夹板 50kg | 块 | 91.58 | 91.58 |
| 3509 | 接头螺栓带帽 50kg | 套 | 5.05 | 5.05 |
| 3672 | 素枕 Ⅱ 型 | 根 | 101.00 | 101.00 |
| 3963 | 钢护筒 | t | 4496.07 | 4496.07 |
| 3938 | 钢配件 | kg | 6.38 | 6.38 |
| 3941 | 万能杆件 | t | 6598.98 | 6598.98 |
| 3676 | 木枕 Ⅱ 类 | 根 | 128 | 128 |
| 3516 | 弹簧垫圈 50kg | 个 | 0.35 | 0.35 |
| 3521 | 铁垫板 50kg | 块 | 19.80 | 19.80 |
| 3527 | 道钉 16mm×16mm×165mm | 个 | 1.92 | 1.92 |
| 3692 | 桥梁护轨铸铁梭头 | 个 | 294.60 | 294.60 |
| 3971 | 组合钢模板 | kg | 4.46 | 4.46 |
| 3972 | 组合钢支撑 | kg | 4.46 | 4.46 |
| 3973 | 组合钢配件 | kg | 5.85 | 5.85 |
| 3980 | 大钢模板 | kg | 5.65 | 5.65 |
| 3981 | 定型钢模板 | kg | 6.27 | 6.27 |
| 4087 | 脱模剂 | kg | 1.44 | 1.44 |
| 4048 | 木柴 | kg | 0.42 | 0.42 |
| 4047 | 煤 | t | 243.48 | 243.48 |
| 4069 | 机械油 | kg | 2.75 | 2.75 |
| 4127 | 白石蜡　50 号 | kg | 4.36 | 4.36 |
| 4157 | 纯碱　含量≥98% | kg | 1.27 | 1.27 |
| 4215 | 氧气 | m³ | 1.69 | 1.69 |
| 4220 | 乙炔气 | kg | 11.79 | 11.79 |
| 4431 | 醇酸防锈漆 F53 | kg | 10.95 | 10.95 |
| 4526 | 醇酸漆稀释剂 X-6 | kg | 5.29 | 5.29 |
| 4189 | 硫磺　块状 | kg | 1.59 | 1.59 |
| 4570 | 岩石硝铵炸药 2 号 | kg | 4.85 | 4.85 |
| 4572 | 乳胶炸药 RJ-2 | kg | 5.09 | 5.09 |
| 4588 | 导爆索　爆速 6000～7000m/s | m | 1.41 | 1.41 |

**机械台班单价**

机械台班单价见表 2-60。

**表 2-60**

| 定额编号 | 机械名称与规格型号 | 台班单价（元） | 折旧费（元） | 大修理费（元） | 经常修理费（元） | 安拆费及进出场费（元） | 不变数用小计（元） | 人工费（工日） | 人工费单价（元） | 人工费（元） | 汽油（kg） | 柴油（kg） | 煤（t） | 电（kW·h） | 水（t） | 燃料动力费（元） | 养路费及车船使用税（元） |
|---|---|---|---|---|---|---|---|---|---|---|---|---|---|---|---|---|---|
| 1.003 | 履带式液压单斗挖掘机≤2.0m³ | 652 | 141 | 84 | 162 | 27 | 414 | 3 | 22.35 | 67 | | 85 | | | | 595 | |
| 1.008 | 履带式推土机≤75kW | 387 | 86 | 36 | 81 | 12 | 216 | 3 | 22.35 | 67 | | 54 | | | | 116 | |
| 1.039 | 轮胎式装载机≤2m³ | 411 | 89 | 31 | 103 | | 223 | 1 | 22.35 | 28 | | 65 | | | | 140 | 21 |
| 1.04 | 轮胎式装载机≤3m³ | 533 | 109 | 38 | 129 | | 276 | 3 | 22.35 | 56 | | 83 | | | | 179 | 23 |
| 1.051 | 气动锻钎机 d≤90mm | 136 | 13 | 5 | 3 | 3 | 21 | 3 | 22.35 | 56 | | 28 | | | | 60 | |
| 2.007 | 电动空气压缩机≤20m³/min | 487 | 37 | 11 | 23 | 3 | 75 | 1 | 22.35 | 28 | | | | 699 | | 384 | |
| 3.005 | 汽车起重机≤5t | 362 | 77 | 38 | 79 | | 195 | 3 | 22.35 | 56 | | 28 | | | | 61 | 51 |
| 3.006 | 汽车起重机≤8t | 375 | 90 | 38 | 79 | | 208 | 3 | 22.35 | 56 | | 28 | | | | 61 | 51 |
| 3.007 | 汽车起重机≤12t | 424 | 109 | 68 | 79 | | 257 | 3 | 22.35 | 56 | | 28 | | | | 61 | 51 |
| 3.008 | 汽车起重机≤16t | 444 | 129 | 68 | 79 | | 277 | 3 | 22.35 | 56 | | 28 | | | | 61 | 51 |
| 3.009 | 汽车起重机≤20t | 483 | 168 | 68 | 79 | | 316 | 3 | 22.35 | 56 | | 28 | | | | 61 | 51 |
| 3.056 | 单筒慢速卷扬机≤20kN | 65 | 4 | 3 | 7 | 10 | 24 | 1 | 22.35 | 28 | | | | 25 | | 14 | |
| 3.057 | 单筒慢速卷扬机≤30kN | 76 | 6 | 4 | 10 | 10 | 30 | 1 | 22.35 | 28 | | | | 34 | | 18 | |
| 3.058 | 单筒慢速卷扬机≤50kN | 81 | 7 | 5 | 12 | 10 | 34 | 1 | 22.35 | 28 | | | | 34 | | 18 | |
| 3.061 | 单筒快速卷扬机≤10kN | 63 | 2 | 2 | 4 | 10 | 17 | 1 | 22.35 | 28 | | | | 33 | | 18 | |
| 4.014 | 自卸汽车≤8t | 373 | 104 | 18 | 60 | | 183 | 1 | 22.35 | 28 | | 41 | | | | 88 | 75 |
| 4.016 | 自卸汽车≤8t | 373 | 104 | 18 | 60 | | 183 | 1 | 22.35 | 28 | | 41 | | | | 88 | 75 |
| 5.001 | 混凝土搅拌机≤250L | 73 | 8 | 2 | 6 | 11 | 28 | 1 | 22.35 | 28 | | | | 31 | | 17 | |

| 定额编号 | 机械名称与规格型号 | 台班单价（元） | 折旧费（元） | 大修理费（元） | 经常修理费（元） | 安拆费及进出场费（元） | 不变费用小计（元） | 人工费 工日 | 人工费 单价 | 人工费 （元） | 燃料动力费 汽油（kg） | 燃料动力费 柴油（kg） | 燃料动力费 煤（t） | 燃料动力费 电（kW·h） | 燃料动力费 水（t） | 燃料动力费 （元） | 养路费及车船使用税（元） |
|---|---|---|---|---|---|---|---|---|---|---|---|---|---|---|---|---|---|
| 5.002 | 混凝土搅拌机≤400L | 89 | 12 | 3 | 8 | 13 | 36 | 1 | 22 | 28 | | | | 45 | | 25 | |
| 5.015 | 电动灌浆机≤3m³/h | 57 | 6 | 1 | 7 | 6 | 20 | 1 | 22 | 28 | | | | 16 | | 9 | |
| 5.023 | 灰浆搅拌机≤200L | 45 | 2 | 1 | 3 | 6 | 12 | 1 | 22 | 28 | | | | 9 | | 5 | |
| 5.024 | 灰浆搅拌机≤400L | 52 | 4 | 1 | 5 | 6 | 16 | 1 | 22 | 28 | | | | 15 | | 8 | |
| 7.001 | 交流弧焊机≤20kVA | 69 | 2 | 1 | 2 | 4 | 8 | 1 | 22 | 28 | | | | 60 | | 33 | |
| 7.003 | 交流弧焊机≤40kVA | 114 | 4 | 1 | 3 | 4 | 12 | 1 | 22 | 28 | | | | 136 | | 75 | |
| 8.005 | 铺轨滚筒平车≤12t | 25 | 14 | 5 | 6 | | 25 | | 22 | 0 | | | | | | 0 | |
| 8.009 | 起拔道捣固车≤1100m/h | 7642 | 3020 | 1120 | 2800 | | 6940 | 14 | 22 | 306 | | 185 | | | | 396 | |
| 9.048 | 钢筋切断机 d≤40mm | 63 | 4 | 2 | 8 | 3 | 17 | 1 | 22 | 28 | | | | 32 | | 18 | |
| 9.049 | 钢筋弯曲机 d≤40mm | 50 | 3 | 2 | 7 | 3 | 15 | 1 | 22 | 28 | | | | 13 | | 7 | |
| 9.053 | 木工圆锯机 d≤500mm | 19 | 2 | 0 | 1 | 3 | 6 | | | | | | | 24 | | 13 | |
| 9.055 | 木工单面刨床机 B≤600mm | 28 | 7 | 2 | 4 | | 13 | | | | | | | 29 | | 16 | |
| 5.001 | 混凝土搅拌机≤250L | 73 | 8 | 2 | 6 | 11 | 28 | 1 | 22 | 28 | | | | 31 | | 17 | |
| 5.002 | 混凝土搅拌机≤400L | 89 | 12 | 3 | 8 | 13 | 36 | 1 | 22 | 28 | | | | 45 | | 25 | |
| 5.015 | 电动灌浆机≤3m³/h | 57 | 6 | 1 | 7 | 6 | 20 | 1 | 22 | 28 | | | | 16 | | 9 | |
| 5.023 | 灰浆搅拌机≤200L | 45 | 2 | 1 | 3 | 6 | 12 | 1 | 22 | 28 | | | | 9 | | 5 | |
| 5.024 | 灰浆搅拌机≤400L | 52 | 4 | 1 | 5 | 6 | 16 | 1 | 22 | 28 | | | | 15 | | 8 | |
| 7.001 | 交流弧焊机≤20kVA | 69 | 2 | 1 | 2 | 4 | 8 | 1 | 22 | 28 | | | | 60 | | 33 | |

施工措施费及费率见表 2-61 和表 2-62。

**表 2-61　　　　　　　　　　　施工措施费地区划分表**

| 地区编号 | 地　域　名　称 |
|---|---|
| 1 | 上海，江苏，河南，山东，陕西（不含榆林地区），浙江，安徽，湖北，重庆，云南，贵州（不含毕节地区），四川（不含凉山彝族自治州西昌市以西地区、甘孜藏族自治州） |
| 2 | 广东，广西，海南，福建，江西，湖南 |
| 3 | 北京，天津，河北（不含张家口市、承德市），山西（不含大同市、朔州市），甘肃，宁夏，贵州毕节地区，四川凉山彝族自治州西昌市以西地区、甘孜藏族自治州（不含石渠县） |
| 4 | 河北张家口市、承德市，山西大同市、朔州市，陕西榆林地区，辽宁 |
| 5 | 新疆（不含阿勒泰地区） |
| 6 | 内蒙古（不含呼伦贝尔—图里河及以西各旗），吉林，青海（不含玉树藏族自治州以西地区、海北藏族自治州祁连县、果洛藏族自治州玛多县、海西蒙古族自治州格尔木市辖的唐古拉山区），西藏（不含阿里地区和那曲地区的尼玛、安多、聂荣县），四川甘孜藏族自治州石渠县 |
| 7 | 黑龙江（不含大兴安岭地区），新疆阿勒泰地区 |
| 8 | 内蒙古呼伦贝尔—图里河及以西各旗，黑龙江大兴安岭地区，青海玉树藏族自治州以西地区、海北藏族自治州祁连县、果洛藏族自治州玛多县、海西蒙古族自治州格尔木市辖的唐古拉山区，西藏阿里地区和那曲地区的尼玛、安多、聂荣县 |

**表 2-62　　　　　　　　　　　措施费费率表**

| 类别代码 | 工程类别 | 1 | 2 | 3 | 4 | 5 | 6 | 7 | 8 | 附注 |
|---|---|---|---|---|---|---|---|---|---|---|
| | | 费率（%） | | | | | | | | |
| 1 | 人力施工土石方 | 20.55 | 21.09 | 24.70 | 27.10 | 27.37 | 29.90 | 30.51 | 31.57 | 人力拆除工程等 |
| 2 | 机械施工土石方 | 9.42 | 9.98 | 13.83 | 15.22 | 15.51 | 18.21 | 18.86 | 19.98 | 机械拆除工程等 |
| 3 | 汽车运输采用定额增运 | 5.09 | 4.99 | 5.40 | 6.12 | 6.29 | 6.63 | 6.79 | 7.35 | 隧道出渣洞外运输 |
| 4 | 特大桥、大桥 | 10.38 | 9.19 | 12.30 | 13.53 | 14.19 | 14.24 | 14.34 | 14.52 | 不含梁部及桥面系 |
| 5 | 预制混凝土梁 | 27.56 | 22.14 | 37.67 | 41.38 | 44.65 | 44.92 | 45.42 | 46.31 | 包括桥面系 |
| 6 | 现浇混凝土梁 | 17.24 | 13.89 | 23.50 | 25.97 | 27.99 | 28.16 | 28.46 | 29.02 | 梁横向连接、湿接缝 |
| 7 | 运价混凝土简支箱梁 | 4.68 | 4.68 | 4.81 | 5.16 | 5.25 | 5.40 | 5.49 | 5.73 | |
| 8 | 隧道、明洞、棚洞自采砂石 | 13.08 | 12.74 | 13.61 | 14.75 | 14.90 | 14.96 | 15.04 | 15.09 | |
| 9 | 路基加固防护工程 | 16.94 | 16.25 | 18.89 | 20.19 | 20.35 | 20.59 | 20.80 | 20.94 | 各挡土墙及抗滑桩 |
| 10 | 中桥、小桥、涵洞 | 21.25 | 20.22 | 23.50 | 25.53 | 26.04 | 26.27 | 26.47 | 26.65 | 不包括梁式中等 |
| 11 | 铺轨、铺岔等 | 27.08 | 26.96 | 27.83 | 29.50 | 30.17 | 32.46 | 34.12 | 40.96 | 包括支座安装等 |
| 12 | 铺砟 | 10.33 | 9.07 | 12.38 | 13.71 | 13.94 | 14.52 | 14.86 | 15.99 | 线路沉落整修 |
| 13 | 无砟道床 | 27.66 | 23.60 | 35.25 | 38.90 | 41.35 | 41.55 | 41.93 | 42.60 | 道桥过渡段 |
| 14 | 通信、信号、信息等 | 25.30 | 25.40 | 25.80 | 27.75 | 28.03 | 28.30 | 28.70 | 29.55 | |
| 15 | 接触网建筑工程 | 25.12 | 23.89 | 27.33 | 29.26 | 29.42 | 29.74 | 30.20 | 30.46 | |

间接费费率见表 2-63。

表 2-63　　　　　　　　　　　　　　　间接费费率表

| 类别代码 | 工程类别 | 费率（％） | 附注 |
|---|---|---|---|
| 1 | 人力施工土石方 | 59.7 | 包括人力拆除工程，绿色防护、绿化 |
| 2 | 机械施工土石方 | 19.5 | 包括机械拆除工程，填级配碎石、砂砾石 |
| 3 | 汽车运输土石方采用定额"增运"部分 | 9.8 | 包括隧道出渣洞外运输 |
| 4 | 特大桥、大桥 | 23.8 | 不包括梁部及桥面系 |
| 5 | 预制混凝土梁 | 67.6 | 包括桥面系 |
| 6 | 现浇混凝土梁 | 38.7 | 包括梁的横向联结和湿接缝等 |
| 7 | 隧道、明洞、棚洞自采砂石 | 29.6 | |
| 8 | 路基加固防护工程 | 36.5 | 包括各类挡土墙及抗滑桩 |
| 9 | 框架桥、中桥、小桥、涵洞、轮渡、码头、房屋、给排水、工务、站场、其他建筑物等建筑工程 | 52.1 | 不包括梁式中、小桥梁部及桥面系 |
| 10 | 铺轨、铺岔，架设混凝土梁等 | 97.4 | 包括支座安装，轨道附属工程，线路备料 |
| 11 | 铺砟 | 32.5 | 包括线路沉落整修，道床清筛 |
| 12 | 无砟道床 | 73.5 | 包括道床过渡段 |
| 13 | 通信、信号、信息、电力等 | 78.9 | |
| 14 | 接触网建筑工程 | 69.5 | |

5）实物消耗量汇总表

实物消耗量汇总表见表 2-64。

表 2-64　　　　　　　　　　　路基土石方单项概算表　　　　　　　第 1 页　共 3 页

| 建设项目 | 青藏铁路第二期土建工程第二十一标段 | | |
|---|---|---|---|
| 统计范围 | 第二十一标段 | 工程量 | 42.95 正线 km |
| 电算代号 | 工料机名称 | 单位 | 数量 |
| 1 | Ⅰ类工 | 工日 | 10 939.74 |
| 18992 | 水 | t | 61 669.83 |
| 19002 | 履带式液压单斗挖掘机≤1.0m³ | 台班 | 147.16 |
| 19364 | 自卸汽车≤6t | 台班 | 2138.24 |
| 19268 | 单筒快速卷扬机≤10kN | 台班 | 452.40 |
| 19011 | 履带式推土机≤0.6m³ | 台班 | 250.24 |
| 19037 | 自行式振动压路机≤15t | 台班 | 299.46 |
| 19272 | 双筒慢速卷扬机≤30kN | 台班 | 68.04 |
| 19285 | 液压千斤顶 | 台班 | 2.71 |
| 297 | 片石 | m³ | 26 702.904 |
| 76 | 原木 | m³ | 46.055 76 |
| 52 | 普通水泥 32.5 级 | kg | 9 096 113.166 |
| 301 | 碎石 80 以内 | m³ | 6327.268 8 |

| 建设项目 | 青藏铁路第二期土建工程第二十一标段 | | |
|---|---|---|---|
| 统计范围 | 第二十一标段 | 工程量 | 42.95 正线 km |
| 电算代号 | 工料机名称 | 单位 | 数量 |
| 353 | 中粗砂 | kg | 21 229.330 4 |
| 1882 | 镀锌低碳钢丝 $\phi$2.8～5 | kg | 1669.107 6 |
| 3971 | 组合钢模板 | kg | 19 996.936 8 |
| 3972 | 组合钢支撑 | kg | 5334.781 68 |
| 3973 | 组合钢配件 | kg | 4 559.708 64 |
| 3080 | 铁拉杆 | kg | 46 489.941 6 |
| 3077 | 铁件 | kg | 2862.5892 |
| 18951 | 其他材料费 | 元 | 73 751.121 6 |
| 19001 | 履带式液压单斗挖掘机≤0.6m³ | 台班 | 280.71 |
| 19209 | 汽车起重机≤8t | 台班 | 431.564 4 |
| 19501 | 混凝土搅拌机≤250L | 台班 | 472.041 292 8 |
| 300 | 碎石 40 以内 | m³ | 12 258.613 2 |
| 2 | Ⅱ类工 | 工日 | 71 164.968 48 |
| 9651 | U形螺栓带帽 | kg | 25.9 |
| 19211 | 汽车起重机≤16t | 台班 | 334.708 8 |
| 19387 | 混凝土搅拌站≤60m³/h | 台班 | 168.122 64 |
| 19991 | 其他机械使用费 | 元 | 7456.656 |
| 19388 | 混凝土搅拌运输车≤6m³ | 台班 | 361.448 364 |
| 19502 | 混凝土搅拌机≤400L | 台班 | 626.831 5 |
| 1211 | 圆钢 Q235-A$\phi$10～18 | kg | 878 436.151 8 |
| 1884 | 镀锌低碳钢丝 $\phi$0.7～1 | kg | 10 822.163 09 |
| 6834 | 电焊条 结 422$\phi$2.5 | kg | 1880.2044 |
| 19220 | 汽车起重机≤8t | 台班 | 74.4 |
| 19264 | 单筒慢速卷扬机≤30kN | 台班 | 196.386 |
| 19903 | 钢筋切断机 $d$≤40 | 台班 | 151.775 36 |
| 19904 | 钢筋弯曲机 $d$≤40 | 台班 | 216.906 56 |
| 19265 | 单筒慢速卷扬机≤50kN | 台班 | 359.240 8 |
| 165 | 锯材 | m³ | 225.850 68 |
| 268 | 膨润土 | kg | 192 538.8 |
| 4157 | 纯碱　含量≥98% | kg | 16 044.9 |
| 4215 | 氧气 | m³ | 912.348 |
| 4220 | 乙炔气 | kg | 394.62 |
| 4626 | 输气（水）胶管 $d$150 | m | 71.1 |

| 建设项目 | 青藏铁路第二期土建工程第二十一标段 | | |
|---|---|---|---|
| 统计范围 | 第二十一标段 | 工程量 | 42.95 正线 km |
| 电算代号 | 工料机名称 | 单位 | 数量 |
| 4628 | 输水胶管 $d$100 | m | 71.1 |
| 6839 | 电焊条 结 707$\phi$3.2～4 | kg | 2 903.186 4 |
| 1205 | 圆钢 Q235-A$\phi$6～9 | kg | 125 637.074 2 |
| 19763 | 对焊机 | 台班 | 18.344 4 |
| 386 | 软煤沥青 8 号 | kg | 2647.188 |
| 4048 | 木柴 | kg | 868.68 |
| 354 | 天然级配砂（砾）卵石 | m³ | 8400 |
| 1632 | 钢板 Q235-A　$\delta$＝4.5～7 | kg | 382.536 |
| 4047 | 煤 | t | 36.078 |
| 4189 | 硫磺 块状 | kg | 62 775.72 |
| 4069 | 机械油 | kg | 793.716 |
| 5 | Ⅲ类工 | 工日 | 91 322.835 |
| 1592 | 合金工具钢 空心 | kg | 0 |
| 4570 | 岩石硝铵炸药 2 号 | kg | 63 938.056 |
| 4572 | 乳胶炸药 RJ-2 | kg | 68 553.303 |
| 4588 | 导爆索 爆速 6000～7000m/s | m | 108 402.021 |
| 4592 | 非电毫秒雷管　导爆管长 5m | 发 | 112 341.866 |
| 7112 | 合金钻头 $\phi$43 | 个 | 9343.061 |
| 19062 | 气动锻钎机 $d$≤90 | 台班 | 1598.451 4 |
| 19064 | 钻头磨床 | 台班 | 1598.451 4 |
| 19106 | 电动空气压缩机≤9m³/min | 台班 | 1452.708 |
| 19084 | 轴流通风机≤75kW 3000m³/min | 台班 | 1145.97 |
| 19047 | 轮胎式装载机≤2m³ | 台班 | 630.375 2 |
| 980 | 软质通风管 $\phi$800 | m | 128.4 |
| 2151 | 铁皮通风管 $\phi$800 | m | 1.07 |
| 19083 | 轴流通风机≤40kW 480m³/min | 台班 | 1179.14 |
| 982 | 软质通风管 $\phi$1000 | m | 96.3 |
| 2154 | 铁皮通风管 $\phi$1000 | m | 2.14 |
| 19083 | 轴流通风机≤40kW 480m³/min | 台班 | 1145.97 |

6）单项概算表

单项概算表见表 2-65～表 2-69。

表 2-65　　　　　　　　　　　　路基工程单项概算表（路基土石方）　　　　第 1 页　共 3 页

| 建设名称 | 青藏铁路第二期第二十一标段 | | | 概算编号 | 青藏线格拉段 |
|---|---|---|---|---|---|
| 工程名称 | 区间路基土石方 | | | 工程总量 | 161 340 施工方 |
| 工程地点 | CK1589＋200～DK16313＋500 | | | 概算价值 | 4 178 706 元 |
| 所属章节 | 第二章 | | | 概算指标 | 26 元/正线 km |
| 单价编号 | 工作项目或费用名称 | 单 位 | 数 量 | 费　用　（元） | |
| | | | | 单　价 | 合　价 |
| | 区间路基土石方 | m³ | 161 340.00 | 26 | 4 178 706 |
| | Ⅰ.建筑工程费 | m³ | 161 340.00 | 26 | 4 178 706 |
| | 一、土方 | m³ | 128 544.00 | 33 | 4 177 680 |
| | （一）挖土方 | m³ | 37 800.00 | 19 | 704 970 |
| | 1.挖土方（运距≤1km） | m³ | 37 800.00 | 15 | 549 990 |
| | （2）机械施工 | m³/km | 37 800.00 | 15 | 549 990 |
| LY-29 | ≤0.6m³ 挖掘机自挖自卸普通土 | 100m³ | 378.00 | 170 | 64 385 |
| | 人工费 | | | 16 | 5923 |
| | 机械使用费 | | | 155 | 58 461 |
| LY-41 | ≤0.6m³ 挖掘机装车普通土 | 100m³ | 378.00 | 197 | 74 587 |
| | 人工费 | | | 18 | 6933 |
| | 机械使用费 | | | 179 | 67 654 |
| LY-140 | ≤6t 自卸汽车车运土运距≤1km | 100m³ | 378.00 | 496 | 187 556 |
| | 机械使用费 | 元 | | 496 | 187 556 |
| | 人工费合计 | 元 | | | 12 856 |
| | 机械使用费合计 | 元 | | | 313 672 |
| | 一、定额直接使用费 | 元 | | | 326 528 |
| | 人工价差 | 元 | 721.98 | 23 | 16 353 |
| | 机械台班差费用 | 元 | | | 111 843 |
| | 三、价差合计 | 元 | | | 128 196 |
| | 直接工程费 | 元 | | | 454 724 |
| | 五、施工措施费 | % | 326 527.74 | 20 | 65 240 |
| | 直接费 | 元 | | | 519 964 |
| | 六、利润 | % | 326 527.74 | 6 | 20 898 |
| | 七、间接费 | % | 326 527.74 | 20 | 63 673 |
| | 八、税金 | % | 583 636.75 | 3 | 19 552 |
| | 九、单项预算价值 | 元 | | | 624 086 |

| 建设名称 | 青藏铁路第二期第二十一标段 | | 概算编号 | 青藏线格拉段 |
|---|---|---|---|---|
| 工程名称 | 区间路基土石方 | | 工程总量 | 161 340 施工方 |
| 工程地点 | CK1589＋200～DK16313＋500 | | 概算价值 | 4 178 706 元 |
| 所属章节 | 第二章 | | 概算指标 | 26 元/正线 km |

| 单价编号 | 工作项目或费用名称 | 单　位 | 数　量 | 费　用　（元） | |
|---|---|---|---|---|---|
| | | | | 单　价 | 合　价 |
| | 2. 增运土方（运距＞1km） | m³·km | 75 600.00 | 1 | 85 701 |
| LY-141×2 | ≤6t 自卸汽车车运土增运 1km | 100m³ | 378.00 | 134 | 50 690 |
| | 机械使用费 | 元 | | 134 | 50 690 |
| | 机械台班费 | 元 | | | 17 138 |
| | 三、价差合计 | 元 | | | 17 138 |
| | 直接工程费 | 元 | | | 67 827 |
| | 五、施工措施费 | % | 50 689.80 | 20 | 10 128 |
| | 直接费 | 元 | | | 77 955 |
| | 七、间接费 | % | 50 689.80 | 10 | 4968 |
| | 八、税金 | % | 82 922.84 | 3 | 2778 |
| | 九、单项预算价值 | 元 | | | 85 701 |
| | （二）利用土填方 | m³ | 26 484.00 | 5 | 143 825 |
| | 2. 机械施工 | m³ | 26 484.00 | 5 | 143 825 |
| LY-431×2 | 填筑压实Ⅱ级以下铁路 | 100m³ | 264.84 | 292 | 77 225 |
| | 人工费 | 元 | | 11 | 3019 |
| | 材料费 | 元 | | 2 | 418 |
| | 机械使用费 | 元 | | 279 | 73 787 |
| | 一、定额直接工程费 | 元 | | | 77 225 |
| | 人工价差 | 元 | 169.50 | 23 | 3839 |
| | 机械台班差 | 元 | | | 27 611 |
| | 三、价差合计 | 元 | | | 31 450 |
| | 直接工程费 | 元 | | | 108 674 |
| | 五、施工措施费 | % | 77 224.70 | 20 | 15 429 |
| | 直接费 | 元 | | | 124 104 |
| | 七、间接费 | % | 77 224.70 | 20 | 15 059 |
| | 八、税金 | % | 139 162.65 | 3 | 4662 |
| | 九、单项预算价值 | 元 | | | 143 825 |
| | （三）借土填方 | m³ | 64 260.00 | 11 | 703 608 |
| | 1. 挖填土方（运距≤1m） | m³ | 64 260.00 | 11 | 703 608 |
| | （2）机械施工 | m³ | 64 260.00 | 11 | 703 608 |
| LY-33 | ≤1.0m³ 挖掘机自挖自卸硬土 | 100m³ | 642.60 | 179 | 115 173 |

| 建设名称 | 青藏铁路第二期第二十一标段 | | | 概算编号 | 青藏线格拉段 | |
|---|---|---|---|---|---|---|
| 工程名称 | 区间路基土石方 | | | 工程总量 | 161 340 施工方 | |
| 工程地点 | CK1589＋200～DK16313＋500 | | | 概算价值 | 4 178 706 元 | |
| 所属章节 | 第二章 | | | 概算指标 | 26 元/正线 km | |
| 单价编号 | 工作项目或费用名称 | 单　位 | 数　量 | 费　用　（元） | | |
| | | | | 单　价 | 合　价 | |
| | 人工费 | 元 | | 12 | 7898 | |
| | 机械使用费 | 元 | | 167 | 107 276 | |
| LY-431 | 填筑压实Ⅱ级以下铁路 | 100m³ | 642.60 | 292 | 187 376 | |
| | 人工费 | 元 | | 11 | 7326 | |
| | 材料费 | 元 | | 2 | 1015 | |
| | 机械使用费 | 元 | | 279 | 179 035 | |
| LY-114 | ≤6t 自卸汽车车运土，运距≤1km | 100m³ | 642.60 | 496 | 318 845 | |
| | 机械使用费 | 元 | | 496 | 318 845 | |
| LY-114×10 | ≤6t 自卸汽车车运土，增运 1km | 100m³ | 642.60 | 134 | 86 173 | |
| | 人工费合计 | 元 | | | 114 601 | |
| | 材料费合计 | 元 | | | 1015 | |
| | 机械使用费合计 | 元 | | | 372 483 | |
| | 一、定额直接工程费 | 元 | | | 488 100 | |
| | 人工价差 | 元 | 854.66 | 23 | 19 358 | |
| | 机械台班差 | 元 | | | 232 460 | |
| | 三、价差合计 | 元 | | | 251 818 | |
| | 直接工程费 | 元 | | | 739 918 | |
| | 五、施工措施费 | ％ | 488 099.68 | 20 | 97 522 | |
| | 直接费 | ％ | | | 585 622 | |
| | 七、间接费 | ％ | 488 099.68 | 20 | 95 179 | |
| | 八、税金 | ％ | 680 801.44 | 3 | 22 807 | |
| | 九、单项预算价值 | 元 | | | 703 608 | |

表 2-66　　　　　　　　　　路基附属工程单项概算表　　　　　　第 1 页　共 3 页

| 建设名称 | 青藏铁路第二期第二十一标段 | | | 概算编号 | 青藏线格拉段 | |
|---|---|---|---|---|---|---|
| 工程名称 | 路基附属 | | | 工程总量 | 42.95 正线 km | |
| 工程地点 | CK1589＋200～DK16313＋500 | | | 概算价值 | 904 965 元 | |
| 所属章节 | 第二章 | | | 概算指标 | 21 070 元/正线 km | |
| 单价编号 | 工作项目或费用名称 | 单　位 | 数　量 | 费　用　（元） | | |
| | | | | 单　价 | 合　价 | |
| | 路基附属工程 | 正线 km | 42.95 | 20 842 | 895 153 | |
| | Ⅰ.建筑工程费 | 正线 km | 42.95 | 20 842 | 895 153 | |
| | 一、附属土石方及加固防护 | 正线 km | 42.95 | 20 842 | 895 153 | |

| 建设名称 | 青藏铁路第二期第二十一标段 | | | 概算编号 | 青藏线格拉段 | |
|---|---|---|---|---|---|---|
| 工程名称 | 路基附属 | | | 工程总量 | 42.95 正线 km | |
| 工程地点 | CK1589＋200～DK16313＋500 | | | 概算价值 | 904 965 元 | |
| 所属章节 | 第二章 | | | 概算指标 | 21 070 元/正线 km | |
| 单价编号 | 工作项目或费用名称 | 单　位 | 数　量 | 费　用　（元） | | |
| | | | | 单　价 | 合　价 | |
| | （一）土石方 | km | 42.95 | 20 842 | 895 153 |
| | 1. 土方 | km | 42.95 | 244 | 10 471 |
| LY-436 | 挖沟排水沟、侧沟、天沟 | 100m³ | 7.80 | 411 | 3205 |
| | 人工费 | 元 | | 403 | 3147 |
| | 材料费 | 元 | | 7 | 58 |
| | 一、定额直接工程费 | 元 | | | 3205 |
| | 人工价差 | 元 | 176.67 | 23 | 4002 |
| | 三、价差合计 | 元 | | | 4002 |
| | 直接工程费 | 元 | | | 7206 |
| | 五、施工措施费 | % | 3204.79 | 32 | 1012 |
| | 直接费 | 元 | | | 8218 |
| | 七、间接费 | % | 3204.79 | 60 | 1913 |
| | 八、税金 | % | 10 131.37 | 3 | 339 |
| | 九、单项预算价值 | 元 | | | 10 471 |
| | （九）地基处理 | m³ | 9960.00 | 68 | 677 290 |
| | 1. 抛填石（片石） | m³ | 9960.00 | 68 | 677 290 |
| LY-368 | 抛填片石 | 10m³ | 996.00 | 202 | 200 714 |
| | 人工费 | 元 | | 38 | 38 137 |
| | 材料费 | 元 | | 163 | 162 577 |
| | 一、定额直接工程费 | 元 | | | 200 714 |
| | 人工价差 | 元 | 10 816.56 | 23 | 244 995 |
| | 三、价差合计 | 元 | | | 244 995 |
| | 直接工程费 | 元 | | | 445 709 |
| | 五、施工措施费 | % | 200 713.92 | 32 | 63 365 |
| | 直接费 | 元 | | | 509 074 |
| | 七、间接费 | % | 244 995.08 | 60 | 146 262 |
| | 八、税金 | % | 655 336.45 | 3 | 21 954 |
| | 九、单项预算价值 | 元 | | | 677 290 |
| | 二、支挡结构 | m³ | 780.00 | 266 | 207 392 |
| | （一）挡土墙浆砌石 | 瓦工方 | 780.00 | 266 | 207 392 |

| 建设名称 | 青藏铁路第二期第二十一标段 | | | 概算编号 | 青藏线格拉段 | |
|---|---|---|---|---|---|---|
| 工程名称 | 路基附属 | | | 工程总量 | 42.95 正线 km | |
| 工程地点 | CK1589＋200～DK16313＋500 | | | 概算价值 | 904 965 元 | |
| 所属章节 | 第二章 | | | 概算指标 | 21 070 元/正线 km | |
| 单价编号 | 工作项目或费用名称 | 单 位 | 数 量 | 费　用　（元） | | |
| | | | | 单　价 | 合　价 | |
| LY-383 | 浆砌片石挡土墙 C20 | 10m³ | 60.00 | 1720 | 103 193 | |
| | 人工费 | 元 | | 343 | 20 592 | |
| | 材料费 | 元 | | 1305 | 78 284 | |
| | 机械使用费 | 元 | | 72 | 4318 | |
| QY-1037 | 垫层：混凝土 C10，碎石粒径≤40mm | m³ | 144.00 | 123 | 17 646 | |
| | 人工费 | 元 | | 29 | 4231 | |
| | 材料费 | 元 | | 93 | 13 415 | |
| | 人工费合计 | 元 | | | 24 823 | |
| | 材料费合计 | 元 | | | 91 699 | |
| | 机械使用费合计 | 元 | | | 4318 | |
| | 一、定额直接工程费 | 元 | | | 120 839 | |
| | 人工价差 | 元 | 1346.28 | 23 | 30 493 | |
| | 机械台班差 | 元 | | | 1630 | |
| | 三、价差合计 | 元 | | | 32 123 | |
| | 直接工程费 | 元 | | | 152 962 | |
| | 五、施工措施费 | % | 120 839.16 | 20 | 24 144 | |
| | 九、单项预算价值 | 元 | | | 207 392 | |

**表 2-67**　　　　　**桥涵工程单项概算表**　　　　　第 1 页　共 8 页

| 建设名称 | 青藏铁路第二期第二十一标段 | | | 概算编号 | 青藏线格拉段 | |
|---|---|---|---|---|---|---|
| 工程名称 | 桥涵 | | | 工程总量 | 984.24 延长 m | |
| 工程地点 | CK1589＋200～DK16313＋500 | | | 概算价值 | 20 620 356 元 | |
| 所属章节 | 第三章 | | | 概算指标 | 20 951 元/延长 m | |
| 单价编号 | 工作项目或费用名称 | 单 位 | 数 量 | 费　用　（元） | | |
| | | | | 单　价 | 合　价 | |
| | 桥涵 | 延长 m | 984.24 | 20 951 | 20 620 356 | |
| | Ⅰ.建筑工程费 | 延长 m | 984.24 | 20 951 | 20 620 356 | |
| | 甲、新建 | 延长 m | 984.24 | 20 951 | 20 620 356 | |
| | 一、梁式中桥 | 延长 m | 984.24 | 17 972 | 17 688 868 | |
| | （一）基础 | 瓦工方 | 25 596.00 | 413 | 10 562 957 | |
| | 2.承台 | 瓦工方 | 25 596.00 | 112 | 2 875 967 | |

| 建设名称 | 青藏铁路第二期第二十一标段 | | | 概算编号 | 青藏线格拉段 | |
|---|---|---|---|---|---|---|
| 工程名称 | 桥涵 | | | 工程总量 | 984.24 延长 m | |
| 工程地点 | CK1589＋200～DK16313＋500 | | | 概算价值 | 20 620 356 元 | |
| 所属章节 | 第三章 | | | 概算指标 | 20 951 元/延长 m | |
| 单价编号 | 工作项目或费用名称 | 单位 | 数量 | 费　用　（元） | | |
| | | | | 单价 | 合价 | |
| | （1）混凝土 | 瓦工方 | 25 596.00 | 39 | 997 988 | |
| QY-343 | 陆上承台混凝土（非泵送）C25 | 10m³ | 255.96 | 1978 | 506 299 | |
| | 人工费 | 元 | | 435 | 111 448 | |
| | 材料费 | 元 | | 1407 | 360 166 | |
| | 机械使用费 | 元 | | 136 | 34 685 | |
| QY-563 | 混凝土拌制：搅拌站≤60m³/h，C30[HT-6063，HT-211] | 10m³ | 261.08 | 1453 | 379 392 | |
| QY-564 | 混凝土搅拌运输车容量≤6m³ 装卸 | 10m³ | 261.08 | 167 | 43 476 | |
| | 人工费 | 元 | | 5 | 1219 | |
| | 材料费 | 元 | | 0 | 10 | |
| | 机械使用费 | 元 | | 162 | 42 246 | |
| QY-565 | 混凝土搅拌运输车容量≤6m³ 运 1km | 10m³ | 261.08 | 21 | 5595 | |
| | 机械使用费 | 元 | | 21 | 5595 | |
| | 人工费合计 | 元 | | | 112 667 | |
| | 材料费合计 | 元 | | | 360 177 | |
| | 机械使用费合计 | 元 | | | 82 526 | |
| | 一、定额直接工程费 | 元 | | | 555 370 | |
| | 人工价差 | 元 | 5375.16 | 23 | 123 629 | |
| | 机械台班差 | 元 | | | 20 090 | |
| | 三、价差合计 | 元 | | | 143 719 | |
| | 直接工程费 | 元 | | | 699 089 | |
| | 五、施工措施费 | ％ | 555 369.86 | 15 | 80 640 | |
| | 直接费 | 元 | | | 779 729 | |
| | 七、间接费 | ％ | 555 369.86 | 24 | 132 178 | |
| | 八、税金 | ％ | 911 906.73 | 3 | 30 549 | |
| | 九、单项预算价值 | 元 | | | 942 456 | |
| | （2）钢筋 | t | 372.00 | 3919 | 1 458 006 | |
| QY-351 | 陆上承台（钢筋） | t | 372.00 | 2599 | 966 664 | |
| | 人工费 | 瓦 | | 149 | 55 316 | |
| | 材料费 | 元 | | 2397 | 891 546 | |
| | 机械使用费 | 元 | | 53 | 19 802 | |
| | 一、定额直接工程费 | 元 | | | 966 664 | |

| 建设名称 | 青藏铁路第二期第二十一标段 | | | | 概算编号 | 青藏线格拉段 |
|---|---|---|---|---|---|---|
| 工程名称 | 桥涵 | | | | 工程总量 | 984.24 延长 m |
| 工程地点 | CK1589＋200～DK16313＋500 | | | | 概算价值 | 20 620 356 元 |
| 所属章节 | 第三章 | | | | 概算指标 | 20 951 元/延长 m |

| 单价编号 | 工作项目或费用名称 | 单　位 | 数　量 | 费　用（元） | |
|---|---|---|---|---|---|
| | | | | 单　价 | 合　价 |
| | 人工价差 | 元 | 2484.96 | 23 | 57 154 |
| | 机械台班差 | 元 | | | 16 502 |
| | 三、价差合计 | 元 | | | 73 656 |
| | 直接工程费 | 元 | | | 1 040 320 |
| | 五、施工措施费 | % | 966 664.32 | 15 | 140 360 |
| | 直接费 | 元 | | | 1 180 680 |
| | 七、间接费 | % | 966 664.32 | 24 | 230 066 |
| | 八、税金 | % | 1 410 745.72 | 3 | 47 260 |
| | 九、单项预算价值 | 元 | | | 1 458 006 |
| | 5. 钻孔桩 | m | 4740.00 | 1304 | 6 183 194 |
| QY-9 | 人力挖土方卷扬机提升：基坑深≤3m，无水 | 10m³ | 837.24 | 77 | 64 827 |
| | 人工费 | 元 | | 60 | 49 950 |
| | 材料费 | 元 | | 1 | 837 |
| | 机械使用费 | 元 | | 17 | 14 041 |
| | 机械台班差费用 | 元 | | | 4642 |
| QY-98 | 陆上钻机钻孔桩径≤1.25m，土 | 10m³ | 474.00 | 2488 | 1 179 454 |
| | 人工费 | 元 | | 307 | 145 712 |
| | 材料费 | 元 | | 433 | 205 294 |
| | 机械使用费 | 元 | | 1748 | 828 448 |
| QY-187 | 钻孔桩钢筋笼制安陆上 | t | 144.00 | 2837 | 408 571 |
| | 人工费 | 元 | | 230 | 33 048 |
| | 材料费 | 元 | | 2464 | 354 858 |
| | 机械使用费 | 元 | | 144 | 20 665 |
| | 机械台班差费用 | 元 | | | 4706 |
| QY-173 | 陆上钻孔浇筑水下混凝土土质地层（非泵送） | 10m³ | 837.60 | 2581 | 2 161 569 |
| | 人工费 | 元 | | 388 | 325 165 |
| | 材料费 | 元 | | 1917 | 1 605 344 |
| | 机械使用费 | 元 | | 276 | 231 060 |
| | 机械台班差费用 | 元 | | | 35 442 |
| QY-563 | 混凝土拌制：搅拌站≤60m³/h，C30 [HT-6962，HT-558] | 10m³ | 939.79 | 1453 | 1 365 649 |
| QY-564 | 混凝土搅拌运输车容量≤6m³ 装卸 | 10m³ | 939.60 | 167 | 156 462 |
| | 人工费 | 元 | | 5 | 4388 |
| | 材料费 | 元 | | 0 | 38 |
| | 机械使用费 | 元 | | 162 | 152 037 |

| 建设名称 | 青藏铁路第二期第二十一标段 | | | 概算编号 | 青藏线格拉段 | |
|---|---|---|---|---|---|---|
| 工程名称 | 桥涵 | | | 工程总量 | 984.24 延长 m | |
| 工程地点 | CK1589＋200～DK16313＋500 | | | 概算价值 | 20 620 356 元 | |
| 所属章节 | 第三章 | | | 概算指标 | 20 951 元/延长 m | |
| 单价编号 | 工作项目或费用名称 | 单位 | 数量 | 费用（元） | | |
| | | | | 单价 | 合价 | |
| | 机械台班差费用 | 元 | | | 26 279 | |
| QY-565 | 混凝土搅拌运输车容量≤6m³ 运 1km | 10m³ | 939.60 | 21 | 20 136 | |
| | 机械使用费 | 元 | | 21 | 20 136 | |
| | 机械台班差费用 | 元 | | | 25 437 | |
| QY-181 | 钻孔桩泥浆外运 1km | 10m³ | 837.60 | 12 | 9842 | |
| | 人工费 | 元 | | 2 | 1868 | |
| | 机械使用费 | 元 | | 10 | 7974 | |
| | 机械台班差费用 | 元 | | | 3239 | |
| QY-182×4 | 钻孔桩泥浆外运，增运 1km | 10m³ | 837.60 | 2 | 1901 | |
| | 机械使用费 | 元 | | 2 | 1901 | |
| | 机械台班差费用 | 元 | | | 777 | |
| QY-194 | 钻孔桩钢护筒陆上钢护筒埋深＞1.5m | t | 38.40 | 1027 | 39 441 | |
| | 人工费 | 元 | | 198 | 7616 | |
| | 材料费 | 元 | | 611 | 23 448 | |
| | 机械使用费 | 元 | | 218 | 8377 | |
| | 机械台班差费用 | 元 | | | 641 | |
| | 人工费合计 | 元 | | | 567 747 | |
| | 材料费合计 | 元 | | | 1 984 525 | |
| | 机械使用费合计 | 元 | | | 1 276 262 | |
| | 一、定额直接工程费 | 元 | | | 3 828 533 | |
| | 人工价差 | 元 | 25 505.35 | 23 | 586 623 | |
| | 机械台班差合计 | 元 | | | 100 521 | |
| | 三、价差合计 | 元 | | | 687 144 | |
| | 五、施工措施费 | % | 3 828 532.98 | 15 | 555 903 | |
| | 直接费 | 元 | | | 5 071 580 | |
| | 七、间接费 | % | 3 828 532.98 | 24 | 911 191 | |
| | 八、税金 | % | 5 982 770.78 | 3 | 200 423 | |
| | 九、单项预算价值 | 元 | | | 6 183 194 | |
| | （二）墩台 | 瓦工方 | 4257.60 | 445 | 1 895 095 | |
| | 1. 混凝土 | 瓦工方 | 4257.60 | 445 | 1 895 095 | |
| QY-420 | 单双柱式桥墩：立柱混凝土非泵送 | 10m³ | 249.60 | 2885 | 720 128 | |
| | 人工费 | 元 | | 612 | 152 680 | |
| | 材料费 | 元 | | 1895 | 473 054 | |
| | 机械使用费 | 元 | | 378 | 94 394 | |
| | 机械台班差费用 | 元 | | | 20 961 | |

| 建设名称 | 青藏铁路第二期第二十一标段 | | | 概算编号 | | 青藏线格拉段 |
|---|---|---|---|---|---|---|
| 工程名称 | 桥涵 | | | 工程总量 | | 984.24 延长 m |
| 工程地点 | CK1589＋200～DK16313＋500 | | | 概算价值 | | 20 620 356 元 |
| 所属章节 | 第三章 | | | 概算指标 | | 20 951 元/延长 m |
| 单价编号 | 工作项目或费用名称 | 单　位 | 数　量 | 费　用　（元） | | |
| | | | | 单　价 | 合　价 | |
| QY-563 | 混凝土拌制：搅拌站≤60m³/h，C30［HT-6063，HT-670］ | 10m³ | 245.78 | 1453 | 357 159 | |
| QY-491 | 托盘及台顶混凝土（非泵送） | 10m³ | 145.20 | 3160 | 458 804 | |
| | 人工费 | 元 | | 903 | 131 129 | |
| | 材料费 | 元 | | 1848 | 268 337 | |
| | 机械使用费 | 元 | | 409 | 59 339 | |
| | 机械台班差费用 | 元 | | | 13 520 | |
| QY-563 | 混凝土拌制：搅拌站≤60m³/h，C30［HT-6063，HT-670］ | 10m³ | 148.10 | 1453 | 215 216 | |
| QY-461 | 陆上顶帽混凝土墩高≤30m | 10m³ | 39.60 | 2882 | 114 140 | |
| | 人工费 | 元 | | 809 | 32 025 | |
| | 材料费 | 元 | | 1805 | 71 493 | |
| | 机械使用费 | 元 | | 268 | 10 623 | |
| | 机械台班差费用 | 元 | | | 2399 | |
| QY-563 | 混凝土拌制：搅拌站≤60m³/h，C30［HT-6063，HT-670］ | 10m³ | 40.39 | 1453 | 58 695 | |
| QY-564 | 混凝土搅拌运输车容量≤6m³ 装卸 | 10m³ | 434.16 | 167 | 72 296 | |
| | 人工费 | 元 | | 5 | 2028 | |
| | 材料费 | 元 | | 0 | 17 | |
| | 机械使用费 | 元 | | 162 | 70 251 | |
| | 机械台班差费用 | 元 | | | 8874 | |
| QY-565 | 混凝土搅拌运输车容量≤6m³ 运 1km | 10m³ | 434.16 | 21 | 9304 | |
| | 机械使用费 | 元 | | 21 | 9304 | |
| | 机械台班差费用 | 元 | | | 1175 | |
| | 人工费合计 | 元 | | | 317 861 | |
| | 材料费合计 | 元 | | | 492 527 | |
| | 机械使用费合计 | 元 | | | 243 911 | |
| | 一、定额直接工程费 | 元 | | | 1 054 299 | |
| | 人工价差 | 元 | 14 279.61 | 23 | 328 431 | |
| | 机械台班差合计 | 元 | | | 46 929 | |
| | 三、价差合计 | 元 | | | 375 360 | |
| | 直接工程费 | 元 | | | 1 429 660 | |

| 建设名称 | 青藏铁路第二期第二十一标段 | | | 概算编号 | 青藏线格拉段 | |
|---|---|---|---|---|---|---|
| 工程名称 | 桥涵 | | | 工程总量 | 984.24 延长 m | |
| 工程地点 | CK1589＋200～DK16313＋500 | | | 概算价值 | 20 620 356 元 | |
| 所属章节 | 第三章 | | | 概算指标 | 20 951 元/延长 m | |

| 单价编号 | 工作项目或费用名称 | 单 位 | 数 量 | 费 用（元） | |
|---|---|---|---|---|---|
| | | | | 单 价 | 合 价 |
| | 五、施工措施费 | % | 1 054 299.42 | 15 | 153 084 |
| | 直接费 | 元 | | | 1 582 744 |
| | 七、间接费 | % | 1 054 299.42 | 24 | 250 923 |
| | 八、税金 | % | 1 833 667.42 | 3 | 61 428 |
| | 九、单项预算价值 | 元 | | | 1 895 095 |
| | 2. 钢筋 | t | 313.20 | 4648 | 1 455 635 |
| QY-425 | 单双柱式桥墩（立柱钢筋） | t | 42.00 | 2725 | 114 461 |
| | 人工费 | 元 | | 183 | 7666 |
| | 材料费 | 元 | | 2425 | 101 870 |
| | 机械使用费 | 元 | | 117 | 4925 |
| | 机械台班差费用 | 元 | | | 1412 |
| QY-495 | 托盘及台顶钢筋 | t | 202.80 | 2909 | 589 984 |
| | 人工费 | 元 | | 380 | 77 015 |
| | 材料费 | 元 | | 2424 | 491 622 |
| | 机械使用费 | 元 | | 105 | 21 347 |
| | 机械台班差费用 | 元 | | | 6610 |
| QY-461 | 陆上顶帽（钢筋）墩高≤30m | t | 68.40 | 2882 | 197 151 |
| | 人工费 | 元 | | 809 | 55 316 |
| | 材料费 | 元 | | 1805 | 123 487 |
| | 机械使用费 | 元 | | 268 | 18 348 |
| | 机械台班差费用 | 元 | | | 4143 |
| | 人工费合计 | 元 | | | 139 997 |
| | 材料费合计 | 元 | | | 716 979 |
| | 机械使用费合计 | 元 | | | 44 620 |
| | 一、定额直接工程费 | 元 | | | 901 596 |
| | 人工价差 | 元 | 6486.96 | 23 | 149 200 |
| | 机械台班差合计 | 元 | | | 12 165 |
| | 三、价差合计 | 元 | | | 161 365 |
| | 直接工程费 | 元 | | | 1 062 961 |
| | 五、施工措施费 | % | 901 595.60 | 15 | 130 912 |
| | 直接费 | 元 | | | 1 193 872 |
| | 七、间接费 | % | 901 595.60 | 24 | 214 580 |
| | 八、税金 | % | 1 408 452.22 | 3 | 47 183 |
| | 九、单项预算价值 | 元 | | | 1 455 635 |
| | （三）预应力混凝土简支箱梁 | 孔 | 72.00 | 36 085 | 2 598 109 |

| 建设名称 | 青藏铁路第二期第二十一标段 | | | 概算编号 | 青藏线格拉段 | |
|---|---|---|---|---|---|---|
| 工程名称 | 桥涵 | | | 工程总量 | 984.24 延长 m | |
| 工程地点 | CK1589＋200～DK16313＋500 | | | 概算价值 | 20 620 356 元 | |
| 所属章节 | 第三章 | | | 概算指标 | 20 951 元/延长 m | |
| 单价编号 | 工作项目或费用名称 | 单　位 | 数　量 | 费　用　（元） | | |
| | | | | 单　价 | 合　价 | |
| | 1. 预制 | 孔 | 36.00 | 49 256 | 1 773 219 | |
| QY-535 | 预制 T 形梁 | 10m³ | 67.80 | 3858 | 261 605 | |
| | 人工费 | 元 | | 469 | 31 769 | |
| | 材料费 | 元 | | 3068 | 208 022 | |
| | 机械使用费 | 元 | | 322 | 21 814 | |
| | 机械台班差费用 | 元 | | | 2304 | |
| QY-563 | 混凝土拌制：搅拌站≤60m³/h，C30〔HT-6082，HT-427〕 | 10m³ | 68.48 | 1453 | 99 517 | |
| QY-536 | 预制 T 形梁（钢筋） | t | 145.20 | 2982 | 433 029 | |
| | 人工费 | 元 | | 290 | 42 115 | |
| | 材料费 | 元 | | 2586 | 375 460 | |
| | 机械使用费 | 元 | | 106 | 15 454 | |
| | 机械台班差费用 | 元 | | | 7434 | |
| QY-537 | 现浇翼缘板及 T 形梁架设后横向联结湿接缝混凝土 | 10m³ | 7.08 | 3705 | 26 231 | |
| | 人工费 | 元 | | 677 | 4793 | |
| | 材料费 | 元 | | 2865 | 20 287 | |
| | 机械使用费 | 元 | | 163 | 1152 | |
| | 机械台班差费用 | 元 | | | 10 | |
| QY-536 | 预制 T 形梁钢筋 | 10m³ | 7.22 | 2982 | 21 544 | |
| | 人工费 | 元 | | 290 | 2095 | |
| | 材料费 | 元 | | 2586 | 18 680 | |
| | 机械使用费 | 元 | | 106 | 769 | |
| | 机械台班差费用 | 元 | | | 171 | |
| QY-563 | 混凝土拌制：搅拌站≤60m³/h，C30〔HT-6082，HT-427〕 | t | 7.92 | 1453 | 11 509 | |
| QY-564 | 混凝土搅拌运输车容量≤6m³ 装卸 | 10m³ | 75.60 | 167 | 12 589 | |
| | 人工费 | 元 | | 5 | 353 | |
| | 材料费 | 元 | | 0 | 3 | |
| | 机械使用费 | 元 | | 162 | 12 233 | |
| | 机械台班差费用 | 元 | | | 1545 | |
| QY-565 | 混凝土搅拌运输车容量≤6m³ 运 1km | 10m³ | 75.60 | 21 | 1620 | |
| | 机械使用费 | 元 | | 21 | 1620 | |
| | 机械台班差费用 | 元 | | | 205 | |
| | 人工费合计 | 元 | | | 81 125 | |

| 建设名称 | 青藏铁路第二期第二十一标段 | | 概算编号 | 青藏线格拉段 | |
|---|---|---|---|---|---|
| 工程名称 | 桥涵 | | 工程总量 | 984.24 延长 m | |
| 工程地点 | CK1589＋200～DK16313＋500 | | 概算价值 | 20 620 356 元 | |
| 所属章节 | 第三章 | | 概算指标 | 20 951 元/延长 m | |
| 单价编号 | 工作项目或费用名称 | 单 位 | 数 量 | 费　用　（元） | |
| | | | | 单 价 | 合 价 |
| | 材料费合计 | 元 | | | 622 451 |
| | 机械使用费合计 | 元 | | | 53 041 |
| | 一、定额直接工程费 | 元 | | | 756 617 |
| | 人工价差 | 元 | 3721.46 | 23 | 85 594 |
| | 机械台班差合计 | 元 | | | 11 668 |
| | 三、价差合计 | 元 | | | 97 262 |
| | 直接工程费 | 元 | | | 853 879 |
| | 五、施工措施费 | ％ | 756 617.37 | 46 | 350 390 |
| | 直接费 | 元 | | | 1 204 269 |
| | 七、间接费 | ％ | 756 617.37 | 68 | 511 473 |
| | 八、税金 | ％ | 1 715 741.98 | 3 | 57 477 |
| | 九、单项预算价值 | 元 | | | 1 773 219 |
| | 2. 架设 | 孔 | 36.00 | 22 914 | 824 889 |
| QY-585 | 架桥机安拆、调试 130t | 次 | 12.00 | 20 550 | 246 600 |
| | 人工费 | 元 | | 1670 | 20 034 |
| | 材料费 | 元 | | 5048 | 60 572 |
| | 机械使用费 | 元 | | 13 833 | 165 993 |
| | 机械台班差费用 | 元 | | | 22 686 |
| QY-578 | 130t 架桥机架设 T 形梁，跨度 24m | 单线孔 | 36.00 | 6761 | 243 395 |
| | 人工费 | 元 | | 463 | 16 660 |
| | 材料费 | 元 | | 34 | 1227 |
| | 机械使用费 | 元 | | 6264 | 225 508 |
| | 机械台班差费用 | 元 | | | 24 430 |
| QY-512 | 桥头线路加固 | 座 | 12.00 | 1759 | 21 107 |
| | 人工费 | 元 | | 341 | 4090 |
| | 材料费 | 元 | | 957 | 11 488 |
| | 机械使用费 | 元 | | 461 | 5530 |
| | 机械台班差费用 | 元 | | | 1939 |
| | 人工费合计 | 元 | | | 40 784 |
| | 材料费 | 元 | | | 73 287 |
| | 机械使用费 | 元 | | | 397 031 |
| | 一、定额直接工程费 | 元 | | | 511 102 |

**表 2-68**　　　　　　　　　　　**隧道工程单项概算表**　　　　　第 1 页　共 2 页

| 建设名称 | 青藏铁路第二期第二十一标段 | | 概算编号 | 青藏线格拉段 | |
|---|---|---|---|---|---|
| 工程名称 | 隧道工程 | | 工程总量 | 984.24 延长 m | |
| 工程地点 | CK1589+200～DK16313+500 | | 概算价值 | 15 339 306 元 | |
| 所属章节 | 第六章 | | 概算指标 | 15 585 元/延长 m | |
| 单价编号 | 工作项目或费用名称 | 单　位 | 数　量 | 费　用（元） | |
| | | | | 单　价 | 合　价 |
| | 隧道 | 延长 m | 984.24 | 15 564 | 15 318 881 |
| | Ⅰ. 建筑工程费 | 延长 m | 984.24 | 15 564 | 15 318 881 |
| | 一、正洞 | 延长 m | 984.24 | 15 564 | 15 318 881 |
| | （一）开挖 | m³ | 112 567.00 | 125 | 14 108 091 |
| | Ⅲ级围岩 | 延长 m | 1070.00 | 13 185 | 14 108 091 |
| SY-3 | 洞身开挖：隧长≤1000m | 10m³ | 11 256.70 | 415 | 4 671 756 |
| | 人工费 | 元 | | 133 | 1 501 981 |
| | 材料费 | 元 | | 128 | 1 443 559 |
| | 机械使用费 | 元 | | 153 | 1 726 215 |
| | 机械台班费用 | 元 | | | 450 612 |
| SY-63 | 洞身出渣：正洞无轨出渣，隧长≤1000m | 10m³ | 11 256.70 | 109 | 1 227 431 |
| | 人工费 | 元 | | 10 | 114 706 |
| | 机械使用费 | 元 | | 99 | 1 112 725 |
| | 机械台班费用 | 元 | | | 1 235 682 |
| SY-151 | 洞外运渣：无轨，每增运 1000m | 10m³ | 11 256.70 | 17 | 192 715 |
| | 机械使用费 | 元 | | 17 | 192 715 |
| | 机械台班费用 | 元 | | | 93 419 |
| SY-263 | 通风：隧长≤2000m | 延长 m | 1070.00 | 284 | 304 073 |
| | 人工费 | 元 | | 131 | 140 438 |
| | 材料费 | 元 | | 8 | 8539 |
| | 机械使用费 | 元 | | 145 | 155 097 |
| | 机械台班费用 | 元 | | | 34 195 |
| SY-273 | 照明：隧长≤2000m | 延长 m | 1070.00 | 408 | 436 881 |
| | 人工费 | 元 | | 237 | 253 098 |
| | 材料费 | 元 | | 134 | 143 230 |
| | 机械使用费 | 元 | | 38 | 40 553 |
| | 机械台班费用 | 元 | | | 92 122 |
| | 人工费合计 | 元 | | | 2 010 223 |
| | 材料费合计 | 元 | | | 1 595 328 |
| | 机械使用费合计 | 元 | | | 3 227 304 |

| 建设名称 | 青藏铁路第二期第二十一标段 | | | 概算编号 | 青藏线格拉段 | |
|---|---|---|---|---|---|---|
| 工程名称 | 隧道工程 | | | 工程总量 | 984.24 延长 m | |
| 工程地点 | CK1589+200～DK16313+500 | | | 概算价值 | 15 339 306 元 | |
| 所属章节 | 第六章 | | | 概算指标 | 15 585 元/延长 m | |
| 单价编号 | 工作项目或费用名称 | 单 位 | 数　量 | 费　用（元） | | |
| | | | | 单　价 | 合　价 | |
| | 一、定额直接工程费 | 元 | | | 6 832 855 |
| | 人工差价 | 元 | 80 795.76 | 23 | 1 858 303 |
| | 机械台班差 | 元 | | | 1 906 030 |
| | 三、差价合计 | 元 | | | 3 764 333 |
| | 四、直接工程费 | 元 | | | 10 597 187 |
| | 五、施工措施费 | ％ | 6 832 854.51 | 15 | 1 031 078 |
| | 六、直接费 | 元 | | | 11 628 265 |
| | 七、间接费 | ％ | 6 832 854.51 | 30 | 2 022 525 |
| | 九、税金 | ％ | 13 650 789.78 | 3 | 457 301 |
| | 十、单项概算价值 | 元 | | | 14 108 091 |
| | （二）支护 | 延长 m | 1070.00 | 1132 | 1 210 790 |
| | A. 喷射混凝土 | 圬工方 | 965.00 | 1255 | 1 210 790 |
| SY-161 | 喷射：混凝土 C25 | 10m³ | 96.50 | 4205 | 405 780 |
| | 人工费 | 元 | | 1135 | 245 131 |
| | 材料费 | 元 | | 2540 | 245 131 |
| | 机械使用费 | 元 | | 530 | 51 156 |
| | 机械台班费用 | 元 | | | 67 312 |
| SY-464 | 材料运输：正洞无轨运输 隧长≤1000m | 10t | 2345.00 | 47 | 109 769 |
| | 人工费 | 元 | | 5 | 10 810 |
| | 机械使用费 | 元 | | 42 | 98 959 |
| | 机械台班费用 | 元 | | | 47 974 |
| | 人工费合计 | 元 | | | 255 942 |
| | 材料费合计 | 元 | | | 245 131 |
| | 机械使用费合计 | 元 | | | 150 115 |
| | 一、定额直接工程费 | 元 | | | 651 188 |
| | 人工差价 | 元 | 4958.86 | 23 | 114 054 |
| | 机械台班差 | 元 | | | 115 286 |
| | 三、差价合计 | 元 | | | 229 340 |
| | 四、直接工程费 | 元 | | | 880 528 |
| | 五、施工措施费 | ％ | 651 187.53 | 15 | 98 264 |
| | 六、直接费 | 元 | | | 978 792 |
| | 七、间接费 | ％ | 651 187.53 | 30 | 192 752 |
| | 九、税金 | ％ | 1 171 543.22 | 3 | 39 247 |
| | 十、单项概算价值 | 元 | | | 1 210 790 |

**表 2-69**　　　　　　　　**轨道工程单项概算表**　　　　　　第 1 页　共 2 页

| 建设名称 | 青藏铁路第二期第二十一标段 | | 概算编号 | 青藏线格拉段 | |
|---|---|---|---|---|---|
| 工程名称 | 轨道 | | 工程总量 | 42.95 铺轨 km | |
| 工程地点 | CK1589＋200～DK16313＋500 | | 概算价值 | 27 593 269 元 | |
| 所属章节 | 第五章 | | 概算指标 | 642 451 元/铺轨 km | |

| 单价编号 | 工作项目或费用名称 | 单位 | 数量 | 费用（元） | |
|---|---|---|---|---|---|
| | | | | 单价 | 合价 |
| | 站线 | 铺轨 km | 42.95 | 642 451 | 27 593 269 |
| | 甲、新建 | 铺轨 km | 42.95 | 642 451 | 27 593 269 |
| | Ⅰ.建筑工程费 | 铺轨 km | 42.95 | 642 451 | 27 593 269 |
| | 一、铺新枕 | 铺轨 km | 42.95 | 642 451 | 27 593 269 |
| | （二）钢筋混凝土枕 | km | 42.95 | 642 451 | 27 593 269 |
| GY-84 | 人工铺轨：混凝土枕 60kg；钢轨ⅢA1667 根 | km | 42.95 | 17 524 | 752 656 |
| | 人工费 | 元 | | 10 919 | 468 971 |
| | 材料费 | 元 | | 4740 | 203 583 |
| | 机械使用费 | 元 | | 1865 | 80 102 |
| | 机械台班差费用 | 元 | | | 12 026 |
| GY-168 | 轨料：混凝土枕Ⅲ型枕定尺钢轨 25m，60kg；钢轨 A 弹条Ⅱ型扣件 1667 根 | kM | 144.00 | 18 723 | 2 696 052 |
| | 人工费 | 元 | | 12 118 | 1 744 946 |
| | 材料费 | 元 | | 4740 | 682 577 |
| | 机械使用费 | 元 | | 1865 | 268 528 |
| | 人工费合计 | 元 | | | 2 213 917 |
| | 材料费合计 | 元 | | | 886 160 |
| | 机械使用费合计 | 元 | | | 348 630 |
| | 一、定额直接工程费 | 元 | | | 3 448 707 |
| | 人工价差 | 元 | 21 612.63 | 23 | 497 091 |
| | 机械台班差 | 元 | | | 12 026 |
| | 三、价差合计 | 元 | | | 509 117 |
| | 直接工程费 | 元 | | | 3 957 824 |
| | 五、施工措施费 | ％ | 3 448 707.32 | 41 | 1 412 591 |
| | 直接费 | 元 | | | 5 370 414 |
| | 七、间接费 | ％ | 3 448 707.32 | 97 | 3 359 041 |
| | 八、税金 | ％ | 8 729 455.34 | 3 | 292 437 |
| | 九、单项预算价值 | 元 | | | 9 021 892 |
| | 三、铺新岔 | 组 | 24.00 | 662 680 | 15 904 319 |
| | （一）单开道岔 | 组 | 24.00 | 662 680 | 15 904 319 |
| | 1.有碴道床铺道岔 | 组 | 24.00 | 662 680 | 15 904 319 |
| GY-377 | 人工铺道岔：单开道岔 V≤160km/h；木岔枕 60kg，钢轨 12 号 | 组 | 24.00 | 261 707 | 6 280 968 |

| 建设名称 | 青藏铁路第二期第二十一标段 | | | 概算编号 | 青藏线格拉段 | |
|---|---|---|---|---|---|---|
| 工程名称 | 轨道 | | | 工程总量 | 42.95 铺轨 km | |
| 工程地点 | CK1589＋200～DK16313＋500 | | | 概算价值 | 27 593 269 元 | |
| 所属章节 | 第五章 | | | 概算指标 | 642 451 元/铺轨 km | |
| 单价编号 | 工作项目或费用名称 | 单　位 | 数　量 | 费　用　（元） | | |
| | | | | 单　价 | 合　价 | |
| | 人工费 | 元 | | 4413 | 105 905 | |
| | 材料费 | 元 | | 254 647 | 6 111 522 | |
| | 机械使用费 | 元 | | 2648 | 63 541 | |
| GY-539 | 道岔铺料：单开道岔 V≤160km/h；混凝土岔枕 60kg，钢轨 12 号，固定辙岔 | 组 | 24.00 | 5166 | 123 976 | |
| | 人工费 | 元 | | 358 | 8602 | |
| | 材料费 | 元 | | 290 | 6951 | |
| | 机械使用费 | 元 | | 4518 | 108 424 | |
| | 人工费合计 | 元 | | | 114 507 | |
| | 材料费合计 | 元 | | | 6 118 473 | |
| | 机械使用费合计 | 元 | | | 171 965 | |
| | 一、定额直接工程费 | 元 | | | 6 404 944 | |
| | 人工价差 | 元 | 5303.04 | 23 | 121 970 | |
| | 三、价差合计 | 元 | | | 121 970 | |
| | 直接工程费 | 元 | | | 6 526 914 | |
| | 五、施工措施费 | ％ | 6 404 943.84 | 41 | 2 623 465 | |
| | 直接费 | 元 | | | 9 150 379 | |
| | 七、间接费 | ％ | 6 404 943.84 | 97 | 6 238 415 | |
| | 八、税金 | ％ | 15 388 794.06 | 3 | 515 525 | |
| | 九、单项预算价值 | 元 | | | 15 904 319 | |
| | 五、铺道床 | 铺轨 kM | 42.95 | 62 097 | 2 667 058 | |
| | （一）粒料道床 | m³ | 45 600.00 | 58 | 2 667 058 | |
| | 1. 面碴 | m³ | 45 600.00 | 58 | 2 667 058 | |
| GY-725 | 站线铺面碴：碎石道碴，混凝土枕 | 1000m³ | 45.60 | 35 192 | 1 604 740 | |
| | 人工费 | 元 | | 2745 | 125 180 | |
| | 材料费 | 元 | | 29 458 | 1 343 285 | |
| | 机械使用费 | 元 | | 2988 | 136 275 | |
| | 一、定额直接工程费 | 元 | | | 1 604 740 | |
| | 直接费 | 元 | | | 2 059 067 | |
| | 七、间接费 | ％ | 1 604 739.70 | 33 | 521 540 | |
| | 八、税金 | ％ | 2 580 607.44 | 3 | 86 450 | |
| | 九、单项预算价值 | 元 | | | 2 667 058 | |

7）综合概算表

综合概算表见表 2-70。

表 2-70 　　　　　　　　　　综 合 概 算 表　　　　　　　第 1 页　共 3 页

| 建设名称 | | 青藏铁路第二期土建工程 | 工程总量 | 42.95 正线 km | 编号 | 青藏铁路格拉段 |
|---|---|---|---|---|---|---|
| 编制范围 | | 第二十一标段 | 预算总额 | 68 128 812 元 | 技术经济指标 | 1 586 235 元/正线 km |
| 章别 | 节号 | 工程及费用名称 | 单位 | 数量 | 概算价值/元 | 指标/元 |
| | | 第一部分静态投资 | 正线 km | 42.95 | 68 128 812 | 1 586 235 |
| 一 | | 拆迁及征地费用 | 正线 km | 42.95 | 417 600 | 9723 |
| | | 其中：Ⅰ.建筑工程费 | 正线 km | 42.95 | 417 600 | 9723 |
| | 1 | 拆迁及征地费用 | 正线 km | 42.95 | 417 600 | 9723 |
| | | 其中：Ⅰ.建筑工程费 | 正线 km | 42.95 | 417 600 | 9723 |
| | | Ⅰ.建筑工程费 | 正线 km | 42.95 | 417 600 | 9723 |
| | | 二、砍伐、挖根 | 根 | 1440 | 417 600 | 290 |
| | | 伐树 | 株 | 1440 | 417 600 | 290 |
| 二 | | 路基 | 正线 km | 42.95 | 4 596 306 | 107 015 |
| | | 其中：Ⅰ.建筑工程费 | 正线 km | 42.95 | 4 596 306 | 107 015 |
| | 2 | 区间路基土石方 | m³ | 161 340 | 4 178 706 | 26 |
| | | Ⅰ.建筑工程费 | m³ | 161 340 | 4 178 706 | 26 |
| | | 一、土方 | m³ | 128 544 | 4 177 680 | 33 |
| | | （一）挖土方 | m³ | 37 800 | 704 970 | 19 |
| | | 1.挖土方（运距≤1km） | m³ | 37 800 | 549 990 | 15 |
| | | （2）机械施工 | m³/km | 37 800 | 549 990 | 15 |
| | | 2.增运土方（运距＞1km） | m³·km | 75 600 | 85 701 | 1 |
| | | （二）利用土填方 | m³ | 26 484 | 143 825 | 5 |
| | | 2.机械施工 | m³ | 26 484 | 143 825 | 5 |
| | | （三）借土填方 | m³ | 64 260 | 703 608 | 11 |
| | | 1.挖填土方（运距≤1m） | m³ | 64 260 | 703 608 | 11 |
| | | （2）机械施工 | m³ | 64 260 | 703 608 | 11 |
| | 3 | 路基附属工程 | 正线 km | 42.95 | 895 153 | 20 842 |
| | | Ⅰ.建筑工程费 | 正线 km | 42.95 | 895 153 | 20 842 |
| | | 一、附属土石方及加固防护 | 正线 km | 42.95 | 895 153 | 20 842 |
| | | （一）土石方 | km | 42.95 | 895 153 | 20 842 |
| | | 1.土方 | km | 42.95 | 10 471 | 244 |
| | | （九）地基处理 | m³ | 9960 | 677 290 | 68 |
| | | 1.抛填石（片石） | m³ | 9960 | 677 290 | 68 |
| | | 二、支挡结构 | m³ | 780 | 207 392 | 266 |
| | | （一）挡土墙浆砌石 | 瓦工方 | 780 | 207 392 | 266 |

| 建设名称 | 青藏铁路第二期土建工程 | | 工程总量 | 42.95 正线 km | 编号 | 青藏铁路格拉段 |
|---|---|---|---|---|---|---|
| 编制范围 | 第二十一标段 | | 预算总额 | 68 128 812 元 | 技术经济指标 | 1 586 235 元/正线 km |
| 章别 | 节号 | 工程及费用名称 | 单位 | 数量 | 概算价值/元 | 指标/元 |
| 三 | | 桥涵 | 延长 m | 984.24 | 20 620 356 | 20 951 |
| | | Ⅰ. 建筑工程费 | 延长 m | 984.24 | 20 620 356 | 20 951 |
| | | 甲、新建 | 延长 m | 984.24 | 20 620 356 | 20 951 |
| | 4 | 一、梁式中桥 | 延长 m | 984.24 | 17 688 868 | 17 972 |
| | | （一）基础 | 瓦工方 | 25 596 | 10 562 957 | 413 |
| | | 2. 承台 | 瓦工方 | 25 596 | 2 875 967 | 112 |
| | | （1）混凝土 | 瓦工方 | 25 596 | 997 988 | 39 |
| | | （2）钢筋 | t | 372 | 1 458 006 | 3919 |
| | | 5. 钻孔桩 | m | 4740 | 6 183 194 | 1304 |
| | | （二）墩台 | 瓦工方 | 4257.6 | 1 895 095 | 445 |
| | | 1. 混凝土 | 瓦工方 | 4257.6 | 1 895 095 | 445 |
| | | 2. 钢筋 | t | 313.2 | 1 455 635 | 4648 |
| | | （三）预应力混凝土简支箱梁 | 孔 | 72 | 2 598 109 | 36 085 |
| | | 1. 预制 | 孔 | 36 | 1 773 219 | 49 256 |
| | | 2. 架设 | 孔 | 36 | 824 889 | 22 914 |
| | | （十二）支座 | 元 | 36 | 609 882 | 16 941 |
| | | 2. 板式橡胶支座 | 孔 | 36 | 609 882 | 16 941 |
| | | （十三）桥面系 | 延长 m | 984.24 | 1 250 368 | 1270 |
| | | 1. 混凝土梁桥面系 | 延长 m | 984.24 | 1 250 368 | 1270 |
| | | （十四）附属工程 | 项 | 12 | 616 840 | 51 403 |
| | | 7. 台厚及椎体填筑 | m³ | 1080 | 616 840 | 571 |
| | | （十五）基础施工辅助设施 | 元 | 33 840 | 679 284 | 20 |
| | | 涵洞 | 横延 m | 134.52 | 2 931 488 | 21 792 |
| | | Ⅰ. 建筑工程费 | 横延 m | 134.52 | 2 931 488 | 21 792 |
| | | 甲、新建 | 横延 m | 134.52 | 2 931 488 | 21 792 |
| | 5 | 一、圆涵 | 横延 m | 134.52 | 2 931 488 | 21 792 |
| | | （一）明挖 | 横延 m | 134.52 | 2 931 488 | 21 792 |
| | | 2. 双孔 | 横延 m | 134.52 | 2 931 488 | 21 792 |
| | | （1）涵身及附属 | 10m³ | 134.52 | 2 931 488 | 21 792 |
| | | （2）明挖基础（含承台） | 瓦工方 | 3072 | 86 976 | 28 |
| 四 | 6 | 站线 | 铺轨 km | 42.95 | 27 593 269 | 642 451 |
| | | 甲、新建 | 铺轨 km | 42.95 | 27 593 269 | 642 451 |
| | | Ⅰ. 建筑工程费 | 铺轨 km | 42.95 | 27 593 269 | 642 451 |
| | | 一、铺新枕 | 铺轨 km | 42.95 | 27 593 269 | 642 451 |

| 建设名称 | 青藏铁路第二期土建工程 | | 工程总量 | 42.95 正线 km | 编号 | 青藏铁路格拉段 |
|---|---|---|---|---|---|---|
| 编制范围 | 第二十一标段 | | 预算总额 | 68 128 812 元 | 技术经济指标 | 1 586 235 元/正线 km |
| 章别 | 节号 | 工程及费用名称 | 单位 | 数量 | 概算价值/元 | 指标/元 |
| | | （二）钢筋混凝土枕 | km | 42.95 | 27 593 269 | 642 451 |
| | | 三、铺新岔 | 组 | 24 | 15 904 319 | 662 680 |
| | | （一）单开道岔 | 组 | 24 | 15 904 319 | 662 680 |
| | | 1. 有砟道床铺道岔 | 组 | 24 | 15 904 319 | 662 680 |
| | | 五、铺道床 | 铺轨 km | 42.95 | 2 667 058 | 62 097 |
| | | （一）粒料道床 | m³ | 45 600 | 2 667 058 | 58 |
| | | 1. 面砟 | m³ | 45 600 | 2 667 058 | 58 |
| 五 | 7 | 隧道 | 延长 m | 984.24 | 15 318 881 | 15 564 |
| | | Ⅰ. 建筑工程费 | 延长 m | 984.24 | 15 318 881 | 15 564 |
| | | 一、正洞 | 延长 m | 984.24 | 15 318 881 | 15 564 |
| | | （一）开挖 | m³ | 112 567 | 14 108 091 | 125 |
| | | Ⅲ级围岩 | 延长 m | 1070 | 14 108 091 | 13 185 |
| | | （二）支护 | 延长 m | 1070 | 1 210 790 | 1132 |
| | | A. 喷射混凝土 | 圬工方 | 965 | 1 210 790 | 1255 |
| 六 | 8 | 通信、信号 | 正线 km | 42.95 | 0 | 0 |
| 七 | 9 | 电力及电力牵引供电 | 正线 km | 42.95 | 0 | 0 |
| 八 | 10 | 房屋 | 正线 km | 42.95 | 0 | 0 |
| 九 | 11 | 其他运营生产设备及建筑物 | 正线 km | 42.95 | 0 | 0 |
| 十 | 12 | 大型临时设施和过渡过程 | 正线 km | 42.95 | 0 | 0 |
| 十一 | 13 | 其他费用 | 正线 km | 42.95 | 0 | 0 |
| 十二 | 14 | 基本预备费 | 正线 km | 42.95 | 0 | 0 |
| | | 以上总计 | 正线 km | 42.95 | 68 128 812 | 1 586 235 |
| | | 第二部分：动态投资 | 正线 km | 42.95 | 0 | 0 |
| 十三 | 15 | 工程造价增长预备费 | 正线 km | 42.95 | 0 | 0 |
| 十四 | 16 | 建设期贷款利息 | 正线 km | 42.95 | 0 | 0 |
| | | 第三部分：机车车辆购置费 | 正线 km | 42.95 | 0 | 0 |
| 十五 | 17 | 机车车辆购置费 | 元 | | | |
| | | 第四部分：铺底流动资金 | 正线 km | 42.95 | 0 | 0 |
| 十六 | 18 | 铺底流动资金 | 正线 km | 42.95 | 0 | 0 |
| | | 概预算总额 | 正线 km | 42.95 | 68 128 812 | 1 586 235 |

8）总概算表

总概算见表 2-71。

**表 2-71**　　　　　　　　　　　**总 概 算 表**　　　　　　　第 1 页　共 1 页

| 建设名称 | 青藏铁路第二期土建工程第二十一标段 | | | 总概算编号 | 青藏铁路格拉段 | |
| --- | --- | --- | --- | --- | --- | --- |
| 编制范围 | CK1589＋200～DK16313＋500 | | | 概算总额 | 68 128 812 元 | |
| 工程总量 | 正线 km | | | 技术经济指标 | 1 586 235 元/正线 km | |

| 章别 | 费用类别 | 概算价值（万元） | | | | | 技术经济指标 |
| --- | --- | --- | --- | --- | --- | --- | --- |
| | | Ⅰ | Ⅱ | Ⅲ | Ⅳ | 合计 | |
| | | 建筑工程 | 安装工程 | 设备工器具 | 其他费 | | （万元） |
| | 第一部分　静态投资 | | 0 | 0 | 0 | 6813 | 159 |
| 一 | 拆迁及征地费用 | 43 | 0 | 0 | 0 | 43 | 1 |
| 二 | 路基 | 460 | 0 | 0 | 0 | 460 | 11 |
| 三 | 桥涵 | 2062 | 0 | 0 | 0 | 2062 | 2 |
| 四 | 轨道 | 2759 | 0 | 0 | 0 | 2759 | 64 |
| 五 | 隧道及明洞 | 1532 | 0 | 0 | 0 | 1532 | 2 |
| 六 | 通信及信号 | 0 | 0 | 0 | 0 | 0 | 0 |
| 七 | 电力及电力牵引供电 | 0 | 0 | 0 | 0 | 0 | 0 |
| 八 | 房屋 | 0 | 0 | 0 | 0 | 0 | 0 |
| 九 | 其他运营生产设备及建筑物 | 0 | 0 | 0 | 0 | 0 | 0 |
| 十 | 大型临时设施和过渡工程 | 0 | 0 | 0 | 0 | 0 | 0 |
| 十一 | 其他费用 | 0 | 0 | 0 | 0 | 0 | 0 |
| 十二 | 基本预备费（5%） | 0 | 0 | 0 | 0 | 0 | 0 |
| | 以上总计 | 6813 | 0 | 0 | 0 | 6813 | 159 |
| | 第二部分：动态投资 | 0 | 0 | 0 | 0 | 0 | 0 |
| 十三 | 工程造价增长预留费 | 0 | 0 | 0 | 0 | 0 | 0 |
| 十四 | 建设期投资贷款利息 | 0 | 0 | 0 | 0 | 0 | 0 |
| | 第三部分：机车车辆购置费 | 0 | 0 | 0 | 0 | 0 | 0 |
| 十五 | 机车车辆购置费 | 0 | 0 | 0 | 0 | 0 | 0 |
| | 第四部分：铺底流动资金 | 0 | 0 | 0 | 0 | 0 | 0 |
| 十六 | 铺底流动资金 | 0 | 0 | 0 | 0 | 0 | 0 |
| | 概算总额 | 6813 | | | | 6813 | 159 |

## 2.3　施工组织设计部分

施工组织设计是工程项目实施指导文件，主要包括施工总平面布置、施工方案、施工进度计划、机械造型配套、资源优化配置和质量、HSE 管理体系及措施六项内容（俗称毕业设计六道"硬菜"）。

### 任务 2.3.1　施工总平面图布置

施工总平面布置图是对一个建筑物或构筑物施工现场的平面规划和空间布置。根据工程规模、特点和施工现场的条件，按照一定的设计原则，来正确解决施工期间所需的各种暂设工程和其他临时设施或永久性建筑物同拟建工程之间的位置关系。

施工总平面布置必须布置在大比例尺地形图上。根据地形地质条件科学合理布局。特别注意高料高用、低料低用，场地狭窄，二次搬运问题。

（1）施工平面图的设计内容

◆ 建筑物总平面图上已建的地上、地下一切房屋、建筑物以及其他设施（道路、管线）的位置和尺寸。

◆ 测量放线标桩位置、地形等高线和土方取弃地点。

◆ 自行式起重机开行路线、轨道式起重机轨道布置和固定式垂直运输设备位置。

◆ 各种加工厂、搅拌站、材料、半成品、构件、机具的仓库或堆场的位置。

◆ 生产和生活性福利设施的布置。

◆ 场内道路布置及引入的铁路、公路和航道位置。

◆ 临时给水管线、供电线路、蒸汽及压缩空气管道等的布置。

◆ 一切安全及防火设施的布置。

（2）施工平面图的布置依据

在进行施工平面图设计前，首先应认真研究施工方案，并对施工现场做深入细致的调查研究，而后应对施工平面图设计所依据的原始资料进行周密分析，使设计与施工现场的实际情况相符，从而使其确实起到指导施工现场的作用。布置施工平面图依据的资料主要有以下几个方面。

1）建筑、结构设计和施工组织设计时所依据的有关拟建工程的当地原始资料

◆ 自然条件调查资料：气象、地形、水文及地质资料，主要用于布置地表水和地下水的排水方案，确定易燃、易爆及有碍人体健康物品的布置，安排雨季施工期间所需的设施。

◆ 技术经济调查资料：交通运输、水源、电源、物质资料、生产和生活基地情况，对布置水、电管线和道路等具有重要作用。

2）建筑设计资料

◆ 建筑总平面图。包括一切地上、地下拟建的房屋和构筑物，它是正确确定临时房屋和其他设施位置以及修剪工地运输道路和解决排水等所需的资料。

◆ 一切已有和拟建的地下、地上管道位置。在设计施工平面图时，可以考虑利用这些管道或提前拆除或迁移，并需要注意不得在拟建管道位置上建临时建筑物。

◆ 建筑区域的竖向设计和土方平衡图。它们在布置水、电管线和安排土方的挖填、取土或弃土地点时具有重要作用。

3）施工资料

◆ 施工进度计划。从中了解各个施工阶段的情况，以便分阶段布置施工现场。

◆ 施工方案。据此确定垂直运输机械和其他施工机具的位置、数量和规划场地。

◆ 各种材料、构件、半成品等需要量计划。据此确定仓库和堆场的面积、形式和位置。

（3）施工平面图的设计原则

在保证施工顺利进行的前提下，现场布置尽量紧凑，节约用地。

合理布置施工现场的运输道路及各种材料堆场、加工厂、仓库位置，各种机具的位置。

尽量使运距最短，从而减少或避免二次搬运。

力争减少临时设施的数量，降低临时设施费用。

临时设施的布置，尽量便于工人的生产和生活，使工人居住区至施工区的距离最短，往返时间最少。

符合环保、安全和防火要求。

根据上述基本原则并结合施工现场的具体情况，施工平面图的布置可有几种不同的方案，需进行技术经济比较，从中选出最经济、最安全、最合理的方案。方案比较的技术经济指标一般有：施工用地面积、施工场地利用率、场内运输道路总长度、各种临时管线总长度、临时房屋的面积等是否符合国家规定的技术和防火要求等。

（1）施工总平面图的设计步骤

施工总平面图设计的一般步骤如图 2-69 所示。

1）运输道路的布置

当大批材料由铁路运入工地，应先解决铁路由何处引入及可能引到何处的问题。一般大型工业企业厂内都有永久性铁路专用线，通常可提前修建以便为工程施工服务。

当大批材料由水路运入工地时，应首先选择或布置卸货码头，尽量利用原有码头的吞吐能力。当需增设码头时，卸货码头不应少于 2 个，宽度不应小于 2.5m。码头距施工现场较近时，在码头附近布置加工厂和转运仓库。

当大批材料由公路运入工地时，由于公路可以较灵活地布置，所以首先应将仓库和加工厂布

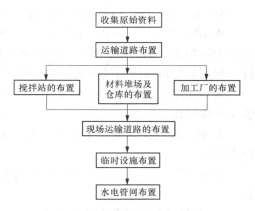

图 2-69　施工总平面图设计步骤

置在最合理、最经济的地方，然后，再将场内道路与场外道路接通，最后再按运距最短、运输费用最低的原则布置场内运输道路。

公路运输的规划应先抓干线的修建，布置道路时，应注意以下问题。

注意临时道路与地下管网的施工程序及其合理布置，永久性道路的路基应先修好，作为施工中临时道路以节约费用。应将临时道路尽量布置在无地下管网或扩建工程范围内；注意保证运输通畅；进出工地应保证两个以上出入口，主要道路应采用双车道，宽度在 6m 以上；次要道路可采用单车道，宽度不小于 3.5m。注意施工机械行驶路线的设置，在道路干线路肩上设宽约 4m 的施工机械行走的道路，以保护道路干线的路面不受破坏。

2）仓库与材料堆场的布置

通常考虑设置在运输方便、位置适中、运距较短并且安全防火的地方。区别不同材料、设备和运输方式来设置。

当采用铁路运输时，仓库通常沿铁路线布置，并且要留有足够的装卸场地，必须在附近设置转运仓库。布置铁路沿线仓库时，应将仓库设置在靠近工地一侧，以免内部运输跨越铁路。同时仓库不宜设置在弯道处或坡道上。

当采用水路运输时，一般应在码头附近设置转运仓库，以缩短船只在码头上的停留时间。

当采用公路运输时，仓库的布置较灵活。一般中心仓库布置在工地中央或靠近使用的地方，也可以布置在靠近于外部交通连接处。砂石、水泥、石灰、木材等仓库或堆场宜布置在搅拌站、预制场和木材加工厂附近；砖、瓦和预制构件等直接使用的材料应布置在施工对象附近，以避免二次搬运。工业项目施工工地还应考虑主要设备的仓库（或堆场），一般笨重设备应尽量放在车间附近，其他设备仓库可布置在外围或其他空地上。

3）加工厂布置

各种加工厂布置，应以方便使用、安全防火、运输费用最少、不影响工程施工的正常进行为原则。一般应将加工厂集中布置在同一个区域，且多处于工地边缘。各种加工厂应与相应的仓库或材料堆场布置在同一区域。

◆ 混凝土搅拌站。根据工程的具体情况可采用集中、分散或集中与分散相结合的三种布置方式。当现浇混凝土量大时，宜在工地设置混凝土搅拌站；当运输条件好时，宜采用集中搅拌或选用商品混凝土最有利；当运输条件较差时，以分散搅拌为宜。

◆ 预制加工厂。一般设置在建设单位的空闲地带上。

◆ 钢筋加工厂。区别不同情况，采用分散或集中布置。对于需进行冷加工、对焊、点焊的钢筋和大片钢筋网，宜设置中心加工厂，其位置应靠近预制构件加工厂；对于小型加工件，利用简单机具成型的钢筋加工，可在靠近使用地点的分散的钢筋加工棚里进行。

◆ 木材加工厂。要视木材加工的工作量、加工性质及种类决定是集中设置还是分散设置几个临时加工棚。

◆ 砂浆搅拌站。对于工业项目施工工地，由于砂浆量小且分散，可以分散设置在使用地点附近。

◆ 金属结构、锻工、电焊和机修等车间。由于它们在生产上联系密切，应尽可能布置在一起。

4）项目部与生活临时设施布置

项目部与生活临时设施包括：办公室、汽车库、职工休息室、开水房、小卖部、食堂、俱乐部和浴室等。根据工地施工人数，可计算这些临时设施的建筑面积。应尽量利用建设单位的生活基地或其他永久建筑，不足部分另行建造。

5）临时水电管网及其他动力设施的布置

当有可以利用的水源、电源时，可将水电从外面接入工地，沿主要干道布置干管、主线，然后与各用户接通。临时总变电站应设置在高压电引入处，不应设在工地中心。临时水池应放在地势较高处。

6）安全防火设施布置

根据工程防火要求，应设立消防站。一般设置在易燃建筑物（木材、仓库等）附近，并须有通畅的出口和消防车道，其宽度不宜小于 6m，与拟建工程项目的距离不得大于 25m，也不得小于 5m，沿道路布置消火栓时，其间距不得大于 100m，消火栓到路边的距离不得大于 2m。

（2）项目成果示例

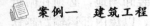 案例一　建筑工程

本工程地处西安理工大学曲江校区内，南靠咸宁西路，西邻兴庆路，交通便利。用地内无永久建筑和构筑物及需保护的古迹、古木等。

1. 环境条件

西安属暖温带半湿润大陆性季风气候，四季分明，气候温和，雨量适中。春季温暖、干燥、多风；夏季炎热多雨，多雷雨大风天气；秋季凉爽，气温速降，秋淋明显；冬季寒冷，多雾、少雨雪。

2. 施工条件

（1）由于独特的地理位置，为保证不影响校内师生的正常学习和生活，工程运输车辆需尽量避免在师生活动频繁的时刻和夜间进出工地，这将给工程的顺利进行和保证施工进度带来一定困难。且本工程处于西安市区内，工地应加强对运输车辆的管理使用，自觉遵守西安市交通运输的有关规定，所有运输车辆要做到不抛撒，不阻塞交通，文明行车。

（2）业主已提供了能基本满足施工要求的场地，"三通一平"工作已完成。

（3）施工单位进场后，由业主、监理、施工三方共同交验工程坐标和高程控制点，由施工单位进行测引，并加以保护。

（4）施工单位进场后，按业主提供的水、电源的实际位置，按施工平面图的布置要求，自行将水、电线路接引至施工需要点，并按平面布置要求搭建临时设施。

（5）虽然施工现场离居民生活区较远，但位于西安市雁塔区内，考虑文明、环保施工，为此对噪声、扬尘、污水排放等控制也极为重要。结合施工的环境条件，本工程施工总平面布置图如图 2-70 所示。

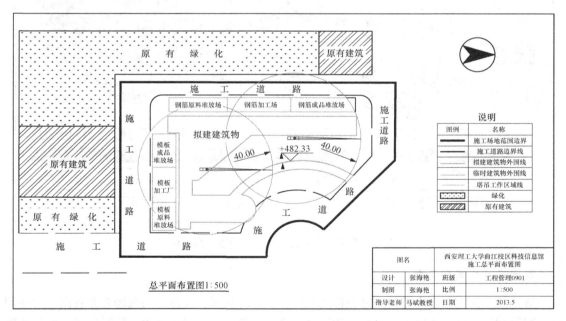

图 2-70　西安理工大学曲江校区科技信息馆施工总平面图

No. 2　案例一～案例六
施工总平面布置图
（微信扫码，可自由缩放阅览）

**案例二 水利工程**

沈河，是渭河下游的一条支流，属黄河水系，发源于秦岭北麓，在陕西省渭南市临渭区附近注入渭河。沈河由稠水河、清水河在河西乡史家村汇合而成。自川道北流到川口王，经灰堆村穿市区到双王办张庄村北入渭。全长 45.4 万 m，流域面积 25.95 万 $m^2$，河床比降 15.2%，总落差 690m。年均径流量 3742 万 $m^3$，年均输沙量 86 亿 kg，流域年均侵蚀模数 3.27kg/$m^2$。渭南市临渭区沈河站南街办—向阳街办防洪工程主要建设内容为：沈河左岸新建堤防 1505.7m（桩号 0+000—左 0+133.4、左 0+355.4—左 1+727.7），新建护岸 222m（桩号左 0+133.4—左 0+355.4），清理河道堆积及垃圾 6 万 $m^3$，新修穿堤排水建筑物 1 处；沈河右岸加固堤防 1718.3m（右 0+000、右 1+718.3），清理河道堆积及垃圾 0.5 万 $m^3$。主要建筑工程量有：土方开挖 7.294 万 $m^3$，土方回填 6.803 9 万 $m^3$，铁丝笼块石（抛石）2.046 4 万 $m^3$，砌筑工程 2.087 5 万 $m^3$。主要材料用量：水泥 2 325 156.80kg，钢材 1216.30kg。施工工期为 6 个月，总工日 176 工日。

结合施工的环境条件，本工程施工总平面布置图如图 2-71 所示。

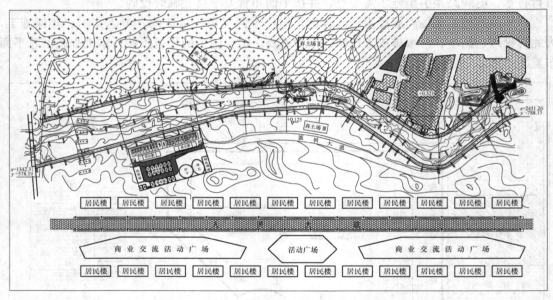

图 2-71 渭南向阳街沈河防洪工程施工总平面图

 **案例三 公寓楼工程**

施工总平面图是整个建筑工地全部工程的一切临时房屋及设施等的现场总布置图。它按照施工部署和施工进度的要求，对现场的道路交通、材料仓库、附属企业、临时房屋、临时水电管线等做出合理规划布置，从而正确处理工地施工期间所需各项设施和永久建筑及工程之间的空间关系和平面关系。

1. 施工总平面图设计的原则

（1）尽量减少施工用地，平面布置紧凑合理。

（2）合理组织运输，减少费用，保证运输方便通畅，尽量减少二次搬运。

（3）施工区域的划分和场地的确定，应符合施工流程要求，尽量减少专业工种和其他各工种之间的干扰。

（4）各生产、生活设施应便于生产和生活需要。

2. 临时设施布置

临时设施，如工地办公室、会议室以及职工宿舍、食堂等等都布置在西侧，生活用水、排水比较方便，处理后直接排入学校的排水系统进入市政管网；现场供水、供电，按照学校提供的水电源布置在北侧直接与学校管网连接。

针对现场及工程情况，施工现场极为狭窄，结合工程进度要求，在施工现场北、西侧设为办公室、工人宿舍及食堂；在西南角设有彩板房办公室；在东侧图书馆狭小处设有仓库、机械维修室等；宿舍的南侧作为钢筋加工区、北侧为木工加工区。在中间布置一台 80t·m 塔吊，解决各种材料的水平及垂直运输，其他机械及临设布置如图 2-27 所示。

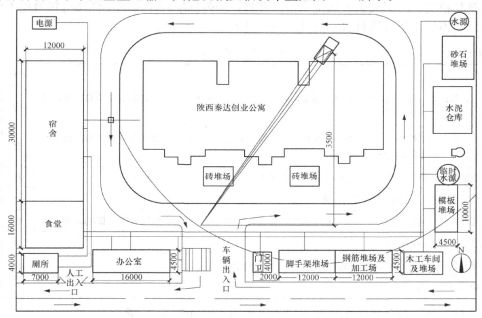

图 2-72　陕西秦达创业中心创业公寓施工总平面图

 **案例四　道路工程**

1. 场地布置

根据施工设计图纸，本工程项目经理部设在巢湖市西郊，拟采取租用当地现有闲置民房与新建驻地相结合的形式，占地 600m²。工作区、生活区，驻地办公室、宿舍、医务室、文娱室、食堂等生活设施的布置以满足项目部管理人员、监理的日常办公为原则。民工生活区在施工现场附近村落租用闲置民房，并派专人负责生活区环境卫生管理。本工程在 K200 标段设置项目分部，占地 1200m²，主要设置钢筋材料库、混凝土拌和站、砂石料堆场和水泥库库房。

2. 施工用水

本工程用水量主要取决于道路工程用水量，施工现场配备水车 4 辆，水源可就近利用，保证工程施工需要，并可对通行道路洒水防尘。

3. 施工用电

项目部进驻工地后，根据现场考察情况，驻地用电和施工用电利用地方供电系统，架设施工电路。就近接入施工用电以当地电网供电为主。本工程施工用电主要用于桥梁施工、现场的施工照明和小型机具。拟配备 2 套 300kW 低噪声环保发电机组，以备工程施工需要。

4. 施工便道

主要采用现有道路作为施工便道。根据现场考察情况以书面形式递交需要使用的临时道路和其他设施，并与当地政府和主管部门联系，征得批准后使用。

5. 施工围挡

在施工现场、路口等明显处设置统一施工标志牌、导行牌。

6. 工地试验室建设

为保证工程施工质量，我单位根据技术规范的规定配齐检测和试验仪器、仪表，并定期校正确保其精度；时刻加强工地试验室的管理；加强标准计量基础工作和材料检验工作，不违规计量，不使用不合格材料。所使用仪器见表 2-72。

表 2-72　　　　　　　　　　　检 验 仪 器

| 设 备 名 称 | 单位 | 数量 |
|---|---|---|
| 1. 土工：标准筛、摇筛机 \ 烘箱、光电液塑限测定仪、自动击实仪、路面材料强度试验仪、多功能脱模器、CBR 试验装置 | 台 | 各1 |
| 2. 水泥：水泥净浆搅拌机、水泥标准稠度仪、煮沸箱、水泥胶砂搅拌机、水泥胶砂振实台、标准恒温恒湿养护箱、电动抗折试验机 | 台 | 各1 |
| 3. 水泥混凝土、砂浆、外加剂：标准养护室、水泥混凝土标准振动台、压力机 | 台 | 各1 |
| 4. 无机结合料稳定材料：分析天平、滴定设备 | 台 | 各1 |
| 5. 沥青混合料：马歇尔自动击实仪、浸水天平、烘箱、马歇尔稳定度仪、恒温水槽、沥青抽提仪 | 台 | 各1 |
| 6. 钢筋：万能材料试验机 | 台 | 1 |
| 7. 道路工程检测设备：取芯机、弯沉测试设备、平整度测试设备 | 台 | 各1 |
| 8. 结构混凝土：回弹仪 | 台 | 1 |

结合施工的环境条件，本工程施工总平面布置图如图 2-73 所示。

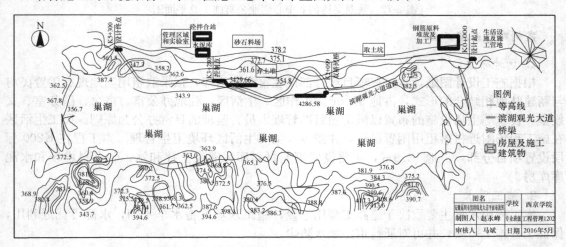

图 2-73　安徽巢湖市滨湖观光大道工程施工总平面布置图

**案例五　建筑工程**

**1. 自然条件**

工程所属地区的夏季最高温度能达到 37.5℃、平均风速为 20m/s，夏季月平均相对湿度 70%～80%，日最大降水量 89mm，年总降水量 719mm；冬季最低温度为－9℃。

**2. 施工条件及特点**

西交利物浦大学宿舍楼工程位于西安市临潼区书院东街 6 号，周围地块较规整，总占地面积 1228.2m²。属于平原地区，道路交通运输便利，但人口较为复杂，因此对施工作业带来困难。在本工程开工前就应完成"七通一平"，本工程所需的有关技术资料要准备齐全，满足本工程启动的基本条件。结合施工的环境条件，本工程施工总平面布置如图 2-74 所示。

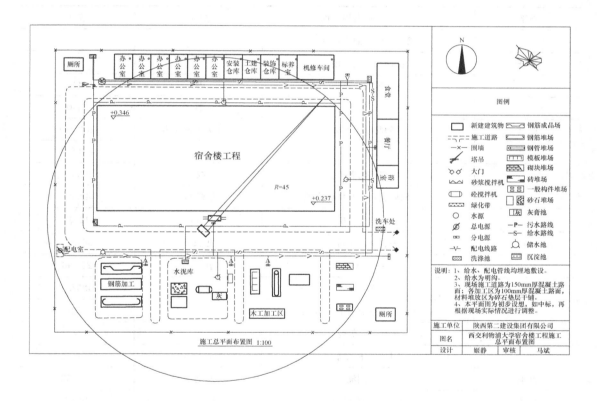

图 2-74　西交利物浦大学宿舍楼工程施工总平面布置图

 **案例六　铁路工程**

青藏铁路青藏线格拉段，地处青藏高原腹地，跨越青海、西藏自治区两省区。线路北起青海省格尔木市经昆仑山、不冻泉、五道梁，翻越唐古拉山，再经西藏自治区安多、那曲、当雄、羊八井，至拉萨，全长 1118km，其中多年冻土地段约 600km。

1. 主要技术标准

铁路等级：Ⅰ、Ⅱ及混合标准，线下工程Ⅰ级标准。

正线数目：单线。

最大坡度：20‰。

最小曲线半径：800m，个别困难地段600m。

牵引种类：内燃，预留电气化条件。

牵引质量：2000t。

2. 主要工程数量

本标段主要工程分为拆迁及征地工程、路基工程、隧道工程以及轨道工程。本标段共有桥梁一座，隧道一座，主要工程数量详见表2-73。

表 2-73　　　　　　　　　　　　　主要工程数量表

| 章节 | 工作项目或费用名称 | 单位 | 数量 |
|---|---|---|---|
| | 第一部分　静态投资 | | |
| 拆迁 | 拆迁及征地费用 | | |
| | 二、砍伐、挖根 | 根 | 1440 |
| | 伐树 | 株 | 1440 |
| 路基 | 区间路基土石方 | 施工方＼施工方 | 161 340 |
| | 一、土方 | m³ | 128 544 |
| | 二、路基附属工程 | 正线 km | 42.95 |
| | 一、附属土石方及加固防护 | 正线 km | 42.95 |
| | （一）土石方 | km | 42.95 |
| 中桥 | 一、梁式中桥 | 延长 m | 984.24 |
| | （一）基础 | 瓦工方 | 25 596 |
| | （二）墩台 | 瓦工方 | 4257.6 |
| | （三）预应力混凝土简支箱梁 | 孔 | 72 |
| | （十二）支座 | 元 | 36 |
| | （十三）桥面系 | 延长 m | 984.24 |
| 涵洞 | 一、圆涵 | 横延 m | 134.52 |
| 轨道 | 一、铺新枕 | 铺轨 km | 42.95 |
| | 三、铺新岔 | 组 | 24 |
| | 五、铺道床 | 铺轨 km | 42.95 |
| 隧道 | （一）开挖 | m³ | 112 567 |
| | （二）支护 | 延长 m | 1070 |

3. 自然地理特征

沿线地形地貌：本标段除格尔木至南山口位于柴达木盆地南缘，其余地段均处于青藏高原，青藏高原平均海拔 4500m 以上；本标段除风火山等坡降较大以外，其余地段均属高平原地貌，地形平坦开阔。

沿线工程地质：本标段不良地质现象主要为湿地。各个里程的湿地长度均不同，湿地长度最长的为 630m，里程为 CK1594＋030～CK1594＋660；湿地长度最短的为 60m，里程为 CK1609＋540～CK1609＋600。

水文条件：青藏线线路自南向北通过的河流较多，水量丰富、水质好，但这些河流水温低，地下水水位埋深一般为 0.5～5m。本标段为地震少发带。地震基本烈度：五度。

沿线气象特征：本标段地区年平均气温约为 2.6℃，最高气温 52.1℃，最低气温－29.1℃；历年平均降水量 647.8mm，年最大降水量为 1011.7mm。

4. 工程建设条件

交通运输条件：本标段自格尔木车站引出，沿青藏公路南行，交通较方便。青藏公路及输油管线、兰西拉光缆与线路并行。沿线水源电源：那曲及其支流的河水、地下水资源丰富，均可用作施工、生活用水。沿线电力资源不太丰富，采用以地方电源供电为主、自发电为辅的方案。

当地建筑材料的分布情况：①石料及道碴：南山口采石场及凯博采石场。南山口采石场空气稀薄，气候多变，凯博采石场地势平坦，耕地开阔。②砂：本标段河砂主要产自怒河、淤泥河等河流，砂质较好，汽车运往工地。③水泥：本标段沿线有乡镇，均有水泥厂分布，可就近供应。

沿线通信条件：本标段沿途人烟稀少，通信不发达，需架设临时通信基地。结合施工的环境条件，本工程施工总平面布置如图 2-75 所示。

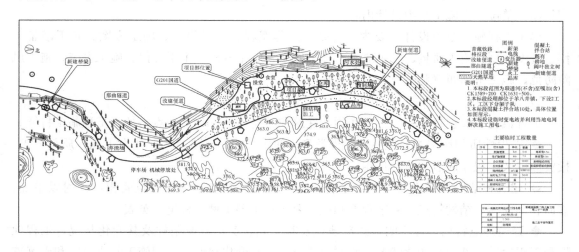

图 2-75　青藏铁路青藏线格拉段工程施工总平面布置图

### 任务 2.3.2　施工方案

施工方案是毕业设计的重中之重，是施工组织设计的核心内容，要求用程序框图，描述主要工序形成主程序，各工序用副程序（框图）支持；施工方案就是回答各工序怎么做，拿什么做，先做什么，后做什么，什么时间做什么，是针对分部（项）工程或单元工程而言的。施工方案的优劣直接影响工程施工效果。施工方案应满足如下要求。

符合工程实际。施工方案在技术上是可行的，在经济上是合理的，并且具有操作性，能满足施工安全、质量和工期要求。

施工技术的先进性能与施工现场现有的技术水平和专业特点相适应，能体现一定的技术水平。

工程成本相对较低，有一定经济效益和社会效益。

（1）单位工程施工组织设计编制依据

单位工程施工组织设计编制依据主要有以下几点。

◆ 建设项目施工组织设计对本工程的工期、质量和成本控制的目标要求。

◆ 全部施工图纸及其标准图。

◆ 工程地质勘察报告、地形图和工程测量控制网。

◆ 工程所在地的气象资料。

◆ 工程预算文件和资料。

◆ 施工合同或承包合同对本工程竣工的时间要求。

◆ 施工管理组织能力。

◆ 施工环境要求。

◆ 施工准备工作情况。

◆ 主要施工资源供应条件。

◆ 施工设施落实情况。

◆ 施工场地情况。

（2）单位工程施工组织设计内容

单位工程施工组织设计主要内容包括：工程概况、施工组织、施工方案、施工准备工作、进度计划、施工质量、施工成本、施工安全、施工资源、施工环保、施工设施、施工风险防范、施工平面布置和主要技术经济指标。

1）工程概况

工程概况主要包括工程性质和作用、建筑和结构特征、建造地点特征、工程施工特征。

◆ 工程性质和作用主要说明：工程类型、使用功能、建设目的、建设工期、质量要求、投资额以及工程建成后地位和作用。

◆ 建筑和结构特征主要说明：工程平面组成、层数、层高和建筑面积，并附以平面、立面和剖面图；结构特点、复杂程度和抗震要求；主要工种工程量一览表。

◆ 建造地点特征主要说明：建造地点及其空间状况；气象条件及其变化状况；工程地形和工程地质条件及其变化状况；水文地质条件及其变化状况；冬期施工起止时间和土壤冻结深度。

◆ 工程施工特征主要说明：结合工程具体施工条件的施工全过程的关键工程。

2）施工管理组织

施工管理组织主要包括确定施工管理组织目标、确定施工管理工作内容、确定施工管理组织机构、制定施工管理工作流程和考核标准。

确定施工管理组织目标是要根据施工目标，确定施工管理组织目标。

　　施工管理工作内容通常分为：施工进度控制、质量控制、成本控制、合同管理、信息管理和组织协调。

　　确定施工管理组织机构。从直线式、直线职能式和矩阵式 3 种形式中选择一种作为组织机构形式，确定组织管理层次的决策层、控制层和作业层，制定有规章制度保障的岗位职责，按照岗位职责需要选派称职管理人员。

　　制定施工管理工作流程和考核标准是按照施工管理规律，制定出相应管理工作流程和考核标准，用以检查施工计划落实状况。

　　3）施工方案

　　施工方案主要包括确定施工起点流向、确定施工程序、确定施工顺序、确定施工方法、确定安全施工措施。

　　确定施工起点流向指确定在平面上和竖向上施工开始部位和进展方向，它主要解决施工项目在空间上施工顺序合理的问题。

　　确定施工程序是根据"先场外后场内、先地下后地上、先主体后装修和先土建后设备安装"原则确定不同施工阶段之间的先后施工次序。

　　确定施工顺序是明确工程内部各个分部分项工程之间的先后施工次序。

　　确定施工方法是指明确主要操作手段和主导施工机械。

　　确定安全施工措施包括预防自然灾害措施、防火防爆措施、劳动保护措施、特殊工程安全措施、环境保护措施。

　　4）施工准备工作

　　施工准备工作主要包括建立工程管理组织、施工技术准备、劳动组织准备、施工物资准备、施工现场准备。

　　◆ 建立工程管理组织包括：组建管理机构、确定各部门职能、确定岗位职责分工和选聘岗位人员、明确部门之间和岗位之间相互关系。

　　◆ 施工技术准备包括：编制施工进度控制实施细则、编制施工质量控制实施细则、编制施工成本控制实施细则、做好工程技术交底工作。

　　◆ 劳动组织准备包括：建立工作队组、做好劳动力培训工作。

　　◆ 施工物资准备包括：建筑材料准备、预制加工品准备、施工机具准备、生产工艺设备准备。

　　◆ 施工现场准备包括：实现"七通一平"、现场控制网测量、建造各项施工设施、做好冬雨期施工准备、组织施工物资和施工机具进场。

　　5）施工进度计划

　　施工进度计划主要包括确定施工进度计划编制依据、明确施工进度计划编制步骤、明确施工进度计划编制要点、制订施工进度控制实施细则。

　　施工进度计划编制依据主要有：施工合同和全部施工图纸、建设地区原始资料、施工总进度计划对本工程有关要求、工程概预算资料、主要施工资源供应条件。

　　施工进度计划编制步骤分网络图进度计划编制步骤和横道图进度计划编制步骤。

　　施工进度计划编制要点包括：确定施工起点流向和划分施工段、计算工程量、确定分项工程劳动量和机械台班数量、确定分项工程持续时间、安排施工进度、调整施工进度。

施工进度控制实施细则包括：编制月、旬和周施工作业计划、落实施工资源供应计划、协调设计单位和分包单位关系、协调同业主的关系、跟踪监控施工进度。

6）施工质量

施工质量计划主要包括施工质量计划的编制依据、施工质量计划内容、施工质量计划编制步骤。

施工质量计划的编制依据主要有：施工合同对工程造价、工期和质量有关规定；施工图纸和有关设计文件；概预算文件；国家现行施工验收规范和有关规定；劳动力素质、材料和施工机械质量以及现场施工作业环境状况。

施工质量计划内容主要有：设计图纸对施工质量要求；施工质量控制目标分解；确定施工质量控制点；制订施工质量控制实施细则；建立施工质量保障体系。

施工质量计划编制步骤为：明确施工质量要求、施工质量控制目标分解、确定施工质量控制点、制订施工质量控制实施细则、建立工程施工质量保障体系。

7）施工成本

施工成本计划主要包括施工成本分类和构成、施工成本计划编制步骤。

单位工程施工成本分为：施工预算成本、施工计划成本和施工实际成本3种，由直接费和间接费两部分构成。

施工成本计划编制步骤为：收集和审查有关编制依据；做好工程施工成本预测；编制单位工程施工成本计划；制订施工成本控制实施细则。

8）施工安全

施工安全计划主要包括施工安全计划内容和施工安全计划编制步骤。

施工安全计划内容主要有：工程概况；安全控制程序；安全控制目标；安全组织结构；安全资源配置；安全技术措施；安全检查评价和奖励。

施工安全计划编制步骤为：明确工程概况；确定安全控制程序；确定安全控制目标；确定安全组织机构；确保安全资源配置；落实安全技术措施；安全检查评价和奖励。

9）施工资源

施工资源计划主要包括劳动力需要量计划、建筑材料需要量计划、预制加工品需要量计划、施工机具需要量计划和生产工艺设备需要量计划。

劳动力需要量计划是根据施工方案、施工进度和施工预算，确定的专业工种、进场时间、劳动量和工人数的汇集表。

建筑材料需要量计划是根据施工预算工料分析和施工进度，确定的材料名称、规格、数量和进场时间的汇集表格。

预制加工品需要量计划是根据施工预算和施工进度计划而编制的预制加工品加工订货和组织运输的安排。

施工机具需要量计划是根据施工方案和施工进度计划而编制的落实施工机具来源和组织施工机具进出场的安排。

生产工艺设备需要量计划是根据生产工艺布置图和设备安装进度而编制的生产设备订货、组织运输和进场后存放的安排。

10）施工环保

施工环保计划主要包括施工环保计划内容和施工环保计划编制步骤。施工环保计划内容有：施工环保目标；施工环保组织机构；施工环保事项和措施。施工环保计划编制步骤为：确定施工环保目标；建立环保组织机构；明确施工环保事项和措施。

11）施工设施

施工设施包括施工安全设施、施工环保设施、施工用房屋、施工运输设施、施工通信设施、施工供水设施、施工供电设施和其他设施。施工设施需要量计划是根据项目施工需要确定的施工设施建设和投入使用的时间安排。

12）施工风险防范

施工风险防范计划主要包括施工风险类型分析、施工风险因素识别、施工风险出现概率和损失值估计、施工风险管理重点、施工风险防范对策、施工风险管理责任。

通常单位工程施工风险有工期风险、质量风险和成本风险 3 种。

识别施工风险因素的方法主要有：专家调查法、故障树法、流程图分析法、财务报表分析法和现场观察法。

施工风险估计方法包括：概率分析法、趋势分析法、专家会议法、德尔菲法和专家系统分析法。

施工风险损失值估计包括：风险直接损失和间接损失两部分；前者比较容易估计，后者比较复杂。

在风险潜在阶段，施工风险管理重点是正确预见和发现风险苗头，消除风险隐患；在风险出现阶段，施工风险管理重点是积极采取抢救或补救措施；在风险损失发生后，施工风险管理重点是迅速对风险损失进行有效地经济补偿。

风险管理手段和措施包括：风险规避、风险转移、风险预防、风险分散、风险自留和保险 6 种。施工风险防范对策包括风险控制对策和风险财务对策。为落实施工风险管理责任，必须列出风险管理责任表。

13）主要技术经济指标

施工组织设计的主要技术经济指标包括：施工工期、施工质量、施工成本、施工安全、施工环保和施工效率，以及其他技术经济指标。

（3）单位工程施工组织设计编制程序

单位工程施工组织设计编制程序如图 2-76 所示。

（4）单位工程施工方案设计的基本要求

施工方案是单位工程施工组织设计的核心内容，施工方案选择是否合理，将直接影响到工程的施工质量、施工进度、工程造价，故必须引起足够的重视。

施工方案设计的基本要求包括以下四点，这四点是一个整体，是综合衡量施工方案优劣的标准。

◆ 切实可行。制订施工方案必须从实际出发，切合项目实际情况，有实现的可能性。

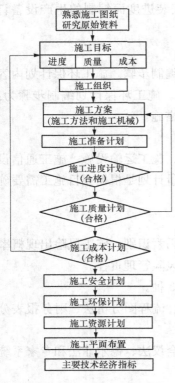

图 2-76 单位工程施工组织
设计编制程序

施工方案只能在有实现可能性的范围内，追求技术先进或施工快速。

◆ 保证工期。制订的施工方案的施工期限必须满足施工合同要求，确保工程按期投产或交付使用，迅速地发挥投资效益。

◆ 保障质量和安全。制订的施工方案在实施中，要有切实保证工程质量和安全生产的技术组织措施。

◆ 节约施工费用。制订的施工方案要在切实可行、保证工期、保障质量和安全的前提下，节约或节省施工费用。

在选择施工方案时，为了防止所选择的施工方案可能出现片面性，应多考虑几个方案，从技术、经济的角度进行比较，最后择优选用。

（5）单位工程施工方案的确定

施工方案主要包括确定施工起点流向、确定施工程序、确定施工顺序、确定施工方法、确定安全施工措施。

1）确定施工起点流向

确定施工起点流向：指确定在平面上和竖向上施工的开始部位和进展方向，主要解决施项目在空间上施工顺序合理性的问题。

施工起点流向的决定因素包括：生产工艺要求；建设单位交付使用的工期要求；工程各部分复杂程度不同时，应从复杂部位开始；工程有高低层并列时，应从并列处开始；工程基础深度不同时，应从深基础部分开始，并且考虑施工现场周边环境状况。

2）确定施工程序

确定施工程序要符合"先场外后场内、先地下后地上、先主体后装修和先土建后设备安装"的原则。确定施工程序要符合"签订工程施工合同、施工准备、全面施工和竣工验收"的施工总程序约束。在编制施工方案时，必须认真研究单位工程施工程序。

3）确定施工顺序

确定施工顺序是明确工程内部各个分部分项工程之间的先后施工次序。施工顺序合理与否，将直接影响工种间配合、工程质量、施工安全、工程成本和施工进度，必须科学合理地确定单项工程施工顺序。

例如，装饰工程中的室内墙面抹灰包括顶棚、墙面和地面 3 个分项工程，其施工顺序有两种：顶棚—墙面—地面；地面—顶棚—墙面。两者各有利弊，要结合具体情况确定。

4）确定施工方法

确定施工方法是指明确主要操作手段和主导施工机械。

在选择施工方法时，要重点解决影响工程施工进度的主要分部分项工程。对于熟悉的、工艺简单的分部分项工程，只要概括说明即可；对于工程量大且关键的工程项目、施工技术复杂的工程项目、特种结构工程、应由专业施工单位施工的特殊专业工程、陌生工程，则要编制具体的施工组织设计。确定施工方法时，要考虑该方法在工程上实现的可能性，是否符合国家技术政策，经济上是否合算，必须考虑对其他工程施工的影响，要注意施工质量要求以及相应的安全技术措施。比如，单层工业厂房结构吊装工程的安装方法，有单件吊装法和综合吊装法两种。单件吊装法可以充分利用机械能力，校正容易，构件堆放不拥挤。但不利于其他工序插入施工。综合吊装法优缺点正好与单件吊装法相反。采用哪种方案为宜，必须从工程整体考虑，择优选用。

在选择主导施工机械时，要充分考虑工程特点、机械供应条件和施工现场空间状况，合理地确定主导施工机械类型、型号和台数。在选择辅助施工机械时，必须充分发挥主导施工机械的生产效率，要使两者的台班生产能力协调一致，并确定出辅助施工机械的类型、型号和台数。为便于施工机械管理，同一施工现场的机械型号应尽可能少。当工程量大而且集中时，应选用专业化施工机械。当工程量小而且分散时，要选择多用途施工机械。

5）确定安全施工措施

确定安全施工措施包括预防自然灾害措施、防火防爆措施、劳动保护措施、特殊工程安全措施、环境保护措施。

预防自然灾害措施包括防台风、防雷击、防洪水和防地震灾害等措施。防火防爆措施包括大风天气严禁施工现场明火作业、明火作业要有安全保护、氧气瓶防震防晒和乙炔罐严防回火等措施。劳动保护措施包括安全用电、高空作业、交叉施工、施工人员上下、防暑降温、防冻防寒和防滑防坠落，以及防有害气体毒害等措施。特殊工程安全措施，如采用新结构、新材料或新工艺的单项工程，要编制详细的安全施工保障措施。环境保护措施包括有害气体排放、现场雨水排放、现场生产污水和生活污水排放，以及现场树木和绿地保护的措施。

（6）单位工程施工方案的评价

施工方案的评价选择，必须建立在几个可行方案的比较分析上。施工方案的评价依据是技术经济比较。它分定性比较和定量比较两种方式。定性比较是从施工操作上的难易程度和安全可靠性，为后续工程提供施工条件的可能性、冬雨季施工的困难程度、利用现有机具的情况、工期长短、单位造价高低、文明施工情况等方面进行比较。定量比较是计算比较各个施工方案所耗的人力、物力、财力和工期等指标。

施工方案定性评价指标主要有：施工操作难易程度和安全可靠性；为后续工程创造有利条件的可能性；利用现有或取得施工机械的可能性；施工方案对冬雨期施工的适应性；为现场文明施工创造有利条件的可能性。

施工方案定量评价指标主要有：工期；单位建筑面积造价；单位建筑面积劳动消耗量；降低成本指标。

分别对施工方案的技术经济指标进行比较，往往会出现某一方案的某些指标较为理想，而另外方案的其他指标则比较好的现象，这时应综合各项技术经济指标，全面衡量，选取最佳方案。有时可能会因施工特定条件和建设单位的具体要求，某项指标成为选择方案的决定性条件，其他指标则只做参考，此时在进行方案选择时，应根据具体对象和条件做出正确的分析和决策。

（7）项目成果示例

 **案例一　轨道工程**

轨道工程某标段轨道长42.95km，采用的是碎石道床轨道施工，分为7道工序，轨道工程施工工艺流程如图2-77所示。

捣固车捣固如图2-78所示，铺轨机打磨轨道如图2-79所示，打磨车打磨轨道如图2-80所示，轨道竣工如图2-81所示。

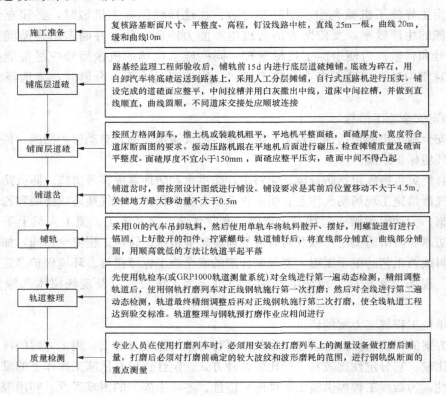

| 施工准备 | 复核路基断面尺寸、平整度、高程，钉设线路中桩，直线25m一根，曲线20m，缓和曲线10m |
| 铺底层道碴 | 路基经监理工程师验收后，铺轨前15d内进行底层道碴摊铺。底碴为碎石，用自卸汽车将底碴运送到路基上，采用人工分层摊铺，自行式压路机进行压实。铺设完成的道碴面应整平，中间拉槽并用白灰撒出中线，道床中间拉槽，并做到直线顺直，曲线圆顺，不同道床交接处应顺坡连接 |
| 铺面层道碴 | 按照方格网卸车，推土机或装载机粗平，平地机平整面碴，面碴厚度、宽度符合道床断面图的要求。振动压路机跟在平地机后面进行碾压。检查摊铺质量及碴面平整度。面碴厚度不宜小于150mm，面碴应整平压实，碴面中间不得凸起 |
| 铺道岔 | 铺道岔时，需按照设计图纸进行铺设。铺设要求是其前后位置移动不大于4.5m，关键地方最大移动量不大于0.5m |
| 铺轨 | 采用10t的汽车吊卸轨料，然后使用单轨车将轨料散开、摆好，用螺旋道钉进行锚固，上好散开的扣件，拧紧螺母。轨道铺好后，将直线部分铺直，曲线部分铺圆，用顺高就低的方法让轨道平起平落 |
| 轨道整理 | 先使用轨检车(或GRP1000轨道测量系统)对全线进行第一遍动态检测，精细调整轨道后，使用钢轨打磨列车对正线钢轨施行第一次打磨；然后对全线进行第二遍动态检测，轨道最终精细调整后再对正线钢轨施行第二次打磨，使全线轨道工程达到验交标准。轨道整理与钢轨预打磨作业应相间进行 |
| 质量检测 | 专业人员在使用打磨列车时，必须用安装在打磨列车上的测量设备做打磨后测量。打磨后必须对打磨前确定的较大波纹和波形磨耗的范围，进行钢轨纵断面的重点测量 |

图2-77　轨道工程施工工艺流程图

图2-78　捣固车捣固轨道

图2-79　铺轨机铺轨

图 2-80　打磨车打磨轨道　　　　　　　　　图 2-81　轨道竣工图

 **案例二　桥涵工程**

本标段共有中桥一座，具体见表 2-74，施工方法及工艺流程如图 2-82 所示。

表 2-74　　　　　　　　　　　　　　　本标段桥梁情况表

| 名称 | 中心里程 | 孔数及跨度（孔×m） | 长度（m） | 墩台（座） | 桩基础（根） |
|---|---|---|---|---|---|
| 中桥 | CK1065+162.605 | 5-32+2-24 | 226.21 | 5 | 30 |
| | CK1065+166.618 | 5-32+2-24 | 234.24 | 5 | 30 |

1. 基础围堰

本标段中桥基础围堰采用编织袋装土围堰的施工方法，用编织袋装黏性土，铁丝缝合，施工时堆码整齐，如图 2-83 所示。

2. 桥梁基础

本标段桥梁基础分为桩基础和明挖基础。桩基础施工前将施工场地整平，清除杂物，修建泥浆池，接下来采用冲击成孔，泥浆护壁，检孔器检孔、清孔、浇筑水下混凝土、泥浆处理、质量检测等工序。

基坑开挖采用人工配合机械开挖，自卸汽车弃土。基坑开挖至设计标高时，采用风镐将基底凿平，基坑开挖完毕后，经检验合格后，立即浇注基础混凝土。

3. 桥梁承台

基坑采用挖掘机开挖、人工配合施工，当开挖至离基底 200mm 时，改为人工进行开挖。开挖后，即开始浇筑一层 10cm 厚的素混凝土，后将钢筋进行绑扎，绑扎完后进行检查，待合格后，即开始浇筑混凝土。最后拆模并进行基坑回填并压实，回填高度以低于承台顶面 10cm 为宜。

4. 桥台工程

桥台工程采用搭设钢管脚手架与大块钢模施工，人工配合汽车吊安装模板。钢筋现场加工并绑扎，按照规范进行。模板采用大块钢模板，先拼装，然后用 25t 吊车吊装。桥台混凝土分层浇筑。终凝后开始养护，达到设计强度后，拆模，拆除后继续养护。

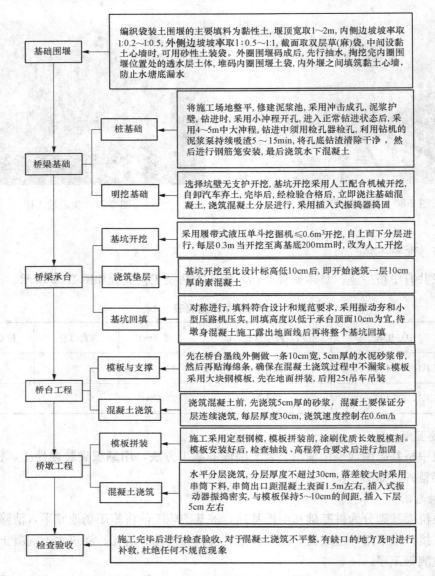

图 2-82　施工方法及工艺流程图

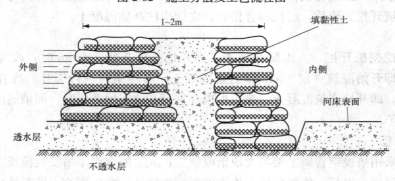

图 2-83　编织袋装土围堰结构示意图

5. 桥墩工程

桥墩均为圆柱形实体桥墩，最高墩身 18.25m，分节立模浇筑和定型钢模施工。

 **案例三　路面工程**

泥结碎石路面是以碎石作为骨料、泥土作为填充料和黏结料，经压实修筑成的一种结构。泥结碎石路面厚度一般为 8～20cm；当总厚度等于或超过 15cm 时，一般分两层铺筑，上层厚度 6～10cm，下层厚度 9～14cm。泥结碎石路面的力学强度和稳定性不仅有赖于碎石的相互嵌挤作用，同时也有赖于土的黏结作用。泥结碎石路面虽用同一尺寸石料修筑，但在使用过程中由于行车荷载的反复作用，石料会被压碎而向密实级配转化。

本工程所设计的泥结石道路施工包括回填路基及泥结碎石路面层和路肩。碎石垫层厚 15cm，泥结碎石面层厚 8cm。施工工艺流程如图 2-84 所示。

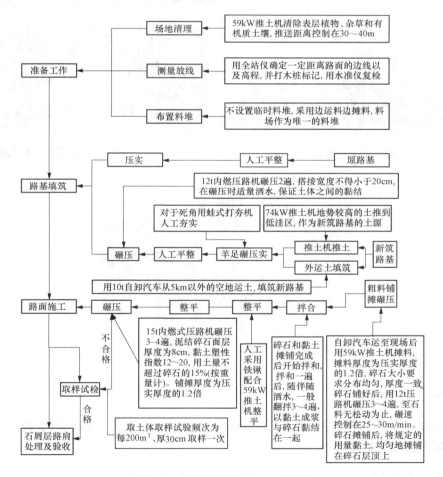

图 2-84　泥结石道路施工工艺流程

推土机整平及推土如图 2-85，蛙式打夯机如图 2-86 所示，推土机摊料如图 2-87 所示，压路机碾压泥结石路面施工如图 2-88 所示，泥结石道路竣工效果图如图 2-89 所示。

图 2-85　推土机整平及推土

图 2-86　蛙式打夯机

图 2-87　推土机摊料

图 2-88　压路机碾压泥结石路面施工

图 2-89　泥结石道路竣工效果图

 **案例四　隧道工程**

隧道工程的施工步骤可分为四步：全断面开挖；锚喷、挂网；铺设防水板；二次衬砌。全断面法施工流程如图 2-90 所示。

 **案例五　围护结构**

开发利用地下空间，建设多层地下室、地下铁道站台、地下商业街等各种地下建筑的围护结构所采用的方法有：重力式水泥墙支护结构、地下连续墙支护结构、板式支护结构和排桩支护结构等。

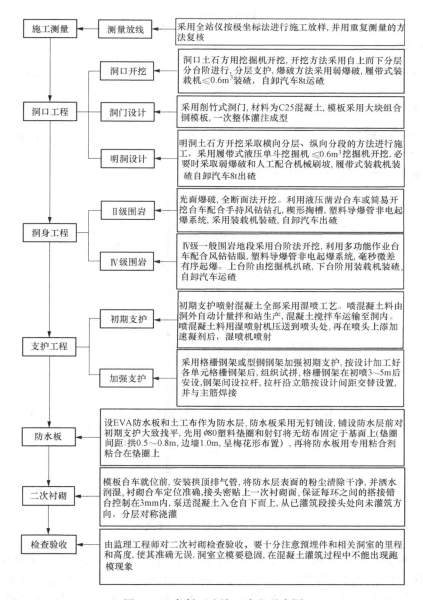

图 2-90  全断面法施工流程示意图

　　根据工程特点、深基坑支护规程、合理经济并考虑方便施工,本工程的主体围护结构采用排桩支护结构。采用 $\phi$1200@2000 间隔人工挖孔桩。结合抗浮要求,插入深度为基坑底面以下 4m。五号线换乘节点段地下三层部分与本条线不同时施做,在一号线基坑底部沿五号线方向设置 $\phi$1200@2200 半截间隔人工挖孔桩,桩的插入深度为一号线基坑底面以下13.35m。在火车北站商场附近,基坑紧邻其浅基础,为保证施工期间商场使用安全,采用 $\phi$1200@1500 间隔人工挖孔桩。

　　基坑的标准段采用钢支撑作为维护结构的支撑体系,钢支撑采用 A3 钢。钢支撑的选用见表 2-75。

表 2-75                                             钢支撑的选用表

| 钢管支撑区域 | 一 号 线 基 坑 | |
| --- | --- | --- |
| 第一道钢管支撑 | $\phi600$，$t=12$ | 4.4m |
| 第二道钢管支撑 | $\phi600$，$t=14$ | 4.4m |
| 第三道钢管支撑 | $\phi600$，$t=14$ | 4.4m |

施工中采用如图 2-91 所示的挖孔方式。

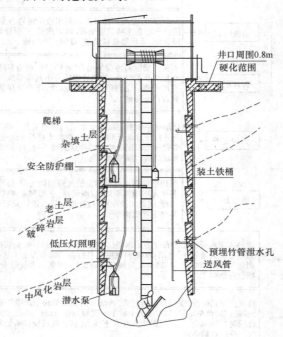

图 2-91　挖孔桩开挖示意图

人工挖孔桩需要的施工机具主要有：三木搭、卷扬机组或电动葫芦、手推车或翻斗车、镐、锹、手铲、钎、线坠、定滑轮组、导向滑轮组、混凝土搅拌机、吊桶、溜槽、导管、振捣棒、插钎、粗麻绳、钢丝绳、安全活动盖板、防水照明灯、电焊机、通风及供氧设备、扬程水泵、木辘轳、活动爬梯、安全帽、安全带等。

实际施工中要做好开挖人员的安全保护措施，多通风、及时做好孔内排水工作、分层开挖、挖土外运等工作，具体的施工工艺流程如图 2-92 所示。护壁施工如图 2-93 所示。

孔内钢筋笼制作吊装及混凝土浇筑如图 2-94 所示，钢筋笼吊装如图 2-95。

桩顶冠梁施工采用组合钢模板，随挖孔桩施工进度分段施工，并预埋支撑垫板。具体的施工工艺流程如图 2-96 所示。

随着开挖深度桩间采用网喷混凝土支护，为了加强整体性，网片与围护桩主筋焊接为一体，喷射混凝土桩面充分凿毛清理干净。为加快施工速度，喷射采用湿喷法。围护桩间处理方法如图 2-97 所示，工艺流程如图 2-98 所示。

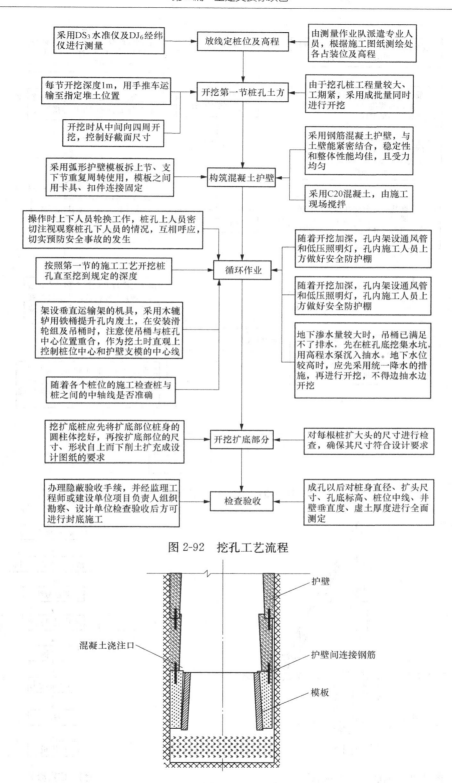

图 2-92 挖孔工艺流程

图 2-93 护壁施工示意图

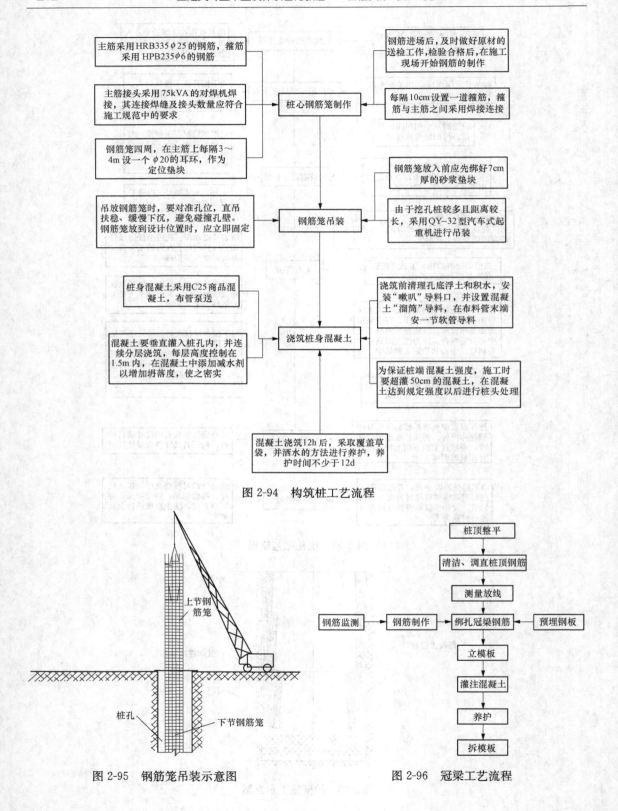

图 2-94 构筑桩工艺流程

图 2-95 钢筋笼吊装示意图

图 2-96 冠梁工艺流程

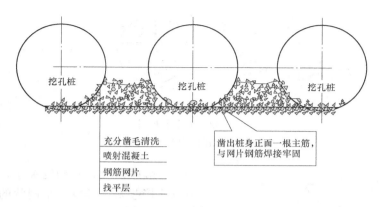

图 2-97　围护桩间处理图

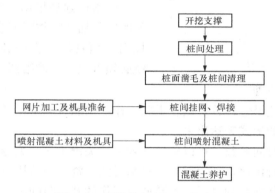

图 2-98　围护桩间处理工艺流程

随着土方开挖至钢管支撑标高时，及时用 QY-32 型汽车式起重机吊装安设钢围檩与钢管支撑，钢围檩安装后，钢围檩背面与桩面之间的空隙浇筑混凝土回填密实，确保钢围檩与各桩面密贴。基坑开挖过程中要防止挖土机械碰触支撑体系，以防止支撑失稳，造成事故。为防止基坑内起吊作业时碰动钢管支撑，每根钢管支撑要通过钢丝绳固定在围护桩上。

**任务 2.3.3　进度计划**

施工进度计划是施工组织设计的核心内容，它要保证建设工程能按合同规定的期限交付使用。施工中每一项任务都应服从施工进度计划的安排。施工进度计划的种类和施工组织设计相适应，分为总进度计划和单位工程施工进度计划。

施工总进度计划包括建设项目（厂房、住宅区等）的施工进度计划和施工准备阶段的进度计划。单位工程施工进度计划是总进度计划有关项目实施进度的具体化，进度计划一般以网络图的方式表达。

（1）概述

双代号网络图是用箭线表示一项工作，工作的名称写在箭线的上面，工作的持续时间写在箭线的下面，箭头和箭尾分别用节点表示，沿着箭头的方向从小到大进行编号，节点表示工作开始和结束的时刻，如图 2-99（a）所示，$i$-$j$ 代表一项工作。单代号图用节点代表一项工作，节点编号写在上部，工作名称写在中部，持续时间写在下部，而箭线表示工作与工作之间的逻辑关系，如图 2-99（b）所示。把一项工程分解成若干项工作，并按各项工作之间

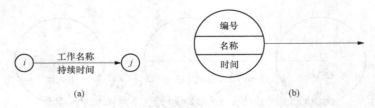

图 2-99　工作示意图

(a) 双代号网络图；(b) 单代号网络图

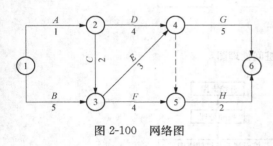

图 2-100　网络图

的先后顺序以及相互制约关系，全部用箭线或节点连接起来，形成一个网状的图形，称之为网络图，如图 2-100 所示。

网络计划是指用网络图表达任务构成、工作顺序并加注工作时间参数的进度计划。因此，提出一项具体工程任务的网络计划安排方案，就必须首先绘制网络图。

（2）网络计划基本原理

把一项工程的全部建设过程分解成若干项工作，按照各项工作开展的先后顺序和相互之间的逻辑关系用网络图的形式表达出来。

通过计算网络图的时间参数，可以确定计划中的关键工作、关键线路和计划工期。

通过对网络计划进行优化，利用时差来平衡时间、资源与费用三者的关系，按照既定目标不断改进，以寻求最佳方案的过程。不断调整工作的开展时间。

在网络计划的实施过程中，通过检查、调整，对其进行有效的控制，使施工各项资源得到最大限度利用，提高施工效率，降低时间和资金成本。

（3）项目成果示例

施工进度计划是施工组织设计的核心内容，它要保证建设工程按合同规定的期限交付使用。施工中的其他工作必须围绕着施工进度计划的要求安排。

### 📖 案例一　某铁路标段进度计划

工程工期目标为 662 日历天，计划开工日期为 2016 年 6 月 1 日；到 2018 年 2 月 18 日竣工。施工进度横道图见书末附图一，施工进度网络图见附图二。

### 📖 案例二　某防洪工程进度计划

工程工期目标为 180 日历天，计划于开工日期为 2013 年 5 月 1 日；到 2013 年 10 月 27 日竣工。施工进度横道图见附图三，施工进度网络图见附图四。

### 任务 2.3.4　机械选型配套

（1）概述

机械化施工，是指根据工程状况采取一定的与工程状况相适应的组合机具，用以减轻或解放人工体力劳动而完成人力所难以完成的施工生产任务。

建筑工程机械化施工是指在整个工程项目的施工过程中，按照施工工艺过程，把各个工序使用的机械设备和机具，按给定的参数（如生产率指标或其他参数）相互协调，综合配套，顺序衔接，保证施工的连续性，并合理地组织机械化施工，以谋求工程进度最快，质量最好，机械性能和作用发挥最佳，技术经济效益和社会效益均取得最好的结果。

建筑工程采用机械化施工不仅可以保证工程质量，还可以加快进度，节约人力，改善劳动条件，实现安全、文明生产，提高经济效益。

在现代建筑工程施工中，各项施工任务都是通过机械来完成，机械作为主要生产手段，按一定的方式组织进行施工作业。由于施工机械的数量、种类和型号比较繁多，其结构和性能差异也很大，要保障这些机械在施工过程中能充分发挥它们各自的技术性能和效益，不断提高施工质量和生产效率，延长机械的使用寿命，降低工程成本，就必须根据工程性质、工程数量、施工工期等因素，合理地选择施工机械。

机械化施工的主要任务就是合理选择施工机械，组建施工机群，要求各种机械间有良好的协调性与配套性，充分发挥每台机械的生产效能。

（2）选择施工机械的原则

所选的机械应适合工作的性质，如适合施工对象的土质，场地大小和运输远近等施工条件，能充分发挥机械的效率。

所选机械的生产能力，应满足施工强度的要求，施工质量应满足设计规范的要求。

所选机械的技术性能是先进的，能满足现代施工的要求，具体表现在：机械设备的结构先进，生产效率高，操作可靠，构造简单，易于检修，安全舒适，环保性好，机动性好，便于转移工地。

从经济效益的观点来看，所选机械应与工程质量相适应。高性能的机械有较强的作业能力和较高的作业质量，但价格昂贵；低性能的机械作业能力低，但价格便宜。在选择时应根据具体情况而定，同时要注意机械的购置费和运转费，并通过技术经济比较，优选出生产率高、单位产品费用低的机械。

（3）机械组合原则

在工程施工中不仅每一个工序要配置合乎使用要求的机械，而且在机种、容量、性能、数量和使用管理上，也应按比例进行组合配套，形成组合机械，才能经济合理的实现机械化施工。

主要生产线上的各种施工机械的生产能力、使用条件和配备的数量均应协调一致。

在同一条生产线上，实现流水作业的组合机械的机种应尽量的少。

在组织机械化施工中，组织几条生产线并列地进行施工，可避免组合机械中某一台机械发生故障，引起全面停工的现象。

在组合机械中，应尽量选用型号性能相同的机械，便于调度、维修管理。

（4）选择施工机械的方法

机械的施工方案拟订和机械的选择是从分析每项工程的施工过程开始的，每项施工包括准备工作、基本工作和辅助工作。

在分析施工过程的基础上拟订施工方案，研究完成基本工作的机械，按照施工条件和工作面参数来选择主要机械，然后依据主要机械的生产能力和性能参数，再选择与其配套的组合机械。准备工作和辅助工作的内容依施工条件不同而有差别，可以选用个别的机械，或选用配套的组合机械。将拟订的各种可能实施的施工方案进行技术经济比较，优选出最佳方案。

（5）项目成果示例

1）土石方工程机械选型配套实例

在路基施工中，施工机械的种类、型号以及数量相当多，由它们构成的机械化施工系统如何达到最优，即在满足工期和工程质量的前提下使施工单价最低，是机械选型配套研究的目的。下面以一具体实例来介绍施工机械的选型配套方法。

某路基施工中，需将爆破石碴运到 3km 远处，该施工单位主要的施工机械有单斗履带式挖掘机和自卸汽车，现有单斗履带式挖掘机≤0.6m³ 配自卸汽车≤8t 和单斗履带式挖掘机≤1m³ 配自卸汽车≤10t 两个方案进行比较选优。

方案一：单斗履带式挖掘机≤0.6m³ 配自卸汽车≤8t

单斗履带式挖掘机≤0.6m³ 的生产率为

$$Q = \frac{8 \times 60 \times 60 q k_{充} k_{时}}{T k_{松}} \qquad (2\text{-}12)$$

式中　$Q$——单斗挖掘机的实际生产率，m³/台班（自然方）；

　　　$q$——铲斗容量，m³；

　　　$k_{充}$——铲斗充盈系数；

　　　$k_{时}$——时间利用系数；

　　　$k_{松}$——土壤的可松性系数，是土方处于自然状态的密度与挖掘后松土密度之比；

　　　$T$——每斗循环时间，s。

查《铁路工程施工机械台班产量指标》可知单斗履带式挖掘机≤0.6m³ 的 $q=0.48$m³，$k_{充}=0.98$，$k_{时}=0.8$，$k_{松}=1.35$，$T=29$s。

代入式（2-12）计算得，单斗履带式挖掘机≤0.6m³ 的一个台班生产率 $Q$ 为 276.8m³/台班。

自卸汽车≤8t 的生产率为

$$Q_{汽} = \frac{8 \times 60 q k}{T_{汽}} \qquad (2\text{-}13)$$

式中　$Q$——自卸汽车的实际生产率，m³/台班（自然方）；

　　　$q$——自卸汽车的装载量，m³；

　　　$k$——台班利用系数；

　　　$T_{汽}$——自卸汽车的一次循环时间，min。一次循环时间＝行驶时间＋固定操作时间。

查《铁路工程施工机械台班产量指标》可知自卸汽车≤8t 的 $q=4.2$m³，$k=0.8$，$T=14.55$min。

代入式（2-13）计算得，自卸汽车≤8t 一个台班的生产率 $Q$ 为 110.9m³/台班。

所以 1 台单斗履带式挖掘机≤0.6m³ 需配 3 台自卸汽车≤8t。

方案二：单斗履带式挖掘机≤1m³ 配自卸汽车≤10t

单斗履带式挖掘机≤1m³ 的生产率为

$$Q = \frac{8 \times 60 \times 60 q k_{充} k_{时}}{T k_{松}} \qquad (2\text{-}14)$$

式中　$Q$——单斗挖掘机的实际生产率，m³/台班（自然方）；

　　　$q$——铲斗容量，m³；

　　　$k_{充}$——铲斗充盈系数；

　　　$k_{时}$——时间利用系数；

　　　$k_{松}$——土壤的可松性系数，是土方处于自然状态的密度与挖掘后松土密度之比；

$T$——每斗循环时间，s。

查《铁路工程施工机械台班产量指标》可知单斗履带式挖掘机$\leqslant 1m^3$ 的 $q=0.73m^3$，$k_充=0.98$，$k_时=0.8$，$k_松=1.35$，$T=31s$。

代入式（2-14）计算得，单斗履带式挖掘机$\leqslant 0.6m^3$ 的一个台班生产率 $Q$ 为 393.85$m^3$/台班。

自卸汽车$\leqslant 10t$ 的生产率为

$$Q_汽 = \frac{8 \times 60q\,k}{T_汽} \tag{2-15}$$

式中 $Q$——自卸汽车的实际生产率，$m^3$/台班（自然方）；

$q$——自卸汽车的装载量，$m^3$；

$k$——台班利用系数；

$T_汽$——自卸汽车的一次循环时间，min。一次循环时间＝行驶时间＋固定操作时间。

查《铁路工程施工机械台班产量指标》可知自卸汽车$\leqslant 10t$ 的 $q=5.2m^3$，$k=0.8$，$T_汽=10.06min$。

代入式（2-15）计算得，自卸汽车$\leqslant 10t$ 一个台班的生产率 $Q$ 为 198.5$m^3$/台班。

所以 1 台单斗履带式挖掘机$\leqslant 1m^3$ 需配 2 台自卸汽车$\leqslant 10t$。

方案比较选优见表 2-76。查《铁路工程机械台班定额》可知单斗履带式挖掘机$\leqslant 0.6m^3$ 的机械台班费为 421.42 元/台班，自卸汽车$\leqslant 8t$ 的机械台班费为 372.66 元/台班。单斗履带式挖掘机$\leqslant 1m^3$ 的机械台班费为 626.94 元/台班，自卸汽车$\leqslant 10t$ 的机械台班费为 509.88 元/台班。

表 2-76　　　　　　　　　　　　方案比较选优表

| 方案 | 采用自卸汽车数量 | 车队生产率（m³/台班） | 挖掘机生产率（m³/台班） | 机群生产率（m³/台班） | 机群总费用（元/台班） | 挖运单价（元/m³） |
|------|------|------|------|------|------|------|
| 方案一 | 3 | 110.9×3=332.7 | 276.8 | 276.8 | 372.66×3+421.42=1539.4 | 5.56 |
| 方案二 | 2 | 198.5×2=397 | 393.85 | 393.85 | 509.88×2+626.94=1646.7 | 4.18 |

由表 2-76 可以看出最佳方案为方案二，即 1 台单斗履带式挖掘机$\leqslant 1m^3$ 配 2 台自卸汽车$\leqslant 10t$。

2）隧道出渣时的机械选型配套成果示例

某工程的隧道采用钻爆法施工，出渣时使用装载机配自卸汽车，现有履带式装载机$\leqslant 2m^3$ 配自卸汽车$\leqslant 8t$ 和履带式装载机$\leqslant 2m^3$ 配自卸汽车$\leqslant 10t$ 两个方案进行比较选优。

方案一：履带式装载机$\leqslant 2m^3$ 配自卸汽车$\leqslant 8t$

履带式装载机$\leqslant 2m^3$ 的生产率为

$$Q = \frac{8 \times 60 \times q\,k_充 k_时}{T\,k_松} \tag{2-16}$$

其中 $Q$——单斗挖掘机的实际生产率，$m^3$/台班（自然方）；

$q$——定额斗容量，$m^3$；

$k_充$——铲斗充盈系数；

$k_时$——时间利用系数；

$k_松$——土壤的可松性系数，是土方处于自然状态的密度与挖掘后松土密度之比；

$T$——每斗循环时间，min。

查《铁路工程施工机械台班产量指标》可知履带式装载机≤2m³ 的 $q=1.13m^3$，$k_充=0.9$，$k_时=0.75$，$k_松=1.6$，$T=1.15min$。

代入式（2-16）计算得，履带式装载机≤2m³ 一个台班的生产率 $Q$ 为 199.0m³/台班。

代入式（2-13）可得，自卸汽车≤8t 一个台班的生产率 $Q$ 为 110.9m³/台班。

所以 1 台履带式装载机≤2m³ 需配 2 台自卸汽车≤8t。

方案二：履带式装载机≤2m³ 配自卸汽车≤10t

履带式装载机≤2m³ 一个台班的生产率 $Q$ 为 199.0m³/台班。

由式（2-15）可知，自卸汽车≤10t 一个台班的生产率 $Q$ 为 198.5m³/台班。

所以 1 台履带式装载机≤2m³ 只需配 1 台自卸汽车≤10t。

方案比较选优见表 2-77。查《铁路工程机械台班定额》可知履带式装载机≤2m³ 的机械台班费为 376.6 元/台班，自卸汽车≤8t 的机械台班费为 372.66 元/台班，自卸汽车≤10t 的机械台班费为 509.88 元/台班。

表 2-77                                   方案比较选优表

| 方案 | 采用自卸汽车数量 | 车队生产率（m³/台班） | 装载机生产率（m³/台班） | 机群生产率（m³/台班） | 机群总费用（元/台班） | 挖运单价（元/m³） |
|---|---|---|---|---|---|---|
| 方案一 | 2 | 110.9×2＝221.8 | 199.0 | 199.0 | 372.66×2＋376.6＝1121.92 | 5.64 |
| 方案二 | 1 | 198.5 | 199.0 | 198.5 | 509.88＋376.6＝886.48 | 4.47 |

由表 2-77 可以看出最佳方案为方案二，即 1 台履带式装载机≤2m³ 需配 1 台自卸汽车≤10t。

3）水泥混凝土路面面层施工机械选型与配套实例

某一级公路水泥混凝土面层施工，道路全长 48km，面层全幅为 2m×8.5m，厚 0.24m，采用半幅铺筑，日平均施工进度为 500m（半幅），试对该施工工程进行施工机械的选型与配套。

① 每日水泥混凝土的需求量为

$$V = BhL(1+k_p) \tag{2-17}$$

式中    $B$——摊铺层宽度，$B=8.5m$；

$h$——摊铺层厚度，$h=0.24m$；

$L$——日摊铺长度，$L=500m/d$；

$k_p$——混凝土耗率，$k_p=3\%$。

由式（2-17）得

$$V=8.5×0.24×500×（1+3\%）＝1050.6（m^3/d）$$

② 水泥混凝土搅拌设备的选择。设水泥混凝土搅拌设备的时间利用系数为 $k_B=0.75$，日工作时间为 10h，其生产率（m³/h）为

$$Q' = \frac{V}{10k_B} = \frac{1050.6}{10×0.75} = 140.08(m^3/h)$$

可选择生产率大于 70m³/h 的水泥混凝土搅拌设备 2 台。

③ 水泥混凝土摊铺设备的选择。假设摊铺机日工作时间为 10h，时间利用系数为 $k_B=0.80$，则每小时摊铺水泥混凝土的量为

$$Q'' = \frac{V}{10k_B} = \frac{1050.6}{10 \times 0.8} = 131.33 (\text{m}^3/\text{h})$$

摊铺速度 $v_p$（m/min）为

$$v_p = \frac{Q''}{60hB} = \frac{131.33}{60 \times 0.24 \times 8.5} = 1.1 (\text{m/min})$$

因此，对于半幅施工，可选择最大摊铺速度大于 1.1m/min 的轨道式或滑模式水泥混凝土摊铺机一台。

④ 水泥混凝土运输车辆的配置。混凝土运输车辆的数量由下式计算

$$n = \frac{\alpha Q'(t_1 + t_2 + t_3)}{60v_0} = \frac{\alpha(t_1 + t_2 + t_3)}{T} \qquad (2\text{-}18)$$

式中　$Q'$——水泥混凝土搅拌设备生产率，m³/h；

$\alpha$——车辆储备系数，$\alpha = 1.15 \sim 1.25$，一般可取 1.15；

$v_0$——运输车辆装载量，m³；

$t_1$——重载运行时间，min；

$t_2$——空载运行时间，min；

$t_3$——车辆在搅拌厂和摊铺现场装卸料及等待总时间，min；

$T$——搅拌一车混凝土所需要的时间，min。

若选择 20t 自卸汽车运送水泥混凝土，每车装混凝土 8m³，自卸车往返平均车速为 40km/h，$t_3 = 8$min，则可得运输车辆对应不同运距的最少车辆数，见表 2-78。

**表 2-78　不同运距的自卸汽车最低数量表**

| 运距（km） | 2 | 5 | 10 | 15 | 18 | 20 | 22 | 25 | 28 | 30 |
|---|---|---|---|---|---|---|---|---|---|---|
| 自卸车数（辆） | 5 | 8 | 13 | 18 | 21 | 23 | 25 | 28 | 31 | 33 |

⑤ 其他配套机械与设备的配置。配置于水泥混凝土搅拌设备及摊铺机的其他机械或设备见表 2-79。

**表 2-79　水泥混凝土面层施工机械及设备实例**

| 机械设备名称 | | 数量 | 性　能 |
|---|---|---|---|
| 主导机械 | 水泥混凝土搅拌设备 | 2套 | 生产率大于 70m³/h |
| | 滑模式水泥混凝土摊铺机（或轨道式） | 1台 | 最大摊铺宽度大于8.5m，摊铺速度大于1.1m/min |
| 与搅拌设备配套的设备 | 轮式装载机 | 4台 | 装载量50kN |
| | 散装水泥车 | 4辆 | 7t |
| | 供水泵 | 2台 | 3.5kW |
| | 计量水泵（外加剂用） | 2台 | 1.5kW |
| | 发电机组 | 2 | 500kW |
| 与滑模式摊铺机配套的设备 | 拉毛养生机 | 1台 | 8.5kW |
| | 调速调厚切缝机 | 4台 | 10m |
| | 养生用洒水车 | 2辆 | 8000L |
| | 灌缝机 | 2台 | |
| | 发电机组 | 1套 | 20kW |

续表

| 机 械 设 备 名 称 | | 数量 | 性　　能 |
|---|---|---|---|
| 与轨道式摊铺机配套的设备 | 纵向修光机 | 1 台 | |
| | 养生剂喷洒器 | 2 台 | |
| | 调速调厚切缝机 | 4 台 | 10m |
| | 插入式振捣器 | 2 台 | |
| | 纹理制作机 | 1 | |
| | 灌缝机 | 2 | |
| | 发电机组 | 1 套 | 20kW |

### 任务 2.3.5　资源优化配置

资源优化配置是施工组织设计的重要组成，优化是指通过时差的调整，以最优方案、最小的物资消耗，取得最大的经济效益。主要包括：工期优化、费用优化和资源优化。

资源优化配置过程中要求学生能够根据工程条件，明确资源情况，并对网络计划进行调整，使得项目在规定工期和资源供应之间寻求相互协调和相互适应。并通过多次对项目工期、资源分配的调整，掌握如何在项目管理过程中制定施工资源配置计划，落实资源类型、来源渠道、需要时间及使用方法，满足施工进度和降低成本的目标。

通过资源优化配置，可掌握基本的网络图资源优化的方法，综合考虑工期目标、资源目标和费用目标，实现资源合理分配和使用，且工期合理。

具体操作时：

① 压缩工期时需注意：压缩关键工作的持续时间；不能把关键工作压缩成非关键工作；选择直接费用率或其组合（同时压缩几项关键工作）最低的关键工作进行压缩，且其值应小于等于间接费率。

② 均衡资源时需注意：把时间差值加在某些关键的工序上，使得工序时间适当加长，相应减少工序资源消耗，经反复调整，满足工期要求。同时，尽量避免某一项工序时间的单独增加，尽量均匀分散增加工序时间；且注意有特殊要求工序时间的增加的特殊限制性要求。

（1）概述

资源的稀缺性决定了任何一个社会都必须通过一定的方式把有限的资源合理分配到社会的各个领域中去，以实现资源的最佳利用。用最少的资源耗费，生产出最适用的商品和劳务，获取最佳的效益，即为资源配置。建设工程项目通常具有投资大、建造周期长、技术要求高、涉及相关单位多等特点，因此在建设工程领域注重对资源的优化配置，具有重要的经济意义与社会意义。在一定的范围内，对建设工程所涉及的各种资源在其不同用途之间分配合理与否，对一个建设项目的效益有着极其重要的影响。简单而言，资源优化配置就是为了让资源得到更好的利用，而做的一些合理配置。

在建设工程项目的实施过程中，如不能按期投运，工程服务人员长时间滞留现场，一方面增加了项目的成本，另一方面公司的人力资源得不到有效利用，会造成资源浪费。项目不能按期投运，回款不能及时到账，可能给公司流动资金的正常周转带来致命影响。项目进度控制的目标就是确保在合同规定的工期内完成合同规定的所有工作任务。

　　网络计划技术是随着现代科学技术和工业生产的发展而产生的，而今已经成为比较盛行的现代生产管理的科学方法。它符合工程实施的要求，特别适用于施工的组织与管理，通过把合同工期目标层层分解，明确项目任务、获取关键路径，并通过人力、资源的预算分配等来保证工程项目按期完成，资源合理供应、工程项目费用相对少，是一种有效的科学的进度管理方法。在毕业设计过程中，资源优化主要体现在网络计划的优化方面，即利用时差不断地改善网络计划的最初方案，在满足既定目标的条件下，按某一衡量指标来寻求最优方案。

　　（2）资源优化的目标

　　资源优化配置能够带来高效率的资源使用，其着眼点在于"优化"，它既包括企业内部的人、财、物、科技、信息等资源的使用和安排的优化，也包括社会范围内人、财、物等资源配置的优化。资源配置是否优化，其标准主要是看资源的使用是否带来了生产的高效率和企业经济效益的大幅度提高。因此，从资源使用这个角度看，归根结底是看有没有实现生产的高效率、高效益。优化目标通常有三类：工期目标、资源目标和费用目标。

　　工期目标，是指工期最短，即缩短工程进度。

　　资源目标，是指使有限的资源得到合理的安排和使用。

　　费用目标，是指费用最低，即确定最低成本日程。

　　在建设工程项目修建过程中不断追求实现资源优化配置就是指争取使有限的资源得到充分利用，工期合理，最大限度地满足企业的发展需要的历程。

　　（3）资源优化的类型

　　资源是实施工程计划的物质基础，离开了资源条件，再好的计划也不能实现，因此资源的合理安排和调整是施工组织设计的一项重要内容。资源优化的目的是通过利用工作的机动时间（工作总时差）改变工作的开始和完成时间，从而使资源的需要符合优化的目标。

　　资源优化的类型包括以下两类。

　　"资源有限，工期最短"的优化。是指设某种资源（如人力资源）单位时间供应量有限，则在编制进度计划时应满足在有限资源条件下的最优工期。

　　"工期规定，资源均衡"的优化。工期一定，资源得到合理地分配和使用，在满足工期不变的条件下，通过利用非关键工作的时差，调整工作的开始和结束时间，使资源需求在工期范围内尽可能均衡。

　　优化顺序为：从网络计划的结束节点开始，自右向左进行资源均衡调整。若同一节点有多个紧前工作，则先考虑开始时间最晚的工作。

　　（4）资源优化的步骤

　　建设工程项目中的任何资源配置都是在一定条件下进行的。资源有限时，寻求最短工期；工期已定时，力求资源均衡。因此，网络计划的优化主要包含两个方面：工期优化和工期固定的资源优化。

　　在进行资源优化时具体条件包括：①网络图中逻辑关系确定；②各项工作资源需要量已知；③时差已找出。具体实施方法可以总结为："向关键线路要时间，向非关键线路要节约。"

　　1）工期优化

　　项目进度管理是项目管理中的重要内容，与投资管理和质量管理一起被人们称作项目管理的三大目标。计划与控制，是企业按照预定目标进行合理、有效的生产，并取得良好经济效益的基本保证。项目进度计划的安排和项目人员的设置在项目管理中起着非常重要的作用，作为一个管理者，如何来编制计划、安排进度并进行有力的控制，是项目进度管理的重要内容。所谓工期优化是指网络计划的计算工期大于要求工期时，通过压缩关键工作的持续时间以满足要求工期目标的过程。

工期优化的方法基本是在不改变网络计划中各项工作之间逻辑关系的前提下，通过压缩关键工作的持续时间来达到优化目标。注意，按照经济合理原则，不能将关键工作压缩成非关键工作，当有多条关键线路时，必须将各关键线路的总持续时间压缩相同数值。

工程成本包括工程直接费与工程间接费，一般情况下，工期缩短，直接费增加，间接费减少。

工期成本优化的目的包括：①寻求与工程成本最低相对应的最优工期；②寻求规定工期下的最低成本。

工期成本优化的基本思路——最低费用加快法，即首先找出能使工期缩短而又能使直接费增加最小的工作（组合）；考虑由于工期缩短而使间接费减少，把不同工期的直接费和间接费分别叠加，即可得到工程成本最低时的最优工期和工期指定时相应的最低成本。

其中，费率是指压缩单位时间时费用的变化；直接费率是指压缩单位时间，直接费的增加额。值得注意的是：压缩同样时间不同工作，直接费的增加额不同。

工期优化的步骤如下。

① 找出网络计划中的关键工作和关键线路，并计算出计算工期。

② 按计划工期计算应压缩的时间 $\Delta T$

$$\Delta T = T_c - T_p \tag{2-19}$$

③ 选择被压缩的关键工作，在确定优先压缩的关键工作时，应考虑以下因素：

缩短工作持续时间后，对质量和安全影响不大的关键工作；

有充足资源的关键工作；

缩短工作的持续时间所需增加的费用最少。

④ 将所选定的关键工作的持续时间压缩至最短，并重新确定计算工期和关键线路。

⑤ 重复②～④，直至满足工期要求。

2）工期固定，资源均衡

对于一个建筑施工项目来说，设 $R(t)$ 为时间 $t$ 所需要的资源量，$T$ 为规定工期，$\overline{R}$ 为资源需要量的平均值，则方差 $\sigma^2$ 为

$$\sigma^2 = \frac{1}{T}\int_0^T [R(t) - \overline{R}]^2 \mathrm{d}t = \frac{1}{T}\int_0^T R^2(t)\mathrm{d}t - \frac{2\overline{R}}{T}\int_0^T R(t)\mathrm{d}t + \overline{R}^2 \frac{1}{T}\int_0^T R^2(t)\mathrm{d}t - \overline{R}^2 \tag{2-20}$$

由于 $T$ 为常数，所以求 $\sigma^2$ 的最小值，即相当于求 $R$ 的最小值。

由于建筑施工网络计划资源需要量曲线是一个阶梯形曲线，现假定第 $i$ 天资源需要量为 $R_i$，即

$$\int_0^T R^2(t)\mathrm{d}t = \sum_{i=1}^T R_i^2 = R_1^2 + R_2^2 + \cdots + R_T^2 \tag{2-21}$$

$$\sigma^2 = \frac{1}{T}\sum_{i=1}^T R_i^2 - \overline{R}^2 \tag{2-22}$$

要使得方差最小，即要使 $\sum_{i=1}^T R_i^2 = R_1^2 + R_2^2 + \cdots + R_T^2$ 为最小。

工作开始时间调整对方差的影响如图 2-101 所示。

优化的基本步骤如下。

① 根据网络计划初始方案，计算各项工作的 $ES_{i\cdot j}$、$EF_{i\cdot j}$ 和 $TF_{i\cdot j}$。

② 绘制 ES—EF 时标网络图，标出关键工作及其线路。

③ 逐日计算网络计划的每天资源消耗量 $R_t$，列于时标网络图下方，形成"资源动态数列"。

④ 由终点事件开始，从右至左依次选择非关键

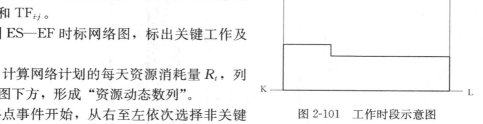

图 2-101　工作时段示意图

工作或局部线路，依次对其在总时差范围内逐日调整、判别，直至本次调整时不能再推移为止。

⑤ 依次进行第二轮、第三轮……资源调整，直至最后一轮不能再调整为止。画出最后的时标网络图和资源动态数列。

（5）项目成果案例

### 📖 案例一　铁路工程

新建地方铁路归德至连界线位于四川省资中县和威远县境内。线路从成渝线归德乡站成都端引出，经资中县的归德乡、蔡家坡、渔溪、高楼、金李井、铁佛等乡镇到达威远县的连界镇止。全线设归德乡接轨站、梨子沟中间站、铁佛预留站和连界工业站，线路全长30.443km。其中，A 合同段位于威远县境内，线路起止里程为 K170＋500—K173＋300，总长 2800m。

1. 工期计划及优化

原工期为 445d，网络图如图 2-102 所示。为使工程早日完工投入使用，欲将工期缩短至400d。在关键路线工序上增加投入非关键工作的人员与机械，以缩短工作持续时间，从而缩短关键线路的工期，则总工程持续时间也将缩短，直至缩短到 400d。

第一次资源优化配置：涵洞挖方及回填工程增加人力和机械投入，由原来的 60 人增加到 80 人，则使工作持续时间由原来的 30d 缩短为 20d，总工期缩短 10d。第一次优化后网络图如图 2-103 所示。

第二次资源优化配置：路基工程施工 10 月向房建工程队借调入 100 人，11 月借调入房建施工队所有人员共 150 人、借调入轨道工程队所有人员 60 人，使路基施工总人数达到310 人。工程工期缩短至石方一队 60d，石方二队 60d，总工期缩短 10d。第二次优化后网络图如图 2-104 所示。

第三次资源优化配置：房建工程地基施工时，基础施工已完成，这部分闲置人员分别加入房基施工和轨道工程。其中 20 人投入到轨道施工队帮助施工，50 人进入房建施工队参与地基土石方施工。增加人员后工作持续时间变化如下：房建工程：建筑工程 170d，安装工程 25d，设备工器具 15d；轨道工程：铺轨道工程 50d，铺新轨 40d，铺新岔 40d；改建工程40d；沉落修整工程 69d。总工期缩短 20d。第三次优化后网络图如图 2-105 所示。

第四次资源优化配置：给排水管道工程和站区工程，采用新的施工工艺，两侧同时施工，合理布局使工作时间变为：给排水管道工程 8d，站区工程 10d，总工期缩短 5d。第四次优化后网络图如图 2-106 所示。

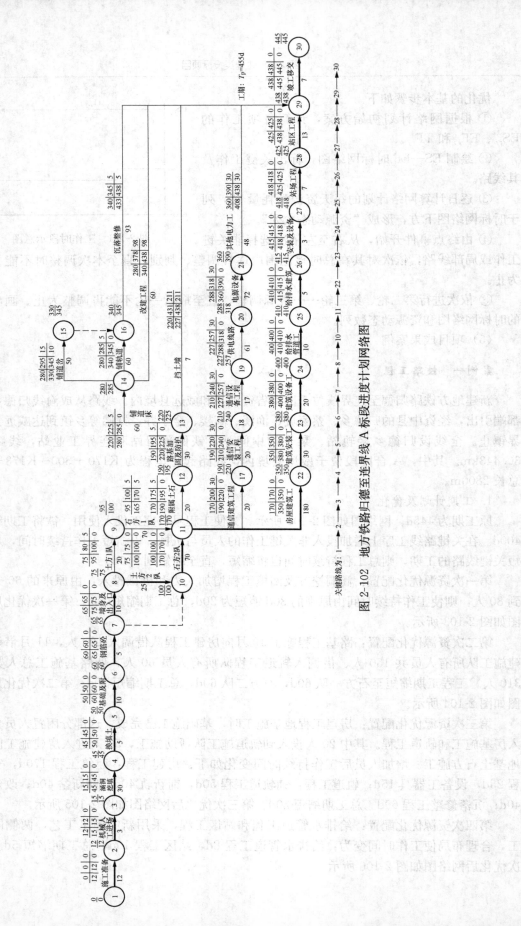

图 2-102 地方铁路归德至连界线 A 标段进度计划网络图

关键路线为：1 → 2 → 3 → 4 → 5 → 6 → 7 → 8 → 10 → 11 → 22 → 23 → 24 → 25 → 26 → 27 → 28 → 29 → 30

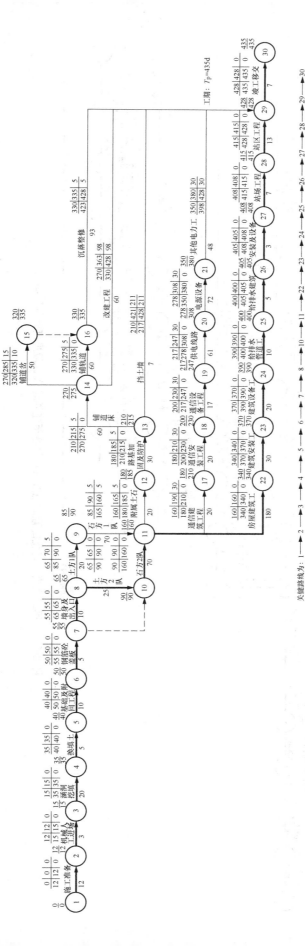

图 2-103　第一次资源优化配置后地方铁路归德至连界线 A 标段进度计划网络图

关键路线为：1 → 2 → 3 → 4 → 5 → 6 → 7 → 8 → 10 → 11 → 22 → 23 → 24 → 25 → 26 → 27 → 28 → 29 → 30

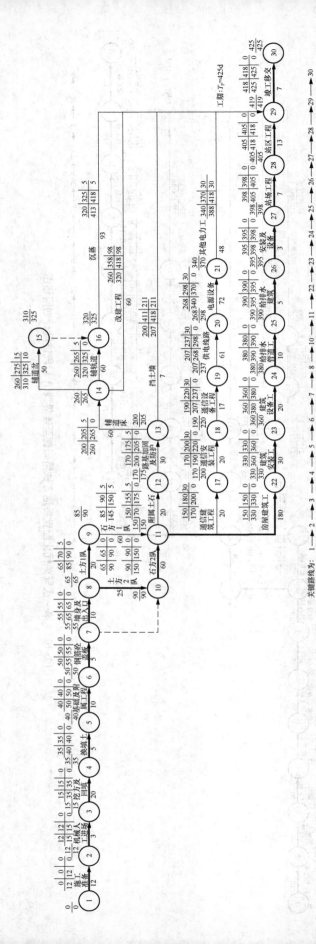

图 2-104　第二次资源优化配置后地方铁路归德至连界界线 A 标段进度计划网络图

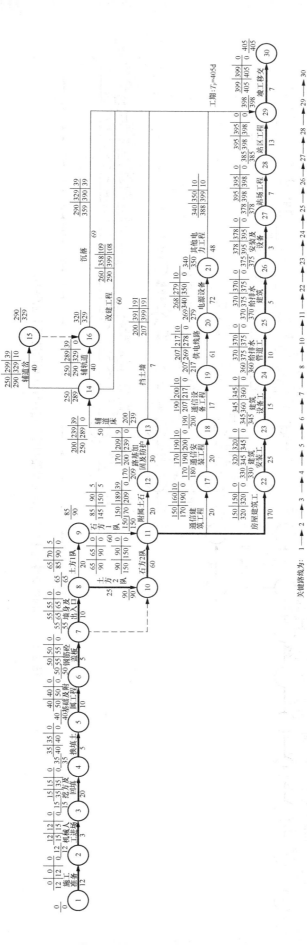

关键路线为：1 → 2 → 3 → 4 → 5 → 6 → 7 → 8 → 9 → 10 → 11 → 12 → 13 → 14 → 15 → 16 → 17 → 18 → 19 → 20 → 21 → 22 → 23 → 24 → 25 → 26 → 27 → 28 → 29 → 30

图 2-105  第三次资源优化配置后地方铁路归德至德至连界线 A 标段进度计划网络图

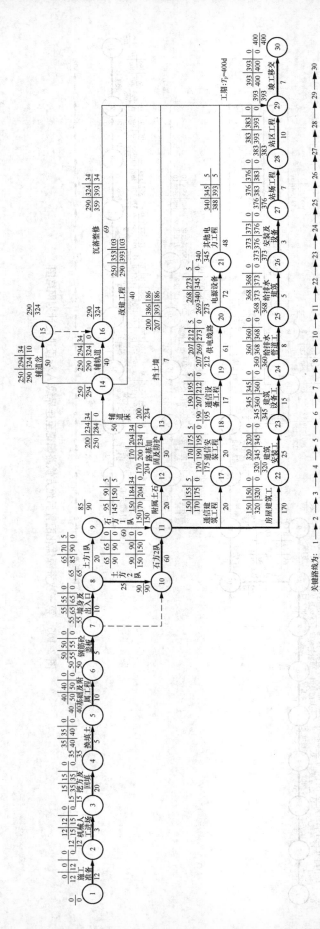

图 2-106　第四次资源优化配置后地方铁路归德至连云界线 A 标段进度计划网络图

2. 主要材料供应计划

根据本工程各个阶段的材料需求量确定各阶段的材料供应，2014 年二季度至四季度为基础施工，钢材、水泥、石料等施工材料逐步增加。

2015 年一、二季度为主要材料消耗用于房建工程，房建工程水泥用量相较前季度增加 106t，为 2676t，钢材相较路基工程减少 2t，用量减少至 51t。

路基工程和房建工程中基础施工时会碰到岩石地层，因此需要爆破材料，在完成地基工程后爆破材料停止采购和入场。

拟订本工程主要材料供应计划见表 2-80。

表 2-80　　　　　　　　　　　　　主要施工材料供应计划表

| 序号 | 材料名称 | 单位 | 总需求量 | 2014 年 | | | 2015 年 | | |
|---|---|---|---|---|---|---|---|---|---|
| | | | | 二季度 | 三季度 | 四季度 | 一季度 | 二季度 | 三季度 |
| 1 | 钢材 | t | 217 | 12 | 48 | 53 | 51 | 39 | 14 |
| 2 | 水泥 | t | 11 326 | 890 | 2470 | 2570 | 2676 | 2020 | 700 |
| 3 | 碎石 | m³ | 23 517 | 1880 | 5160 | 5620 | 5160 | 4227 | 1470 |
| 4 | 砂 | m³ | 2367 | 190 | 520 | 560 | 520 | 430 | 147 |
| 5 | 炸药 | t | 17 | 1 | 4 | 4 | 4 | 3 | 1 |
| 6 | 油料 | t | 4214 | 370 | 920 | 1000 | 914 | 750 | 260 |

拟订本工程主要材料供应计划分布如图 2-107 所示。

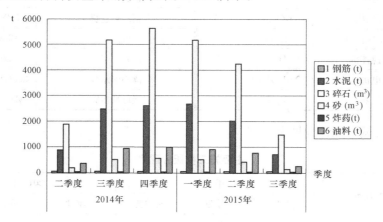

图 2-107　主要材料供应计划分布图

3. 机械调配计划及优化

在机械的选择上，应选与工程实际情况相适应的，满足施工强度和要求的，经济上合理的机械。

在机械的配置上，要根据上文机械选型与配套章节的内容，仔细计算、合理调配，得出最经济适用的机械配置方案。

得出最经济适用的机械配置方案后，对于不同施工所需要机械的进出场时间也要规划好，以免因为无序的机械进出场导致工程停滞或施工场地的混乱。

主要施工机械投入见表 2-81。

表 2-81　　　　　　　　　　　　　　　主要施工机械投入表

| 序号 | 机械或设备名称 | 规　格型　号 | 数量（台） | 机械或设备名称 | 规　格型　号 | 数量（台） |
|---|---|---|---|---|---|---|
| | 一、路基及附属工程 | | | 二、桥涵工程 | | |
| 1 | 挖掘机 | CAT320L | 6 | 内燃空压机 | CTY-12/7 | 2 |
| 2 | 挖掘机 | PC-300 | 6 | 凿岩机 | YT-28 | 20 |
| 3 | 推土机 | TY220 | 10 | 卷扬机 | JJMW540KN | 6 |
| 4 | 装载机 | ZL50 | 2 | 挖掘机 | HITACHI | 2 |
| 5 | 装载机 | ZL50 | 4 | 装载机 | ZL40 | 2 |
| 6 | 平地机 | PY180 | 2 | 自卸车 | 东风 | 16 |
| 7 | 自卸车 | 红岩 | 4 | 汽车吊 | QY18 | 2 |
| 8 | 自卸车 | ND3320S | 2 | 混凝土拌和站 | RZQ-25 | 3 |
| 9 | 自卸车 | 东风 | 8 | 混凝土搅拌机 | JS750 | 4 |
| 10 | 洒水车 | 东风-135 | 2 | 混凝土搅拌运输车 | 6m³ | 4 |
| 11 | 振动压路机 | YZ18 | 2 | 混凝土输送泵 | HBT60A | 2 |
| 12 | 振动压路机 | YZT20 | 4 | 砂浆搅拌机 | HJ25 | 4 |
| 13 | 液压冲击夯 | MX-NDP30 | 12 | 钢筋对焊机 | VN25 | 4 |
| 14 | 内燃空压机 | VY-9/7 | 8 | 钢筋切割机 | GQ40-1 | 4 |
| 15 | 凿岩机 | YT-28 | 24 | 钢筋弯曲机 | GW-40 | 4 |
| 16 | 潜孔钻机 | KQ-150 | 6 | 钢筋调直机 | GT4-14Q | 4 |
| 17 | 混凝土搅拌机 | JS500 | 4 | 电焊机 | BX3-630 | 8 |
| 18 | 砂浆搅拌机 | HJ25 | 16 | 离心泥浆泵 | 30NL | 6 |
| 19 | 发电机 | X6135JD-1 | 2 | 离心潜水泵 | 200QJ50-130 | 4 |
| 20 | 变压器 | S9-250 | 2 | 液压冲击夯 | MX-NDP30 | 6 |

主要施工机械分配计划见表 2-82。

表 2-82　　　　　　　　　　　　　　主要施工机械分配表

| 序号 | 机械名称 | 2014 年（台） | | | 2015 年（台） | | |
|---|---|---|---|---|---|---|---|
| | | 二季度 | 三季度 | 四季度 | 一季度 | 二季度 | 三季度 |
| 1 | 挖掘机 | 12 | 12 | 14 | 14 | 7 | 2 |
| 2 | 自卸汽车 | 10 | 18 | 25 | 30 | 20 | 20 |
| 3 | 凿岩机 | 10 | 20 | 44 | 35 | 10 | 10 |
| 4 | 混凝土搅拌机 | 2 | 4 | 8 | 8 | 7 | 6 |
| 5 | 砂浆搅拌机 | 6 | 12 | 16 | 20 | 18 | 10 |

根据表 2-82，绘制主要施工机械分配计划直方图，如图 2-108 所示。

4. 劳动力计划及优化

根据本合同段工程数量以及施工工期安排，拟投入各专业施工队伍共计 4 支，施工人员 350 人，技术工人占全部人员比例的 80%以上。本合同段预计劳动力约 13 万个工日，按有

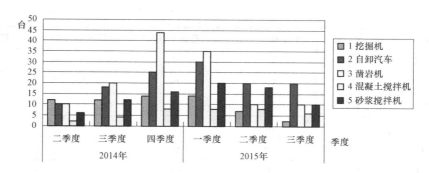

图 2-108 主要施工机械分配图

效工期 15 个月考虑，平均每天需劳动力约 285 人，考虑定额机械化程度以及实际施工效率差异，施工高峰期日需劳动力为 350 人。具体分布见表 2-83。

原定 2014 年 7 月涵洞施工人数为 60 人，为加快工期将人数增加到 80 人。2014 年 10 月开始路基土石方施工，由于路基土石方工程量大，施工时间长，且为关键路线工程，加大人员的投入可使工期缩短。从轨道工程队和房建工程队借调入工人，10 月借调房建队 100 人、11 月借调房建队所有人员共 150 人、轨道施工队 60 人。

2015 年 1 月路基工程基本完成，原先调入路基工程的施工人员全部调回，轨道和房建工程施工全面开展，2015 年 2 月路基施工已经全部完成，路基施工队闲置人员分别投入到轨道队 20 人和房建队 50 人。

人员调配过后使原本 445d 的工期缩短到 400d。劳动力分布直方图如图 2-109 所示。

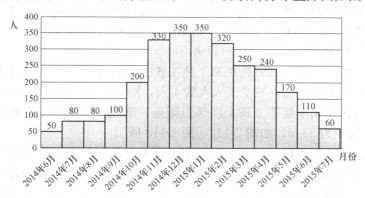

图 2-109 劳动力分布直方图

表 2-83 劳动力分布表

| 施工队组 | 总体（人） | 基础施工（人） | 轨道施工（人） | 通信施工（人） | 房建施工（人） |
|---|---|---|---|---|---|
| 施工月份 | 350 | 100 | 60 | 40 | 150 |
| 2014 年 6 月 | 50 | 0 | 0 | 0 | 0 |
| 2014 年 7 月 | 80 | 80 | 0 | 0 | 0 |
| 2014 年 8 月 | 80 | 80 | 0 | 0 | 0 |
| 2014 年 9 月 | 100 | 100 | 0 | 0 | 0 |

续表

| 施工队组 | 总体（人） | 基础施工（人） | 轨道施工（人） | 通信施工（人） | 房建施工（人） |
|---|---|---|---|---|---|
| 2014 年 10 月 | 200 | 200 | 0 | 0 | 0 |
| 2014 年 11 月 | 330 | 310 | 0 | 20 | 0 |
| 2014 年 12 月 | 350 | 310 | 0 | 40 | 0 |
| 2015 年 1 月 | 350 | 100 | 60 | 40 | 150 |
| 2015 年 2 月 | 320 | 0 | 80 | 40 | 200 |
| 2015 年 3 月 | 250 | 0 | 60 | 40 | 150 |
| 2015 年 4 月 | 240 | 0 | 50 | 40 | 150 |
| 2015 年 5 月 | 170 | 0 | 40 | 30 | 100 |
| 2015 年 6 月 | 110 | 0 | 40 | 30 | 100 |
| 2015 年 7 月 | 60 | 0 | 20 | 30 | 60 |

### 案例二　房建工程

本工程为鱼化光电电子科技产业园 1 号厂房，位于西安市雁塔区，该项目为兴建 5 层高的厂房，占地面积为 778.01m²，总建筑面积约为 4088.07m²，建筑总高度 27.2m，抗震设防等级为 8 度设防。主体为钢筋混凝土结构，上部采用砖混结构。

第一次优化：挖条形基础在第 3 施工段上自由时差为 1d，在不影响其紧后工序的开工时间下可利用此自由时差，减少工人人数 1 人，则可使第三段上施工天数延长 1d，而将减少的 1 人分配给第 1 施工段的平整场地。则第 1 段平整场地时间减少 1d，总工期减少 1d，即总工期变为 354d，如图 2-110、图 2-111 所示。

第二次优化：第 4 层钢筋的绑扎在第 3 施工段上自由时差为 1d，在不影响紧后工序开工时间下，可利用此自由时差，减少工人人数 1 人，则可使第 3 施工段上施工天数延长 1d。而将减少的 1 人分配给第 4 层第 3 段上浇筑混凝土。则混凝土的施工天数减少 2d，总工期减少 2d，即总工期变为 352d，如图 2-112、图 2-113 所示。

第三次优化：第 5 层钢筋的绑扎在第 3 施工段上自由时差为 1d，在不影响紧后工序开工时间下减少工人人数 1 人，则第 3 段上工期增加 1d，将减少的人数用以支模板，使第 5 层第 2 段上的施工时间减少 1d。则总工期减少 1d，即总工期为 351d，如图 2-114、图 2-115 所示。

第四次优化：外墙面抹灰自由时差为 7d，在不影响紧后工序开工时间下减少工人人数 1 人，则施工工期增加 5d。将减少的 1 人用以散水的施工，则散水的施工工期减少 2d。则总工期减少 2d，即总工期为 349d。

第五次优化：零星抹灰自由时差为 8d，在不影响紧后工序开工时间下，减少工人人数 4 人，则工作时间增加 6d。将减少的工人全部用以踢脚线的施工，则踢脚线的作业时间减少 6d。则总工期减少 5d，即总工期为 344d，如图 2-116、图 2-117 所示。

1. 劳动力配置

劳动力配置计划见表 2-84。

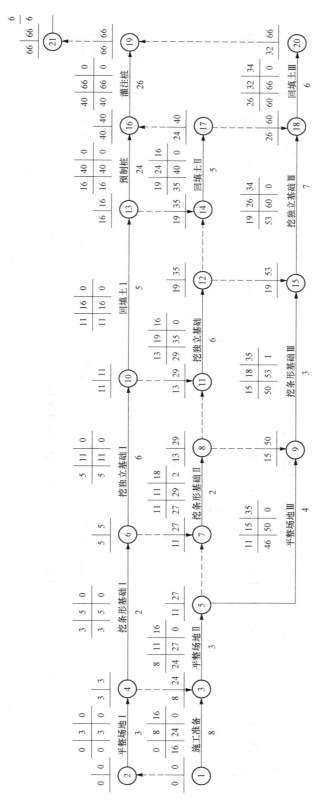

图 2-110　第一次优化前鱼化光电电子科技产业园 1 号厂房进度计划网络图

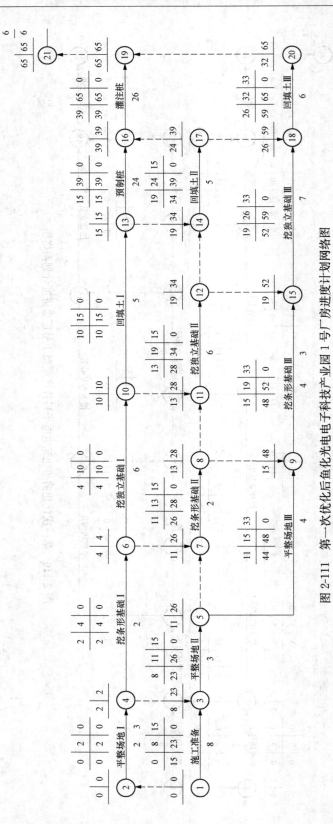

图 2-111　第一次优化后鱼化光电电子科技产业园 1 号厂房进度计划网络图

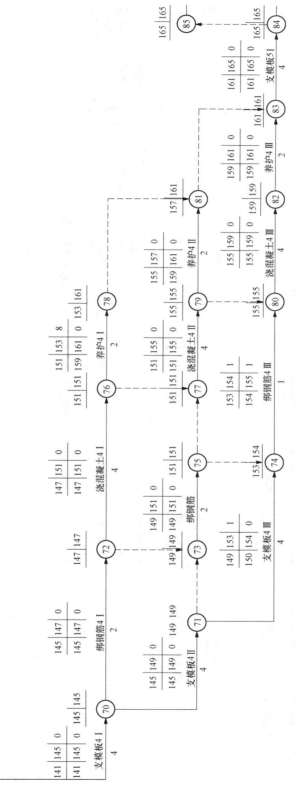

图 2-112　第二次优化前鱼化光电电子科技产业园 1 号厂房进度计划网络图

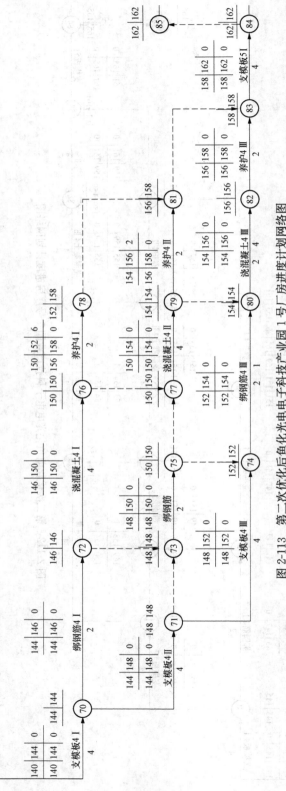

图 2-113　第二次优化后鱼化光电电子科技产业园 1 号厂房进度计划网络图

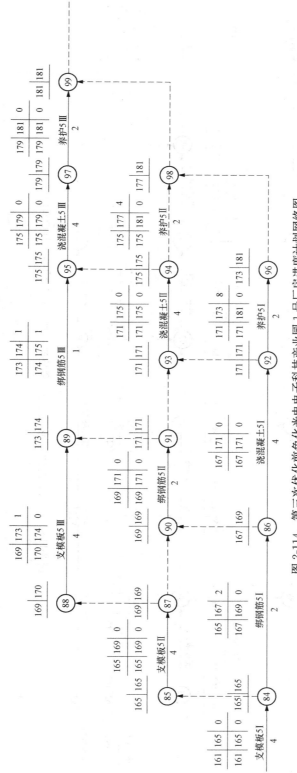

图 2-114　第三次优化前鱼化前鱼化电电子科技产业园 1 号厂房进度计划网络图

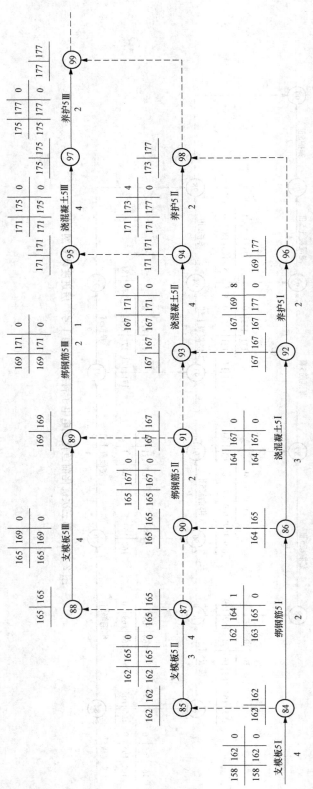

图 2-115  第三次优化后鱼光电电子科技产业园 1 号厂房进度计划网络图

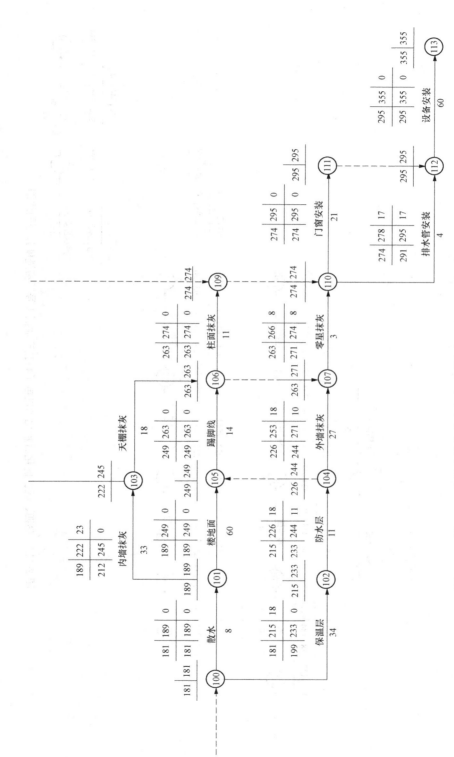

图 2-116　第四、五次优化前鱼化鱼化光电电子科技产业园 1 号厂房进度计划网络图

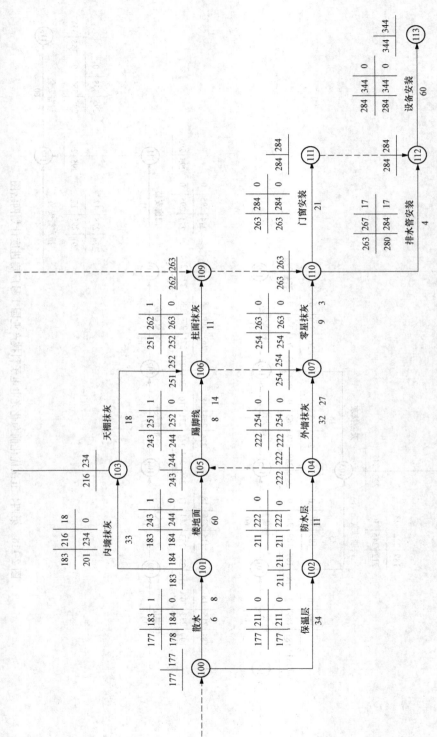

图 2-117 第四、五次优化后鱼化电光电电子科技产业园 1 号厂房进度计划网络图

**表 2-84**　　　　　　　　　　　　　　**劳动力配置计划**

| 序号 | 工种名称 | 施工准备人数 | 基础人数 | 主体结构人数 | 装修人数 | 总体收尾人数 |
|---|---|---|---|---|---|---|
| 1 | 农民工（挖土） | 20 | — | — | — | — |
| 2 | 瓦工（混凝土） | 5 | 11 | 25 | 13 | 10 |
| 3 | 木工 | 5 | 6 | 10 | 7 | 2 |
| 4 | 钢筋工 | 3 | 5 | 7 | 6 | 2 |
| 5 | 架子工 | 3 | | 10 | 11 | 5 |
| 6 | 电工 | 5 | 6 | 9 | 8 | 2 |
| 7 | 水工 | — | 4 | 3 | 8 | 4 |
| 8 | 电焊工 | 3 | 6 | 6 | 6 | 6 |
| 9 | 机修工 | 3 | 3 | 3 | 4 | 2 |
| | 合计 | 47 | 41 | 73 | 63 | 28 |

为了确保工程能及时完成，劳动力配备考虑了以下因素。

1）根据工期要求及进行计划，各施工阶段的工程量和工作面及专业技术需要配备充足的劳动力，以利于流水作业。

2）根据工艺要求配备专业施工人员技术素质高，特别要优先选用干劲足、技术水平高的操作能手，以利于保证施工质量、进度。

3）加强机械使用管理，充分提高劳动效率。

2. 材料需要量计划

材料需要量计划，主要是作为备料、供料和确定仓库、堆场面积及组织运输的依据。其编制方法是将施工进度计划表中各施工过程的工程量，按材料品种、规格、数量（包括损耗）、使用时间进行汇总，即得材料需要量计划。

若某分部分项工程是多种材料组成时，应将各材料分类计算。例如混凝土工程，在计算其材料需要量时，应按混凝土配合比，将混凝土工程量换算成水泥、砂、石外加剂等材料的数量。主要材料进场计划见表 2-85。

**表 2-85**　　　　　　　　　　　　　　**主要材料进场计划**

| 序号 | 材料名称 | 规格 | 单位 | 数量 |
|---|---|---|---|---|
| 1 | 圆钢 | $\phi10$ 以内 | t | 7.695 |
| 2 | 螺纹钢 | $\phi10$ 以外 | t | 3.465 |
| 3 | 水泥 | 32.5 号 | t | 890 |
| 4 | 砾石混凝土 | C30 | m³ | 198 |
| 5 | 砾石混凝土 | C20 | m³ | 312 |
| 6 | 机制红砖 | 1/2B | 千块 | 8000 |
| 7 | 塑钢窗 | | 樘 | 7 |
| 8 | 改性沥青卷材 | | m² | 4mm 厚 |
| 9 | 乳胶漆 | | kg | 13～16m²/L/层 |
| 10 | 各类门 | | 樘 | 48 |

3. 施工机具需要量计划

根据施工方案、施工方法和施工进度计划编制，以工程的占地面积大小和周围的施工状况，在不影响工人正常工作的前提下，合理选择施工机械。其编制方法是把单位工程施工进度表中每一施工过程、每天所需的机械类型、数量和施工日期进行汇总，即可得出施工机具需要量计划。主要机具配置见表 2-86。

表 2-86　　　　　　　　　　　　　　　　主要机具配置

| 机具名称 | 规格 | 单位 | 功率（kW） | 总需用量 |
|---|---|---|---|---|
| 塔吊 | TC6013 | 台 | 24 | 1 |
| 履带式起重机 | W1—200 | 台 | — | 1 |
| 混凝土输送泵 | HTB60 | 台 | 53 | 1 |
| 推土机 | ZL501 | 台 | 125×12 | 2 |
| 砂浆机 | HJ200 | 台 | 7.5×12 | 6 |
| 断钢机 | GB40 | 台 | 3×6 | 2 |
| 弯曲机 | WT40-1 | 台 | 3×3 | 2 |
| 对焊机 | LN-100 | 台 | 100×3 | 2 |
| 电焊机 | AT-SSS | 台 | 23.4×10 | 3 |
| 电渣压力焊机 | BX2-1000 | 台 | 56×3 | 3 |
| 圆锯机 | MT106 | 台 | 3.5×18 | 12 |
| 手提电锯 | — | 台 | 0.4×30 | 10 |

（6）小结

网络优化在网络计划的应用中具有十分重要的地位，在工程实践中具有十分重要的现实意义。要求大家对工期成本优化和资源优化的基本原理和方法能熟练掌握。

**任务 2.3.6　质量及 HSE 管理体系与保证措施**

本部分内容以蒲城清洁能源煤化工园区供水工程为例，全面贯彻质量安全环境保护标准，建立健全保证体系。HSE 是健康（health），安全（safety）和环境（environment）三位一体的管理体系。工程项目部必须建立完善的 HSE 管理体系。切实采取积极措施，确保实现各项目标。

（1）质量管理

1）管理目标

符合国家现行相关工程施工质量验收标准，创合格质量等级；工程建设采用先进的现代化管理手段，实现工程质量优良水平，内在质量可靠，外观工艺赏心悦目，合同工期准时；单位工程优良品率 90% 以上，建设过程中杜绝重大质量事故。

2）质量管理人员

质量管理机构配备的各岗人员担负起相应的质量管理职能，人员配备情况见表 2-87。

表 2-87　　　　　　　　　　　　　　　　质量管理人员配备表

| 名　　称 | 人员状况及人数 | 质量管理职责 |
|---|---|---|
| 项目经理 | 项目经理 1 名 | 主要责任人 |
| 项目副经理 | 项目副经理 1 名 | 施工总调度 |
| 项目技术负责人 | 技术负责人 1 名 | 质量主管 |
| 质检组 | 检验工程师 3 名 | 质检 |
| 测量组 | 工程师 2 名、测量员 3 名 | 质检 |
| 施工组 | 质检员 7 名 | 质检 |

3) 质量管理机构

为实现工程质量，建立一个完善的质量保证组织机构，实施对本工程全过程的质量检查控制，具体质量管理组织机构如图 2-118 所示。

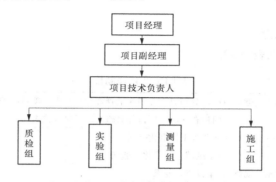

图 2-118 质量管理组织机构

4) 质量管理制度

具体质量管理制度见表 2-88。

表 2-88 质量管理制度

| | |
|---|---|
| 1 | 开工前项目部有关质量管理责任制度、管理网络等规章制度必须制定完善并公布 |
| 2 | 开工前项目部的施工管理人员必须全部到岗，不在岗的项目经理必须到公司办理责任委托书，质检员办理质量责任委托书 |
| 3 | 开工前必须编制施工组织设计，并经有关部门审批或备案后方可实施 |
| 4 | 开工前由项目经理带头及时组织有关人员熟悉研究施工图纸，并及时向有关单位做好图纸会审，针对工程项目的疑难问题制订具体施工方案 |
| 5 | 在施工现场，项目负责人、质检员必须按照设计要求及国家验收规范实施监督、检查，工程中设计的变更必须由原设计单位盖章后实施 |

5) 质量管理措施

质量是施工中着重控制的三大目标之一，施工中，为了进一步强化科学管理，高质量、高标准地完成本项工程任务，我们必须采取相应措施，具体质量管理措施见表 2-89。

表 2-89 质量管理措施

| | |
|---|---|
| 1 | 各部门必须清楚明确自己的质量职责 |
| 2 | 技术措施：施工前按照技术规范、施工图纸、设计变更等文件要求编制实施性施工组织设计等文件严格接受相关部门审核 |
| 3 | 人员措施：建立技术负责人、施工计划负责人，现场施工员、质量安全员，班组施工人员、质安人员的技术质量管理制度 |
| 4 | 建立奖惩制度，对违反操作规程，影响施工质量的，除坚决返工外对当时负责人要处罚，对严格按照操作规程施工的班组人员进行奖励，并且保证其贯彻实施 |
| 5 | 在混凝土等养护期间做好工程记录，严格按照有关标准、规范和建设单位提出的要求，一切按规章办事 |
| 6 | 严格执行规范，建立质量体系，做好各项检查工作，严格遵守合同条款，精心施工、精心管理 |
| 7 | 对班组人员进行相应强化训练，争取技术人员技术过硬、工程质量过硬 |

（2）文明生产管理

为了把职业健康保护落到实处，本公司严格按照国家有关施工健康保护标准、规范，采取一系列管理防护措施。

1）文明管理体系

2）文明生产管理制度

具体生产管理制度见表 2-90。

表 2-90　　　　　　　　　　文明生产管理制度

| 1 | 公司及项目部必须建立健全组织，分别成立文明施工管理领导小组，项目经理担任组长 |
|---|---|
| 2 | 公司每季度检查一次，每月巡回检查两次，项目部对施工现场每周检查一次，班组每日检查一次 |
| 3 | 施工现场必须严格按照公司《文明施工标准化手册》实施 |
| 4 | 施工现场达到"三通一平"，施工区域道路硬化、通畅 |
| 5 | 输电线路做到"三相五线制"，架设符合要求 |
| 6 | 施工现场平整，设置排水沟或排水井，施工现场无污水及长流水 |
| 7 | 施工现场设置"八牌三图"、宣传栏、安全标志牌等施工现场应具备的标牌 |
| 8 | 职工宿舍干净整齐，不男女混住，室内无异味，不超员 |
| 9 | 各类机械设备、设施保持清洁 |
| 10 | 保持好办公室卫生清洁，档案、资料存放整齐，保管妥善 |

3）文明管理措施

为了达到文明施工的要求和目标，制定一系列文明施工措施，具体施工措施见表 2-91。

表 2-91　　　　　　　　　　文明管理措施

| 1 | 对现场职工进行文明施工和标准化管理的教育，提高思想觉悟，必须做到文明施工、文明操作、团结互爱、互相帮助、制止不良风气 |
|---|---|
| 2 | 建筑材料必须按场地布置图要求进行堆放，严禁乱堆乱放、混放 |
| 3 | 制定"办公室卫生管理制度"，使施工现场做到整洁卫生 |
| 4 | 施工现场设男女水冲式厕所，污水排入化粪池。保持清洁，排水畅通，要有专人管理 |
| 5 | 施工现场设茶水供应点，茶具的消毒设施，确保冬天有热开水，夏天有凉开水的供应 |
| 6 | 施工现场的食堂设置过滤网，洗水、清洗路面处设置沉淀池 |
| 7 | 防止现场噪声扰民，除特殊情况外，每天晚 22 时至次日早 6 时，严格控制强噪声作业 |

（3）安全生产管理

1）安全管理目标

施工过程中，安全是首要的，本公司一直秉持着在保证完成生产任务的同时，达到使工伤死亡率等于零、负伤事故频率等于零、全年无事故的管理目标。

2）安全保障体系

安全生产管理组织机构。为更好地完成工程安全生产管理目标，本公司建立了一个管理组织机构来对工作进行实施、完成。

3）安全管理制度

做任何事情都要有约束，既然安全是第一位的，那么就一定要有一套完整的制度来保证管理工作的顺利进行，具体管理制度见表 2-92。

**表 2-92　　　　　　　　　　　安全生产管理制度**

| 1 | 建立安全生产管理领导小组，建立健全的安全生产管理责任制，以项目经理为组长，形成系统的管理 |
|---|---|
| 2 | 进入现场必须佩戴合格的安全帽，严禁穿拖鞋或赤脚进入施工现场，施工现场严禁吸烟，现场明火作业必须持有用火证 |
| 3 | 进入施工现场要服从领导和安全监察人员的指挥，必须遵守劳动纪律，严格按照操作规程操作，并制止他人违章作业 |
| 4 | 作业中严格执行安全技术交底、分部分项工程，有安全防护措施，施工现场临边的交通路段必须有安全可靠的防护措施 |
| 5 | 特种作业人员必须持证上岗，持证上岗率达到 100%，严禁触摸非本人操作的设备、电闸、闸门、开关等，拒绝违章作业 |

4）安全保证措施

为更好地完成工程安全生产管理的目标，必须有一套完善的措施来保证施工安全生产管理的正常运行，具体措施见表 2-93。

**表 2-93　　　　　　　　　　　安全管理措施**

| 1 | 按照国家规范要求及有关文件建立项目部安全管理组织体系及安全生产管理规章制度 |
|---|---|
| 2 | 施工中严格遵守水利工程技术工作规程，严格执行各项安全管理规章制度 |
| 3 | 加强对职工的安全教育工作，落实到每个人，强化安全意识，树立安全第一的观念，定期宣传学习《安全生产法》 |
| 4 | 安全管理人员与特种作业人员必须取得生产劳动部门培训证，持证上岗 |
| 5 | 专职安全员每日巡查、监督。一旦发现违章作业或异常情况，立即进行批评教育或责成改正 |
| 6 | 安全生产工作资料应及时记录、建档、完善 |
| 7 | 现场临时用电、主要线路、用电设备、照明、送电线路的安装、维护和拆除，都须由专业电工完成 |
| 8 | 进入施工现场的工作人员必须佩戴安全帽，高空作业必须系安全带，挂好挂钩 |
| 9 | 施工现场出入口设置材料进场、人员入场专用大门，设置值班室，制定门卫管理制度，进入现场的施工人员必须统一工作服，佩戴安全帽和相关证明如上岗证等 |
| 10 | 材料堆放必须严格按照总平面设计图的规划，不同材料分类堆码整齐，并且挂上标识牌 |
| 11 | 现场配备消防处，杜绝火灾、爆炸事故 |
| 12 | 施工现场建立治安保卫制度，协调好周边群众关系，并由专人负责检查落实 |
| 13 | 施工机械严格按照要求进行设置，进行正确的操作使用，坚决防止施工机械故障造成人员伤亡 |

5）安全应急预案

施工中安全施工预防最重要，但若不幸发生了安全事故，及时有效地进行现场救护更加重要，故本公司在制定上述安全管理措施的同时，也编制了相应的安全应急预案，具体如下。

① 建立安全事故救援领导组织：工程事故救援组织机构，如图 2-121 所示。

② 安全事故救援物资准备：救援汽车 2 部；救援设备担架、床用木板各一张；医用物品绷带、体温计、注射器、生理盐水等。

③ 提前对参加救援的人员进行专业培训，内容为救援程序、救援知识和救援方法，使大家在事故发生时不至于惊慌。

④ 万一有触电情况发生，在场的人员必须第一时间拉闸断电，迅速切断总电源，或用

现场的干木棍等绝缘体移开触电物；然后将伤员脱离不安全区域，组织人员进行抢救，同时拨打120急救电话或直接送伤者到最近的医院进行抢救。

⑤ 机械伤害造成伤亡时，现场抢救最为关键，在场人员千万不能慌乱，保持冷静，进行应急检查，同时迅速拨打120急救电话，向医疗单位请求帮助。

（4）环境保护管理

1）环保保障体系

建立工程环保管理组织机构，具体如图2-122所示。

2）环保管理制度

制定工程环保管理制度。为了响应国家绿色、可持续发展的政策，必须健全环境保护制度，明确目标和责任，做到责任到人，着眼本公司管理制度与管理理念，结合国家各项规章制度，制定一系列环境保护施工管理制度。具体环保管理制度见表2-94。

表 2-94　　　　　　　　　　环保管理制度

| 1 | 健全环境保护规章制度，明确目标和职责，做到责任到人 |
|---|---|
| 2 | 在施工现场设立醒目的环境保护标语及标志 |
| 3 | 尽量减少夜间施工，避免灯光、噪声对周围居民的影响 |
| 4 | 施工中禁止出现随意抛弃废旧料的行为，废旧料必须统一收集、统一处理 |
| 5 | 检查制度：项目部每周进行一次检查，专项人员每日检查一次，对检查结果严格认真地登记记录 |
| 6 | 对违章人员进行登记，并进行教育和处罚 |

3）环保管理措施

完善工程环保管理措施，具体见表2-95。

表 2-95　　　　　　　　　　工程环保管理措施

| 1 | 办公室必须采光良好，保证空气充分流通，在特定季节里有设备或措施保持适宜的温度 |
|---|---|
| 2 | 公共场所必须保持整洁，确保窗明几净，不得堆积有碍卫生的垃圾、污垢 |
| 3 | 严禁随地吐痰，贴有禁烟标志的区域禁止吸烟 |
| 4 | 提倡节约用水，生活废水由专用管道引送与市政管网相连 |
| 5 | 办公场所不得大声喧哗，如因个别原因可能出现噪声污染时，应尽量安排在正常上班以外时间进行 |
| 6 | 办公垃圾分类存放，并在垃圾箱上贴有明显标记 |
| 7 | 提高节电意识，在保证照明的情况下，减少照明灯具或降低总能消耗，下班时及时关闭用电设备的电源 |
| 8 | 加强消防意识，各区域应配备必要的消防器材。在使用汽油、柴油、液化气、电器等易燃、易爆品时应严格执行说明书的规定 |

（5）HSE保障经费

用流动资金为HSE保障经费，是项目运行所必需的重要资金组成部分，对于蒲城清洁能源煤化工园区供水工程来说，主要的流动资金在于HSE的组织管理中，各种预案所需设备都需要一定的流动资金准备。现场安排的预案准备资金需要50 000元人民币左右，用于医疗准备、人员准备、文档安排准备等等，并且一定要按时准确地计入账本。

# 第3篇 毕业设计项目成果提交文件

毕业设计最终提交材料包括如下。

纸质版材料：毕业设计书一份，手绘 A1 图纸一份，打印 A1 图纸两份，附件一份，档案袋一份。

电子版材料：毕业设计书 WORD 版一份，造价文件 EXCEL 版一份，施工平面布置图 CAD 图纸一份，施工网络图 EXCEL 版一份，横道图 EXCEL 版一份，毕业设计答辩汇报 PPT 一份。电子版材料命名原则为"文件类型＋姓名＋班级＋学号"，如"施工网络图＋张三＋土木工程 1212 班＋2012123456"。

纸质版材料装订要求如下。

（1）毕业设计书装订次序

① 封面

采用学校规定的统一封面及格式，并填写作者、题目、指导教师姓名等信息。

② 摘要

中文摘要、关键词。

外文摘要、关键词。

③ 目录

④ 主体部分

包括绪论、正文和结论三部分。其中正文包括：第一部分商务部分、第二部分造价部分及第三部分施工组织设计部分。

⑤ 参考文献

⑥ 附录

不宜列入正文中过长的公式推导与证明过程；与本文密切相关的非作者自己的分析、证明、工具及表格等；在正文中无法列出的实验数据。

（2）毕业设计附件装订次序

封面。采用学校统一规定的毕业设计附件封面，并填写有关信息。

目录。

毕业设计任务书（附件4）。

开题报告（附件5）。

毕业设计工作中期检查表（附件6）。

指导教师评分表（附件7）。

毕业设计评阅人评分表（附件8）。

毕业设计成绩考核评定结果（附件11）。

（3）其他资料的归档

工程图纸按国家标准折叠，装入档案袋内，交指导教师查收，经审阅、答辩并评定成绩后归档。

# 3.1 编 制 报 告

### 3.1.1 撰写规范

毕业设计书字数要求为 8000 字以上，需按要求认真填写有关内容，页面要整洁。如为手写，则一律用黑或蓝黑墨水，字体要工整，如为打印，签名处则必须为手写。

（1）毕业设计用纸、版面及页眉

本科毕业设计用纸均为 A4 纸，行距为固定值 22 磅，字体要求为宋体，字符要求为 Times New Roman，上、下页边距为 2.5cm，左页边距 2.4cm，右页边距 2.4cm。

页眉从正文开始到最后，在每一页的上方，用五号宋体，居中排列，页眉线为等粗双线，1.5 磅。例：

西京学院本科毕业设计（论文）

正文、中文摘要用字为小四号宋体，页码置于页面的底部并居中放置，采用单面打印。

（2）封面

封面的主要内容包括："毕业设计（论文）"字样、题目、作者信息、指导教师、提交时间等。

题目应能反映毕业设计的主要工作、研究目的和特点。确定题目时要把握好可索引性、特异性、明确性和简短性。题目的字数一般应在 25 字以内。如果有些细节必须放进标题，可分为主标题和副标题两个部分。

题目一般由指导教师选定，学生撰写毕业设计报告时需注意题目应与任务书题目一致。

（3）摘要

摘要包括："摘要"字样（位置居中）、摘要正文、关键词。

摘要主要包括三部分内容：毕业设计研究工作的目的和意义、研究的内容及方法、结果与结论。毕业设计（论文）摘要应简明扼要，文字要精练，一般应在 200～350 字。

关键词是反映毕业设计（论文）主题内容的名词，是供检索使用的，应尽量选取《汉语主题词表》等词表提供的规范词。一般为 3～5 个。关键词排在摘要部分的下方。英文摘要与中文摘要相对应，但应避免按中文逐字逐句生搬硬译。

（4）目录

目录应包括：正文中的标题、附录、参考文献等。目录编入三级标题，即章、节、目的标题，各级序号均使用阿拉伯数字。目录中的页码从正文开始至全文结束。中英文摘要、目录本身的页码另编，页码在页下方居中排列。

（5）正文

1）内容

正文的内容包括前言或综述、正文和结论三部分。其中，前言主要概括项目的来源、性质、任务等基本内容。综述为总结归纳前人工作，说明选题目的和意义，国内外文献综述，以及毕业设计所要研究的内容。正文主要包括：第一部分商务部分、第二部分造价部分及第三部分施工组织设计部分。

第一部分商务部分主要包括：投标人财务、业绩及相关表格、证明文件，主要人员、机械情况表。

第二部分造价部分主要包括：施工图预算、投标报价和工程投标书编制。以及投标策略的设计，即从承包商的角度来选定投标方案、投标报价并且对报价策略进行详细的设计。

第三部分施工组织设计部分主要包括如下。

① 编制依据

工程概况。主要包括：工程名称、建筑面积、结构特点、基础施工处理方法、工程做法、施工工期及施工条件等。

施工项目管理组织机构建制：选择该项目的组织形式；确定项目经理部的机构设置；项目经理的遴选与职责；项目经理部成员的主要职责；施工项目经理部的管理制度等。

各种资源需要量计划及施工准备：技术准备工作；主要施工机械需要量计划；主要材料需要量计划；劳动力需要量计划。现场准备工作等。

② 施工方案

施工流向及施工程序，包括：各个分部工程施工段的划分及施工流向的确定；地下工程、主体结构、内外装饰、屋面工程等施工阶段的施工顺序；主要施工机械的选择；主要分部分项工程的施工方法；施工测量与放线；基坑（或基槽）土方的开挖及回填；基坑降水与基坑支护；垫层混凝土；地下防水工程；主体结构施工阶段的钢筋工程、模板工程及混凝土工程；围护结构的砌筑；屋面工程；脚手架工程；门窗工程；装修工程。

③ 施工进度计划的编制

划分施工过程；计算各施工过程的工程量和施工持续时间；编制单位工程施工进度网络计划和单位工程水平横道进度计划；施工项目进度控制与工期保证措施。

④ 施工现场平面布置图

主要包括：现场施工条件；计算确定各种材料和构件堆场、各种临时性设施所需面积；计算施工现场的临时供水供电等；绘制施工平面布置图。具体要求：将垂直运输机械、搅拌机械、材料堆场、钢筋和木工加工棚、办公及休息用房、施工用道路、用电用水管线按照一定比例绘制出施工平面图，应满足安全、消防、劳动保护、规划和环保等要求。

⑤ 施工项目质量管理措施

主要包括：质量方针和目标；质量管理控制措施；质量技术控制措施。

⑥ 项目现场及安全管理措施。施工项目冬期、雨期施工措施、降低工程成本措施。

⑦ 技术经济指标。主要进行施工场地占地面积、施工工期、劳动量、劳动力均衡系数、采用合理施工方案和先进技术的成本节约指标等的计算。

2）正文层次格式。

层次格式如下。

1 ××××××××

1.1 ××××××××

#### 1.1.1 ××××××××

具体要求见表 3-1。

表 3-1　　　　　　　　　　　　　　正文字体要求表

| 一级标题 | 1　×× | 宋体三号加粗，居中，数字与文字间空两格，上下空一行，自占一行 |
|---|---|---|
| 二级标题 | 1.1　×× | 宋体四号加粗，左顶格，数字与文字间空两格，自占一行 |
| 三级标题 | 1.1.1 ×× | 宋体小四号加粗，左顶格，数字与文字间空两格，自占一行 |
| 段落文字 | | 宋体小四号，左空两格起段落，数字与英文用 Times New Roman 小 4 号 |

3）参考引用。参考或引用了他人的学术成果或观点，必须给出参考文献。引用文献序号用"【　】"括起来置于引用部分的右上角。

4）图表及公式

① 插图

插图在单章内按顺序编号，如第一章第三幅图为"图 1.3"；插图要有图题，图号、图题应在图的下方用 5 号宋体居中排列。

图形符号及各种线型的画法应符合相关国家标准（特别是电子元器件的表示）。

应遵循"先文后图""图不跨节"的规定，即在正文叙述中，先见图号及图的内容后见图。

坐标图的坐标上应注明标度值，其中量和单位的表示为"量的符号/单位符号"，位置在坐标轴的外侧居中处，如长度 1/m，质量 m/kg 等。

插图应具有"自明性"，即不阅读正文，只看图题、图例及图就可以理解图意。

使用他人插图应注明出处。

由若干个分图组成的插图，分图用 a，b，c，……标出。

② 表

表按单章顺序编号，如第二章第五个表的表序为"表 2.5"，表应有表题，并与表序一起在表的上方用五号宋体居中排列。

表的各栏均应标明量或测试项目标准规定的符号、单位，表示方法与在图中相同，特别指出的是，当表中所有栏的单位都相同时，应将单位标注在表的右上方，不用"单位"二字。

为使表格简洁，对表中的符号、标记、代码以及需要说明的事项，可以用简练的文字以表注的形式用小 5 号宋体附注于表下，脚注符号用"×①"，不出现"附注"或"注"字样。若对整个表的说明，说明文字前加"说明"字样。脚注或说明，各项可另起，也可接排。

引用他人表格须注明出处。

③ 公式

公式序号按单章顺序编号，如（2.3），公式号与公式间不用引导符号，公式居版中排，公式号居右排。

公式中各物理量及量纲均采用国际单位制（SI）及国家规定的法定符号和法定计量单位标注，禁止使用已废弃的符号和计量单位。

④ 数字用法

公历世纪、年代、年、月、日、时间和各种计数、计量，均用阿拉伯数字。年份不能简写，如 2014 年不能写成 14 年。数值的有效数字应全部写出，如：0.50：2.00 不能写作 0.5：2。

⑤ 软件

软件流程图和原程序清单要按软件文档格式附在毕业设计（论文）后面，特殊情况可在答辩时展示，不附在毕业设计（论文）内。

⑥ 工程图

工程图按国标规定装订，图幅小于或等于 A3 图幅时应装订在毕业设计（论文）内，大于 A3 图幅时按国标规定单独装订作为附图。

⑦ 参考文献

参考文献一般应是作者亲自阅读过的对毕业设计（论文）有参考价值的文献。

参考文献应具有权威性。

为了反映毕业设计（论文）的科学依据和作者尊重他人研究成果的严肃态度，同时向读者提供有关信息的出处，正文之后一般应列出主要参考文献，它是毕业设计（论文）不可缺少的组成部分。

参考文献必须按照规定的格式标注，而不能随意处理。

参考文献（即引文出处）的类型以单字母方式标识，例：

M——专著（书籍）

　J——期刊文章

　C——论文集

　N——报纸文章

　D——学位论文

　R——报告

　S——标准

　P——专利

　Z——其他，不属于上述的文献类型

范例。引用期刊论文。

格式：［序号］作者．论文题名［J］．刊名，出版年份，卷号（期号）：起止页码．

示例：

［1］李升．MATLAB 和 ETAP 的电力系统仿真比较研究［J］．南京工程学院学报（自然科学版），2006，4（2）：51—55．

［2］周兆庆，陈星莺．Matlab 电力系统工具箱在电力系统机电暂态仿真中的应用［J］．电力自动化设备，2005，25（4）：51—54．

［3］陆超，唐义良，谢小荣，等．仿真软件 MATLAB PSB 与 PSASP 模型及仿真分析［J］．电力系统自动化，2000，24（9）：23—27．

注意：作者一般只列出前 3 名，如果超过 3 名，则写"等"。页码必须要写。

引用书籍。格式：［序号］作者．书名［M］．译者，译．版本（第一版不标注）．出版地：出版者，出版年：起止页码．

示例：

［1］Thierry Van Cutsem，Costas Vournas．电力系统电压稳定性［M］．王奔，译．北京：电子工业出版社，2008．

［2］周双喜，朱凌志，郭锡玖，等．电力系统电压稳定及其控制［M］．北京：中国电力出版社，2004．

注意：页码可省略。

引用论文集论文。格式：［序号］作者．论文题名［C］//主编．论文集名．出版地：出版者，出版年：起止页码．

示例：

［1］李升．负荷电压静态特性对变电站电压无功控制策略的影响［C］//中国电机工程学会．中国电机工程学会第九届青年学术会议论文集．北京：中国水利水电出版社，2006：727—732．

引用硕士、博士学位论文。格式：［序号］作者．论文题名［D］．保存地点：保存单位，年份．

示例：

［1］金敏杰．分岔理论在电力系统电压稳定性研究中的应用［D］．郑州：郑州大学，2001．

引用标准。格式：［序号］主要责任者．标准编号，标准名称［S］．出版地：出版者，出版年份．

示例：

［1］中华人民共和国国家经济贸易委员会．DL 755—2001，电力系统安全稳定导则［S］．北京：中国电力出版社，2001．

引用电子文献（如网页内容）。格式：［序号］作者．题名［文献类型标志/文献载体标志］．出版地：出版者，出版年份（更新或修改日期）［引用日期］．获取和访问的路径．

示例：

［1］在 ASP．NET 中使用 OWC 创建统计图［EB/OL］．（2006-1）［2006-5］．http：//www．itgoogle．com．

⑧ 附录

附录是对于一些不宜放在正文中，但有参考价值的内容，可编入毕业设计（论文）的附录中，如公式的推演、编写的软件源程序清单、工程图、原始数据等。

**3.1.2　实例**

毕业设计封面如图 3-1 所示。

目录如图 3-2 所示。

中文摘要如图 3-3 所示。

英文摘要如图 3-4 所示。

毕业设计页眉及内容如图 3-5 所示。

图片如图 3-6 所示。

表格如图 3-7 所示。

参考文献如图 3-8 所示。

# 西京学院
# 本科毕业设计(论文)

题目：金光园项目19号住宅楼的投标报价及
施工组织编制

| | |
|---|---|
| **教学单位：** | 土木工程学院 |
| **专　　业：** | 工程管理 |
| **学　　号：** | 11093710** |
| **姓　　名：** | *** |
| **指导教师：** | *** |

2015年 5 月

图 3-1　毕业设计封面

# 目录

图 3-2　毕业设计目录

# 摘要

　　本次毕业设计的课题是"金光园项目 19 号住宅楼的投标报价及施工组织编制"，主要目的意义是使学生掌握编制施工方案与工程造价的能力。根据任务书要求，需要完成三部分内容，分别为商务部分、造价部分和施工组织设计部分。商务部分主要是投标人的一些基本情况和招标人要求的条件及投标人所做出的回应。造价部分采用清单计价模式在 Excel 软件上编制工程造价，其主要成果有分部分项工程量清单计价表、分部分项工程清单综合单价分析表、措施项目清单计价表、规费税金清单计价表等。施工组织设计部分主要包括施工方案的选定、施工进度计划的编制和进度的安排。其中施工方案是施工组织设计的重中之重，它不仅是一个企业生产水平高低的直接体现，也是直接影响造价的部分。

　　**关键词：** 商务标书　投标报价　施工组织设计　施工方案

图 3-3　毕业设计中文摘要

## Abstract

　　The topic of this graduation design is the "gold Gang-yuan Project No. 19 residential building bidding and construction organization, the main purpose is to enable students to master the ability construction scheme and engineering cost. According to there acquirement of the task book, need to complete three parts business standard, cost and construction organization design part. The business part is made of some of the basic situation and conditions of the tender bidders request response. Cost is the preparation of project cost valuation model in Excel software, the main achievements of the project quantity list valuation table, list the comprehensive unit price analysis table, sub engineering measures list valuation table fees taxes list valuation table. The construction organization design part mainly includes the selection, construction scheme construction schedule plan and schedule. The construction organization design of construction project is the priority among priorities it a not only directly reflects the production level of an enterprise, but also directly affect the cost of the part.

　　**Keywords:** Commercial tender　Tender offer　The construction organization design　Construction scheme

图 3-4　毕业设计英文摘要

# 第三部分　施工组织设计

## 1　编制依据

金光园项目 19 号住宅楼项目工程招标文件及图纸答疑纪要；金光园项目 19 号住宅楼项目工程招标设计图纸；施工现场的实地踏勘情况；金光园项目 19 号住宅楼项目工程涉及的国家及陕西省现行设计及施工验收规范。工程主要应用的规程、规范，见表 3.1。

表 3.1　工程主要应用的规程、规范表

| 序号 | 类别 | 规程、规范名称 | 代　号 |
|---|---|---|---|
| 1 | 国家 | 《建筑边坡工程技术规范》 | GB 50870—2013 |
| 2 | 国家 | 《建筑照明设计标准》 | GB 50330—2013 |
| … | … | …… | … |

图 3-5　毕业设计页眉及内容

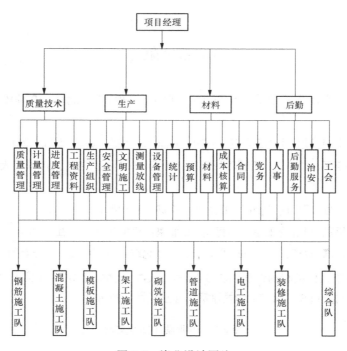

图 3-6　毕业设计图片

3.7　主要施工材料投入计划表

| 序号 | 名称 | 规格 | 单位 | 数量 | 备注 |
|---|---|---|---|---|---|
| 1 | 剪力墙全钢大模板 | 按照图纸设计 | 套 | 1 | |
| 2 | 覆面竹胶板 | 12 | m² | 4200 | |
| 3 | 钢管 | $\phi 48$ | t | 470 | |
| 4 | 扣件 | | t | 120 | |
| 5 | 钢架板 | | 块 | 450 | |
| 6 | 木方 | 60mm×80mm | m³ | 86.11 | |
| 7 | 安全网 | | m² | 40000 | |

图 3-7　毕业设计表格

# 参考文献

[1] 李建峰，马斌. 工程计价与造价管理（第二版）[M].北京：中国电力出版社，2012.

[2] 李建峰. 现代土木工程施工技术[M].北京：中国电力出版社，2015.

[3] 齐宝库，刘志杰. 工程项目管理（第四版）[M].大连：大连理工大学出版社，2012.

[4] 百思俊. 现代项目管理[M].北京：机械工业出版社，2006.

[5] 李忠富. 建筑施工组织与管理[M].北京：机械工业出版社，2004.

[6] 李建峰. 建筑工程清单计量与计价[M].北京：中国广播电视出版社，2006.

[7] 中华人民共和国住房和城乡建设部. GB 50300—2013，建筑工程施工质量验收统一标准[S]．北京：中国建筑工业出版社，2014.

图 3-8　毕业设计参考文献

附录目录如图 3-9 所示。

附录

附录一　金光园项目 19 号住宅楼施工平面布置图

附录二　金光园项目 19 号住宅楼初始施工进度网络图

附录三　金光园项目 19 号住宅楼施工进度横道图

附录四　金光园项目 19 号住宅楼施工进度网络图优化过程

附录五　金光园项目 19 号住宅楼优化后施工进度网络图

附录六　金光园项目 19 号住宅楼屋顶层平面图

图 3-9　毕业设计附录目录

## 3.2　绘制图纸

毕业设计（论文）包括投标、报价和施工组织方案设计三部分内容；重点是施工组织方案的设计部分。毕业设计的成果包括施工组织设计报告书大图（A1）和答辩 PPT；土木工程相关专业的学生主要从事设计、施工类工作，离不开读图、识图以及绘图，现就 CAD 制图的一些规范和注意事项简要说明。希望能帮助学生系统地了解土木工程制图的规范标准，为毕业设计图纸绘制以及将来的就业打下设计绘图基础。

### 3.2.1　土木工程制图规范

（1）图纸幅面

图纸幅面及图框尺寸，应符合表 3-2 的规定。建筑施工平面图的布置应尽量合理，主要表现在以下几个方面：在保证施工顺利进行的前提下，现场布置尽量紧凑，节约用地；合理布置施工现场的运输道路及各种材料堆场、加工厂、仓库位置，各种机具的位置；尽量使运距最短，从而减少或是避免二次搬运；力争减少临时设施的数量，降低临时设施费用；临时设施的布置，尽量便于工人的生产和生活，使工人居住区至施工区的距离最短，往返时间最少；符合环保、安全和防火要求。

**表 3-2**　**图纸幅面及图框尺寸**

| | A0 | A1 | A2 | A3 | A4 |
|---|---|---|---|---|---|
| b×1 | 841×1189 | 594×841 | 420×594 | 297×420 | 210×297 |
| c | 10 | | | 5 | |
| a | 25 | | | | |

根据上述基本原则并结合施工现场的具体情况，施工平面图的布置可有几种不同的方案，需进行技术经济比较，从中选出最经济、最安全、最合理的方案。方案比较的技术经济指标一般有：施工用地面积、施工场地利用率、场内运输道路总长度、各种临时管线总长度、临时房屋的面积、是否符合国家规定的技术和防火要求等。

需要微缩复制的图纸，其一个边上应附有一段准确米制尺度，四个边上均附有对中标志，米制尺度的总长应为 100mm，分格应为 10mm。对中标志应画在图纸各边长的中点处，线宽应为 0.35mm，伸入框内应为 5mm。图纸的短边一般不应加长，长边可加长，但应符合表 3-3 的规定。

表 3-3                                    图纸长边加长后的尺寸

| 幅面尺寸 | 长边尺寸 | 长边加长后尺寸 |
|---|---|---|
| A0 | 1189 | 1486 1635 1783 1932 2080 2230 2378 |
| A1 | 841 | 1051 1261 1471 1682 1892 2102 |
| A2 | 594 | 743 891 1041 1189 1338 1486 1635 |
| A2 | 594 | 1783 1932 2080 |
| A3 | 420 | 630 841 1051 1261 1471 1682 1892 |

**注**  有特殊需要的图纸，可采用 b×1 为 841mm×891mm 与 1189mm×1261mm 的幅面。

图纸以短边作为垂直边称为横式，以短边作为水平边称为立式。一般 A0～A3 图纸宜横式使用；必要时，也可立式使用。一个工程设计中，每个专业所使用的图纸，一般不宜多于两种幅面，不含目录及表格所采用的 A4 幅面。

（2）标题栏与会签栏

横式使用的图纸，应按图 3-10 的形式布置；立式使用的图纸，应按图 3-11 的形式布置。

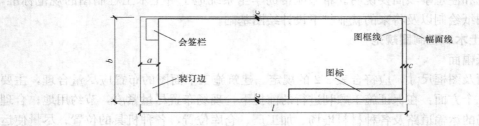

图 3-10  横向使用图纸

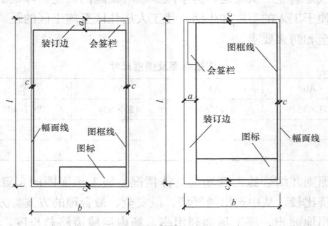

图 3-11  立式使用的图纸

工程图纸应有工程名称、设计单位名称、图名、图号，以及设计人、绘图人、审核人等的签名和日期，将这些集中列表放在图纸的右下角，成为图纸的标题栏，见表 3-4。

表 3-4　　　　　　　　　　　　　　　图纸标题栏

| 设计 | | 图名 | | | 单位名称 | |
| --- | --- | --- | --- | --- | --- | --- |
| 校核 | | 图号 | | 学号 | | |
| 班级 | | 比例尺 | | 日期 | | |

会签栏应按图 3-12 的格式绘制，其尺寸应为 100mm×20mm，栏内应填写会签人员所代表的专业、姓名、日期（年、月、日）；一个会签栏不够时，可另加一个，两个会签栏应并列；不需会签的图纸可不设会签栏。

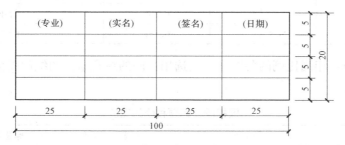

图 3-12　会签栏

（3）图线

图线的宽度 b，宜从下列线宽系列中选取：2.0mm、1.4mm、1.0mm、0.7mm、0.5mm、0.35mm。每个图样，应根据复杂程度与比例大小，先选定基本线宽 b，再选用表 3-5 中相应的线宽组。

表 3-5　　　　　　　　　　　　　　　线　宽　组　　　　　　　　　　　　　单位：mm

| 线宽比 | 线　宽　组 | | | | | |
| --- | --- | --- | --- | --- | --- | --- |
| b | 2.0 | 1.4 | 1.0 | 0.7 | 0.5 | 0.35 |
| 0.5b | 1.0 | 07 | 0.5 | 0.35 | 0.2 | 0.18 |
| 0.25b | 0.5 | 0.35 | 0.25 | 0.18 | — | — |

注　1. 需要微缩的图纸，不宜采用 0.18mm 及更细的线宽。
　　2. 同一张图纸内，各不同线宽中的细线，可统一采用较细的线宽组的细线。

工程建设制图，应选用表 3-6 所示的图线。

表 3-6　　　　　　　　　　　　　图线的线宽线型及用途

| 名　称 | | 线型 | 线宽 | 一般用途 |
| --- | --- | --- | --- | --- |
| 实　线 | 粗 | ——————— b | b | 主要可见轮廓线 |
| | 中 | ——————— | 0.5b | 可见轮廓线 |
| | 细 | ——————— | 0.25b | 可见轮廓线、图例线 |

| 名　称 | | 线型 | 线宽 | 一般用途 |
|---|---|---|---|---|
| 虚　线 | 粗 | - - - - - - - | b | 见各有关专业制图标准 |
| | 中 | - - - - - - - | 0.5b | 不可见轮廓线 |
| | 细 | - - - - - - - | 0.25b | 不可见轮廓线、图例线 |
| 单点长画线 | 粗 | — · — · — | b | 见各有关专业制图标准 |
| | 中 | — · — · — | 0.5b | 见各有关专业制图标准 |
| | 细 | — · — · — | 0.25b | 中心线、对称线等 |
| 双点长画线 | 粗 | — ·· — ·· — | b | 见各有关专业制图标准 |
| | 细 | — ·· — ·· — | 0.25b | 假想轮廓线、成型前原始轮廓线 |
| 折断线 | | ——/\—— | 0.25b | 断开界线 |
| 波浪线 | | ～～～ | 0.25b | 断开界线 |

同一张图纸内，相同比例的各图样，应选用相同的线宽组。图纸的图框和标题栏线，可采用表 3-7 的线宽。

表 3-7　　　　　　　　　　图框线、标题栏线的宽度　　　　　　　　　单位：mm

| 幅面代号 | 图框线 | 标题栏外框线 | 标题栏分割线、会签栏线 |
|---|---|---|---|
| A0、A1 | 1.4 | 0.7 | 0.35 |
| A2、A3、A4 | 1.0 | 0.7 | 0.35 |

相互平行的图线，其间隙不宜小于其中的粗线宽度，且不宜小于 0.7mm；虚线、单点长画线或双点长画线的线段长度和间隔，宜各自相等；单点长画线或双点长画线，当在较小图形中绘制有困难时，可用实线代替；单点长画线或双点长画线的两端，不应是点。点画线与点画线交接或点画线与其他图线交接时，应是线段交接；虚线与虚线交接或虚线与其他图线交接时，应是线段交接。虚线为实线的延长线时，不得与实线连接；图线不得与文字、数字或符号重叠、混淆，不可避免时，应首先保证文字等的清晰。

（4）字体

1）汉字

图纸上所需书写的文字、数字或符号等，均应笔画清晰、字体端正、排列整齐；标点符号应清楚正确；文字的字高，应从如下系列中选用：3.5mm、5mm、7mm、10mm、14mm、20mm。如需书写更大的字，其高度应按 $\sqrt{2}$ 的比值递增。图样及说明中的汉字，宜采用长仿宋体，宽度与高度的关系应符合表 3-8 的规定。大标题、图册封面、地形图等的汉字，也可书写成其他字体，但应易于辨认。

表 3-8　　　　　　　　　　　长仿宋体字高宽关系　　　　　　　　　　单位：mm

| 字高 | 20 | 14 | 10 | 7 | 5 | 3.5 |
|---|---|---|---|---|---|---|
| 字宽 | 14 | 10 | 7 | 5 | 3.5 | 2.5 |

长仿宋体字的书写要领是：横平竖直，注意起落，结构匀称，填满方格，如图 3-13 所示。

图 3-13　汉字的书写

2）字母和数字

拉丁字母、阿拉伯数字与罗马数字的书写与排列，应符合表 3-9 的规定。

表 3-9　　　　　　　　拉丁字母、阿拉伯数字与罗马数字书写规则

| 书 写 格 式 | 一般字体 | 窄字体 |
|---|---|---|
| 大写字母高度 | h | h |
| 小写字母高度（上下均无延伸） | 7/10h | 10/14h |
| 小写字母伸出的头部或尾部 | 3/10h | 4/14h |
| 笔画宽度 | 1/10h | 1/14h |
| 字母间距 | 2/10h | 2/14h |
| 上下行基准线最小间距 | 15/10h | 21/14h |
| 词间距 | 6/10h | 6/14h |

　　拉丁字母、阿拉伯数字与罗马数字，如需写成斜体字，其斜度应是从字的底线逆时针向上倾斜 75°。斜体字的高度与宽度应与相应的直体字相等；拉丁字母、阿拉伯数字与罗马数字的字高，应不小于 2.5mm。数量的数值注写，应采用正体阿拉伯数字。各种计量单位凡前面有量值的，均应采用国家颁布的单位符号注写。单位符号应采用正体字母；分数、百分数和比例数的注写，应采用阿拉伯数字和数学符号，例如：四分之三、百分之二十五和一比二十应分别写成 3/4、25％ 和 1∶20；当注写的数字小于 1 时，必须写出个位的"0"，小数点应采用圆点，齐基准线书写，例如 0.01。数字和字母的一般字体（笔画宽度为字高的 1/10）书写示例如图 3-14（a）所示。窄体字（笔画宽度为字高的 1/14）书写示例如图 3-14（b）所示。

（5）比例

图样的比例，应为图形与实物相对应的线性尺寸之比。比例的大小，是指其比值的大小，如 1∶50 大于 1∶100。比例的符号为"∶"，比例应以阿拉伯数字表示，如 1∶1、1∶2、1∶100 等。比例宜注写在图名的右侧，字的基准线应取平；比例的字高宜比图名的字高小一号或二号，如图 3-15 所示。绘图所用的比例，应根据图样的用途与被绘对象的复杂程度，从表 3-10 中选用，并优先用表中常用比例。

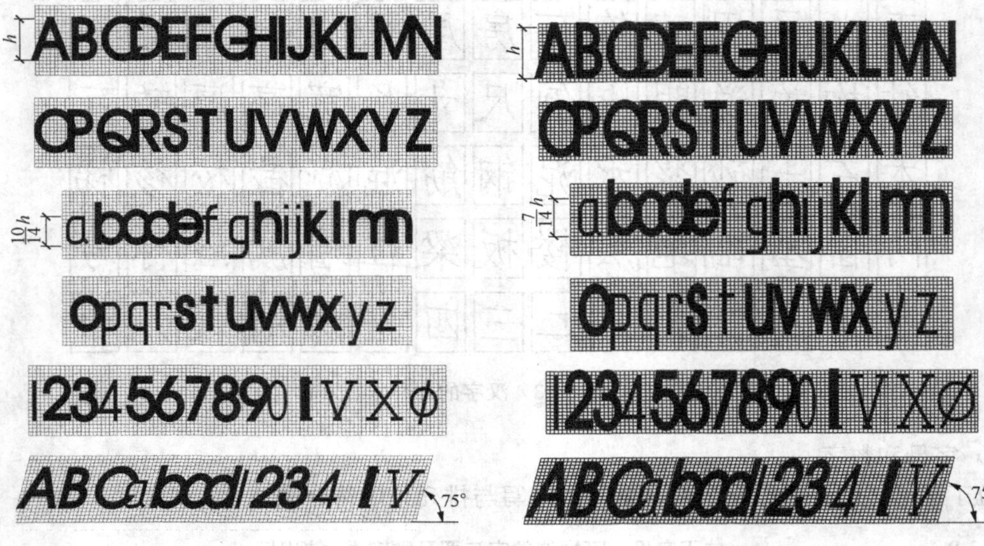

图 3-14　字母和数字的写法

（a）字母和数字的一般字体；（b）字母和数字的窄体字写法

平面图 <sub>1:100</sub>  1:25

图 3-15　比例的注写

表 3-10　　　　　　　　　　　　　　建筑工程图选用的比例

| 常用比例 | 1∶1、1∶2、1∶5、1∶10、1∶20、1∶50、1∶100、1∶150、1∶200、1∶500、1∶1000、1∶2000、1∶5000、1∶10 000、1∶20 000、1∶50 000、1∶100 000、1∶200 000 |
| --- | --- |
| 可用比例 | 1∶3、1∶4、1∶6、1∶15、1∶25、1∶30、1∶40、1∶60、1∶80、1∶250、1∶300、1∶400 |

**注**　一般情况下，一个图样应选用一种比例。根据专业制图需要，同一图样可选用两种比例。特殊情况下也可自选比例，这时除应注出绘图比例外，还必须在适当位置绘制出相应的比例尺。

（6）符号

对称符号由对称线和两端的两对平行线组成。对称线用细点画线绘制；平行线用细实线绘制，其长度宜为 6～10mm，每对的间距宜为 2～3mm；对称线垂直平分于两对平行线，两端超出平行线宜为 2～3mm；如图 3-16（a）所示。

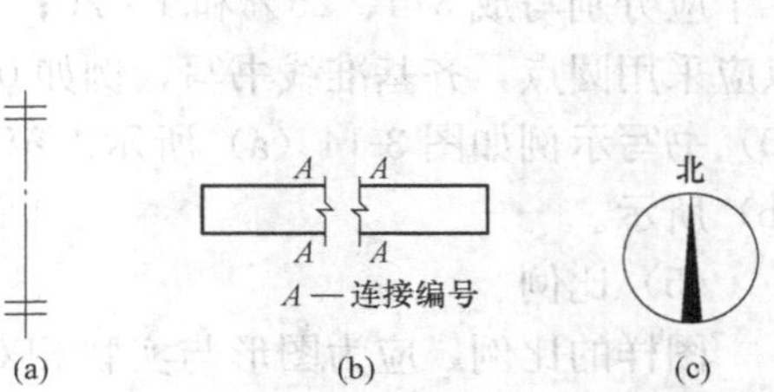

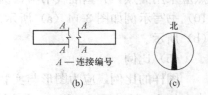

图 3-16　对称符号、连接符号、指北表示

（a）对称符号；（b）连接符号；（c）指北针符号

连接符号应以折断线表示需连接的部位。两部位相距过远时，折断线两端靠图样一侧应标注大写拉丁字母表示连接编号。两个被连接的图样必须用相同的字母编号；如图 3-16（b）所示。

指北针的形状宜如图 3-16（c）所示，其圆的直径宜为 24mm，用细实线绘制；指针尾部的宽度宜为 3mm，指针头部应注"北"或"N"字。需用较大直径绘制指北针时，指针尾部宽度宜为直径的 1/8。

（7）尺寸标注

1）尺寸的组成及一般标注方法

图样上的尺寸由尺寸线、尺寸界线、起止符号和尺寸数字四部分组成，如图 3-17 所示。

在尺寸标注中，尺寸界线、尺寸线采用细实线绘制。线性尺寸界线一般应与尺寸线垂直；图样轮廓线可用作尺寸界线，如图 3-18 所示。尺寸线应与标注长度平行。尺寸线与图样最外轮廓线的间距不宜小于 10mm，平行排列的尺寸线的间距，宜为 7～10mm，如图 3-19 所示。尺寸起止符号一般用中实线短画绘制。半径、直径、角度与弧长的尺寸起止符号，用箭头表示。

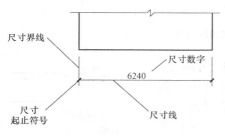

图 3-17　尺寸的组成

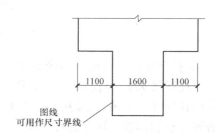

图 3-18　尺寸界限

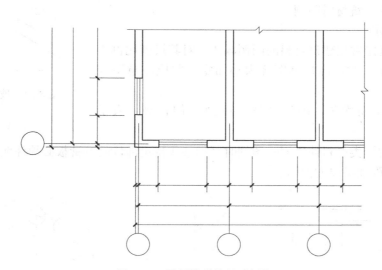

图 3-19　平行排列的尺寸标注

2）圆、圆弧、球及角度等的尺寸标注

圆或者大于半圆的弧，一般标注直径，尺寸线通过圆心，两端指向圆弧，用箭头作为尺寸的起止符号，并在直径数字前加注直径代号"$\phi$"。较小圆的尺寸可标注在圆外。

半圆或小于半圆的圆弧，一般标注半径尺寸，尺寸线的一端从圆心开始，另一端用箭头指向圆弧，在半径数字前加注半径代号"R"，较小圆弧的半径数字可引出标注；较大圆弧的尺寸线，可画成折断线，如图 3-20 所示。坡度的标注如图 3-21 所示。

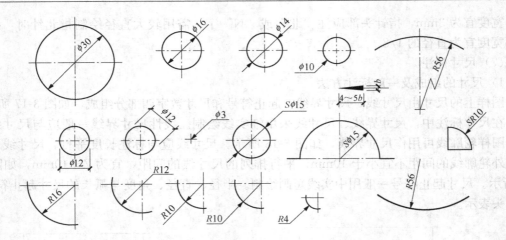

图 3-20　直径、半径、球的尺寸标注

3）等长尺寸、单线图、相同要素、非圆曲线的尺寸标注

对于连续排列的等长尺寸，可用"个数×等长尺寸＝总长"的形式标注，如图 3-22 所示。当形体内的构造要素（如孔、槽等）有相同者，可仅标注其中一个要素的尺寸，并在尺寸数字前注明个数，如图 3-23 所示。

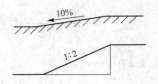

（8）常用的建筑材料图例

1）一般规定

本标准只规定常用建筑材料的图例画法，对其尺度比例不做具体规定。使用时，应根据图样大小而定，并应注意下列事项。

图例线应间隔均匀，疏密适度，做到图例正确，表示清楚。

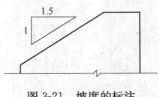

图 3-21　坡度的标注

不同品种的同类材料使用同一图例时（如某些特定部位的石膏板必须注明是防水石膏板时），应在图上附加必要的说明。

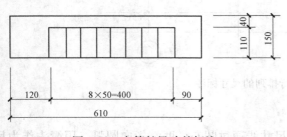

图 3-22　有等长尺寸的标注

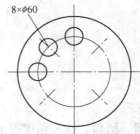

图 3-23　相同要素的尺寸标注

两个相同的图例相接时，图例线宜错开或使倾斜方向相反，如图 3-23 所示。

两个相邻的涂黑图例（如混凝土构件、金属件）间，应留有空隙。其宽度不得小于 0.7mm，如图 3-24 所示。

## 2）常用的建筑材料图例

常用的建筑材料图例，如图 3-24 所示。

| 序号 | 名称 | 图例 | 备 注 |
|---|---|---|---|
| 1 | 自然土壤 | 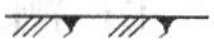 | 包括各种自然土壤 |
| 2 | 夯实土壤 |  | |
| 3 | 砂、灰土 | 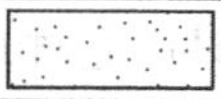 | 靠近轮廓线绘较密的点 |
| 4 | 砂砾石、碎砖三合土 | 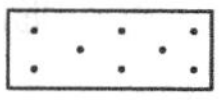 | |
| 5 | 石材 |  | |
| 6 | 毛石 | 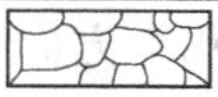 | |
| 7 | 普通砖 | 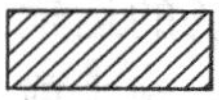 | 包括实心砖、多孔砖、砌块等砌体。断面较窄不易绘出图例线时，可涂红 |
| 8 | 耐火砖 |  | 包括耐酸砖等砌体 |
| 9 | 空心砖 |  | 指非承重砖砌体 |
| 10 | 饰面砖 | 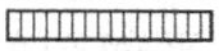 | 包括铺地砖、马赛克、陶瓷锦砖、人造大理石等 |
| 11 | 焦渣、矿渣 | 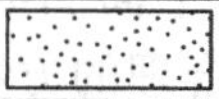 | 包括与水泥、石灰等混合而成的材料 |
| 12 | 混凝土 | 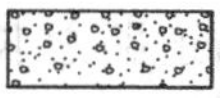 | 1. 本图例指能承重的混凝土及钢筋混凝土<br>2. 包括各种强度等级、骨料、添加剂的混凝土<br>3. 在剖面图上画出钢筋时，不画图例线<br>4. 断面图形小，不易画出图例线时，可涂黑 |
| 13 | 钢筋混凝土 | 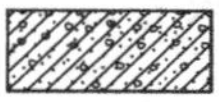 | |
| 14 | 多孔材料 | 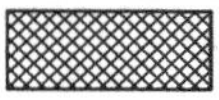 | 包括水泥珍珠岩、沥青珍珠岩、泡沫混凝土、非承重加气混凝土、软土、蛭石制品等 |
| 15 | 纤维材料 | 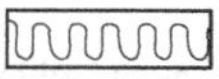 | 包括矿棉、岩棉、玻璃棉、麻丝、木丝板、纤维板等 |
| 16 | 泡沫塑料材料 | 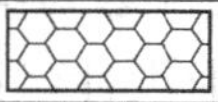 | 包括聚苯乙烯、聚乙烯、聚氨酯等多孔聚合物类材料 |
| 17 | 木材 | 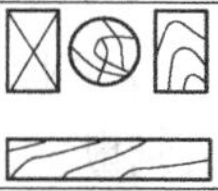 | 1. 上图为横断面，上左图为垫木、木砖或木龙骨<br>2. 下图为纵断面 |
| 18 | 胶合板 | 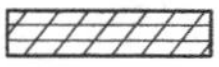 | 应注明为×层胶合板 |
| 19 | 石膏板 | 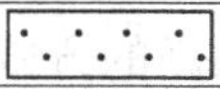 | 包括圆孔、方孔石膏板、防水石膏板等 |
| 20 | 金属 |  | 1. 包括各种金属<br>2. 图形小时，可涂黑 |
| 21 | 网状材料 |  | 1. 包括金属、塑料网状材料<br>2. 应注明具体材料名称 |
| 22 | 液体 | 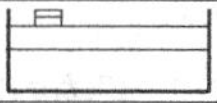 | 应注明具体液体名称 |
| 23 | 玻璃 |  | 包括平板玻璃、磨砂玻璃、夹丝玻璃、钢化玻璃、中空玻璃、加层玻璃、镀膜玻璃等 |
| 24 | 橡胶 | 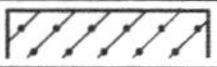 | |
| 25 | 塑料 |  | 包括各种软、硬塑料及有机玻璃等 |
| 26 | 防水材料 | | 构造层次多或比例大时，采用上面图例 |
| 27 | 粉刷 | 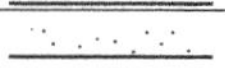 | 本图例采用较稀的点 |

**注** 序号1、2、5、7、8、13、14、16、17、18、22、23图例中的斜线、短斜线、交叉斜线等一律为45°。

图 3-24 常用的建筑材料图例

### 3.2.2　土木工程绘图注意事项

（1）内容全面

土木建筑平面图的布置内容要包含以下所有内容：建筑物总平面图上已建的地上、地下一切房屋、建筑物以及其他设施（道路、管线）的位置和尺寸；测量放线标桩位置、地形等高线和土方取弃地点；自行式起重机开行路线、轨道式起重机轨道布置和固定式垂直运输设备位置；各种加工厂、搅拌站、材料、半成品、构件、机具的仓库或堆场的位置；生产和生活性福利设施；场内道路布置及引入的铁路、公路和航道位置；临时给水管线、供电线路、蒸汽及压缩空气管道。一切安全及防火设施；指北针、风向标。

（2）布局合理

建筑施工平面图的布置应尽量合理，主要表现在以下几个方面：在保证施工顺利进行的前提下，现场布置尽量紧凑，节约用地；合理布置施工现场的运输道路及各种材料堆场、加工厂、仓库位置，各种机具的位置；尽量使运距最短，从而减少或是避免二次搬运；力争减少临时设施的数量，降低临时设施费用；临时设施的布置，尽量便于工人的生产和生活，使工人居住区至施工区的距离最短，往返时间最少；符合环保、安全和防火要求。

根据上述基本原则并结合施工现场的具体情况，施工平面图的布置可有几种不同的方案，需进行技术经济比较，从中选出最经济、最安全、最合理的方案。方案比较的技术经济指标一般有：施工用地面积、施工场地利用率、场内运输道路总长度、各种临时管线总长度、临时房屋的面积、是否符合国家规定的技术和防火要求等。

## 3.3　答辩 PPT 的制作

毕业设计（论文）完成后要进行答辩，以检查学生是否达到毕业设计的基本要求和目的，衡量毕业设计（论文）的质量高低。学生口述总结毕业设计（论文）的主要工作和研究成果并对答辩委员会成员所提问题做出回答。答辩是对学生的专业素质和工作能力、口头表达能力及应变能力进行考核；是对学生知识的理解程度做出判断；对该课题的发展前景和学生的努力方向，进行最后一次的直面教育。

在 10～15 分钟的自我陈述过程中，单用"说"这种枯燥的方式，不容易达到好的效果。在答辩过程中应注意吸引答辩教师的注意力，充分调动答辩小组的积极性，使用生动活泼的语言可以收到好的成效；视觉图像往往让人有更加深刻的认知，如果利用视觉反映传达毕业设计论文的内容，再配以语言解释，这二者的巧妙结合将使答辩变得有声有色。因此可以选择图、表、照片、幻灯片、投影等作为辅助答辩的物质材料。

学生撰写完毕业设计后，即开始为答辩做准备，而 PPT 是辅助学生毕业设计答辩的重要媒介，因此要求 PPT 制作内容要完整，能充分反映出学生撰写毕业设计的主要内容等。下面就 PPT 的内容及应注意问题做一说明。

### 3.3.1　答辩 PPT 制作的基本要求

（1）文字版面的基本要求

1）幻灯片的数目的要求

学士答辩 10min：10～20 张。

2）字号字数行数的要求

一般要求标题 44 号字或者 40 号字，正文 32 号字（一般不小于 24 号字）。标题推荐黑体，正文推荐宋体，英文推荐 Time New Romans。可选择其他字体，但应避免少见字体，届时如果答辩使用的电脑没有这种字体，既影响答辩情绪也影响幻灯质量。如果一定要用少见字体，记得答辩的时候一起复制到答辩电脑上，不然会显示不出来。

正文内的文字排列，一般一行字数为 20～25 个，每张 PPT 不要超过 6～7 行，更不要超过 10 行。行与行之间、段与段之间要有一定的间距，标题之间的距离（段间距）要大于行间距。

3）PPT 配色要求

字体颜色选择和模板相关，一般不要超过 3 种。应选择与背景色有显著差别的颜色，但不要以为红色的就是鲜艳的，同时也不宜选择相近的颜色。标题字体的颜色要和文本字体相区别，同一级别的标题要用相同字体颜色和大小。一个句子内尽量使用同一颜色，如果用两种颜色，要在整个幻灯内统一使用。

推荐底色白底（黑字、红字和蓝字）、蓝底（白字或黄字）、黑底（白字和黄字），这三种配色方式可保证幻灯质量。

4）添加图片的要求

图片在 PPT 里的位置最好统一，整个 PPT 里的版式安排不要超过 3 种。图片最好统一格式，一方面很精致，另一方面也显示出做学问的严谨态度。图片的外周，有时候加上阴影或外框，会有意想不到的效果。

关于格式，tif 格式主要用于印刷，它的高质量在 PPT 上体现不出来，照片选用 jpg 就可以了，示意图推荐 bmp 格式，直接在 Windows 画笔里按照需要的大小画，不要缩放，出来的都是矢量效果，流程图，相关的箭头元素可以直接从 Word 里复制过来。

5）其他文字的配置要求

幻灯片的脚注、引用的参考文献（一般要求在幻灯片内列出本张幻灯片引用的参考文献）、准备一句话带过的材料或在前面幻灯片内多次重复的内容，字体颜色选择和底色较为相近的颜色，不宜太醒目，避免喧宾夺主。

（2）内容的基本要求

1）一般概括性内容

一般概括性内容包括毕业设计（论文）标题、答辩人、答辩人的归属学院、指导教师、答辩执行时间、毕业设计（论文）的主要内容、致谢等。

2）毕业设计（论文）的内容

毕业设计（论文）的研究内容一般包括毕业设计（论文）的来源，研究的目的意义，毕业设计（论文）的主要研究内容（包括商务部分、造价部分和施工组织部分），商务部分中响应招标文件的主要内容，造价部分的编制依据、原则及主要的造价表格，施工组织部分的工程概况、编制依据、施工总体部署、主要施工方案（注意图文并茂）、施工进度计划、施工总平面布置图等。

### 3.3.2 答辩 PPT 的制作误区

制作答辩 PPT 应避免出现学校标志乱用、背景太花、文字过多、字色不配、插图不当、风格不统一等误区。

（1）学校标志乱用

在用 PPT 为毕业设计（论文）做演示文稿时，最好每一页都加上学校的标志（Logo），学校标志与校名标准字体的基本组合构成学校形象标记，可根据不同场合，选择不同的组合方式，以达到最佳的视觉效果，在使用时要严格按照规范使用。应该避免乱用旧版的学校标志（见图 3-25），学校的标志应该以最新官方发表的为主，如图 3-26 所示。

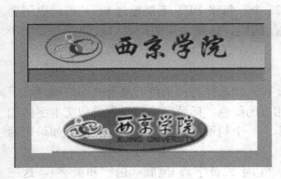

图 3-25　西京学院旧版 Logo　　　　　　　　图 3-26　西京学院新版 Logo

如果想在每一张 PPT 里使用相同的学校 Logo，比如都放在背景的右上角，不用每张单独放，其实可以在母版中一次性插入好学校的标志，具体步骤如下：步骤一：单击"视图"菜单下"母版"中的"幻灯片母版"（见图 3-27）；步骤二：在"幻灯片母版视图"中，单击"插入"菜单下的"图片"，选择"来自文件"，将 Logo 插入在合适的位置上（见图 3-28）；最终效果：关闭母版视图返回到普通视图后，就可以看到在每一页加上了 Logo，而且在普通视图上也无法改动它了（见图 3-29）。

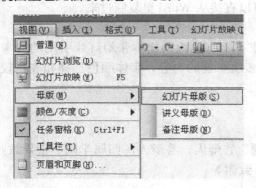
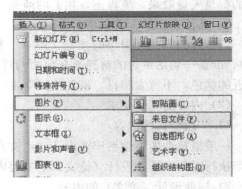

图 3-27　步骤一　　　　　　　　　　　　　图 3-28　步骤二

（2）模板背景太花

许多同学在制作毕业设计（论文）答辩 PPT 时喜欢选用一些照片作为 PPT 的背景，使得自己的内容没有办法很清晰的展现出来，如图 3-30 所示。

在答辩 PPT 制作时应回归简单的模板，因为模板太花哨，会影响表达过程，让观众过多注意模板，从而忽略幻灯所要表达的实际内容。此外，选择一个从来没有用过的模板也有风险。如果对配色没有经验，计算机的色彩也未经过校正，电脑屏幕上的显示效果与投影仪屏幕上的会有较大差别。特别是底色和文字色相近的配置，在光线很亮的地方效果就会很

图 3-29　插入 Logo 后的最终效果

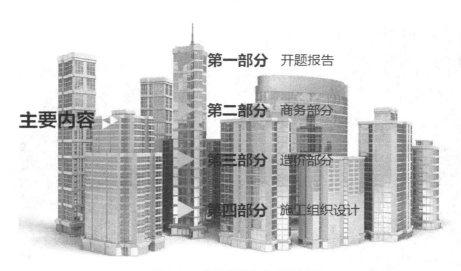

图 3-30　模板背景太花哨示例图

差。如果是答辩或学术汇报，推荐选择简洁明了的幻灯片，可以显示出严肃认真的学术气氛。

（3）文字过多

在答辩 PPT 制作过程中，许多同学习惯把自己毕业设计（论文）的内容大段大段地粘贴到幻灯片内（见图 3-31），让答辩老师看不到汇报的重点内容。

文字作为幻灯片的主体，文字的表达和处理非常重要。总的原则如下：①文字内容最好能够涵盖毕业设计（论文）的重点内容，不能直接在 PPT 中表达的内容最好有超链接。②文字不能太多，切忌把 word 文档整段文字粘贴到幻灯片内。③文本框内的文字，一般不必用完整句子表达，尽量用提示性文字，避免大量文字的堆砌。④文字在一张幻灯片内要比例适宜，避免缩在半张幻灯片内，也不要"顶天立地"，不留边界。⑤每一张幻灯，一般都希望有标题和正文，特别是正文内容较多时，如没有标题，会很难找出重点，观众也没有耐心去逐行寻找。适当添加文字的正确示例如图 3-32 所示。

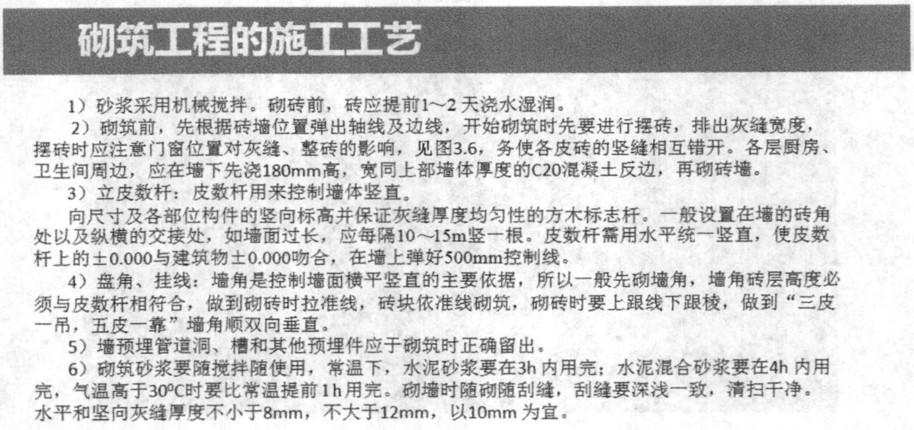

砌筑工程的施工工艺
1）砂浆采用机械搅拌。砌砖前，砖应提前1～2天浇水湿润。
2）砌筑前，先根据砖墙位置弹出轴线及边线，开始砌筑时先要进行摆砖，排出灰缝宽度，摆砖时应注意门窗位置对灰缝、整砖的影响，见图3.6，务使各皮砖的竖缝相互错开。各层厨房、卫生间周边，应在墙下先浇180mm高，宽同上部墙体厚度的C20混凝土反边，再砌砖墙。
3）立皮数杆：皮数杆用来控制墙体竖直。
向尺寸及各部位构件的竖向标高并保证灰缝厚度均匀性的方木标志杆。一般设置在墙的砖角处以及纵横的交接处，如墙面过长，应每隔10～15m竖一根。皮数杆需用水平统一竖直，使皮数杆上的±0.000与建筑物±0.000吻合，在墙上弹好500mm控制线。
4）盘角、挂线：墙角是控制墙面横平竖直的主要依据，所以一般先砌墙角，墙角砖层高度必须与皮数杆相符合，做到砌砖时拉准线，砖块依准线砌筑，砌砖时要上跟线下跟棱，做到“三皮一吊，五皮一靠”墙角顺双向垂直。
5）墙预埋管道洞、槽和其他预埋件应于砌筑时正确留出。
6）砌筑砂浆要随搅拌随使用，常温下，水泥砂浆要在3h内用完；水泥混合砂浆要在4h内用完，气温高于30ºC时要比常温提前1h用完。砌墙时随砌随刮缝，刮缝要深浅一致，清扫干净。水平和竖向灰缝厚度不小于8mm，不大于12mm，以10mm为宜。

图 3-31　文字过多示例图

砌筑工程的施工工艺
抄平
放线
摆砖
立皮数杆
砌砖
清理

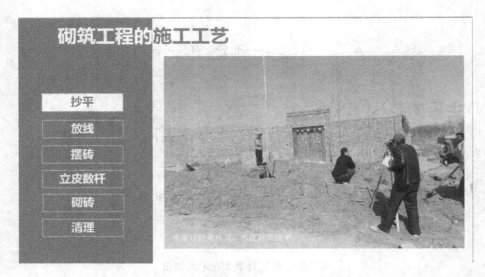

图 3-32　适当添加文字的正确示例图

(4) 字色不配

在答辩 PPT 制作过程中，许多同学选用的文字颜色与幻灯片底版的颜色太相近（见图 3-33），使用投影后导致答辩老师看不清楚 PPT 上的文字，所以同学们在制作答辩 PPT 时应避免出现这种字色不配的错误。

字体颜色应选择与背景色有显著差别的颜色，但不要以为红色的就是鲜艳的，同时也不宜选择相近的颜色。标题字体的颜色要和文本字体相区别，同一级别的标题要用相同字体颜色和大小。一个句子内尽量使用同一颜色，如果用两种颜色，要在整个幻灯内统一使用。文字或图片颜色不能过于接近底色，要有一定对比度。比如：①白底：可以选择黑字、红字和蓝字。如果觉得不够丰富，可改变局部的底色。②蓝底：深蓝更好一点，可配以白字或黄字（浅黄和橘黄），但应避免选择暗红色。这是最常用、最稳妥，也是最简单的配色方案。③黑底：配以白字和黄字（橘黄比浅黄好）。

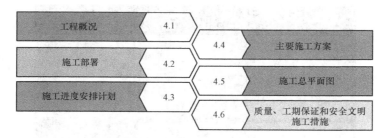

图 3-33　字色不配示例图

（5）风格不统一

在答辩 PPT 制作过程中，许多同学喜欢选用多个幻灯片模板，风格不统一（见图 3-34），使得 PPT 看起来杂乱无章。

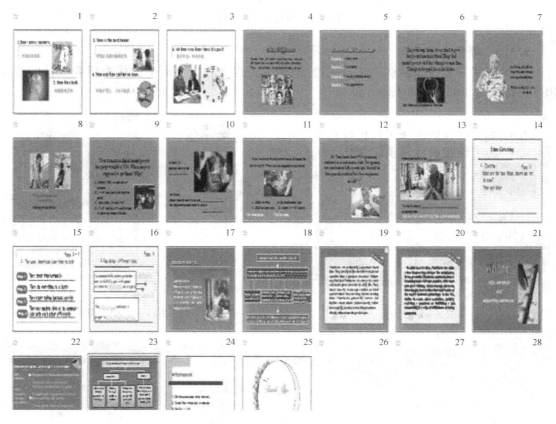

图 3-34　风格不统一示例图

在制作底版 PPT 的过程中，应尽量选择同一个底色的模板（见图 3-35），至少要在文字或图片的地方保持同一颜色。如果采用两种或多种底色，且反差较大，则文字颜色搭配难以达到协调，看起来过于花哨。整个幻灯的配色方式要一致。比如标题使用蓝色，后边幻灯的标题中应尽量使用蓝色。字号、字体、行间距保持一致，甚至插图位置、大小，均不应随意改变。

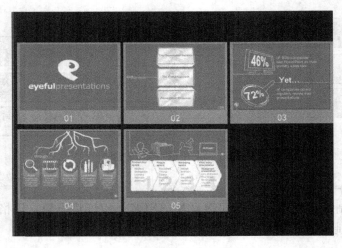

图 3-35   风格统一示例图

### 3.3.3   项目成果示例

以下 PPT 项目成果示例节选自一位 2009 级工程管理专业同学的优秀毕业设计的答辩 PPT。详见图 3-36～图 3-48。

图 3-36   封面

图 3-37   工程概况

图 3-38   目录

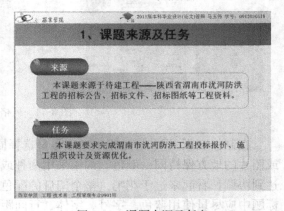

图 3-39   课题来源及任务

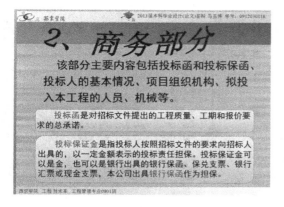

图 3-40 商务部分

图 3-41 造价编制依据

图 3-42 造价表格

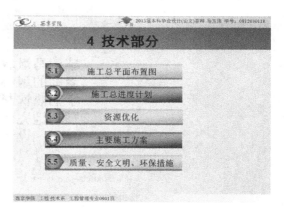

图 3-43 技术部分目录

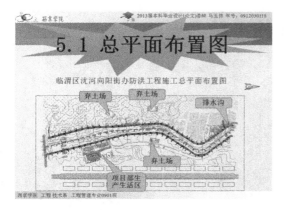

图 3-44 施工总平面布置图

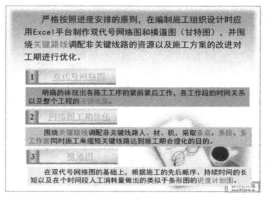

图 3-45 进度计划

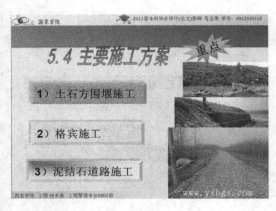

图 3-46　主要施工方案

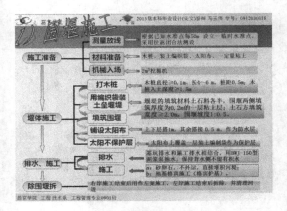

图 3-47　围堰施工详细方案

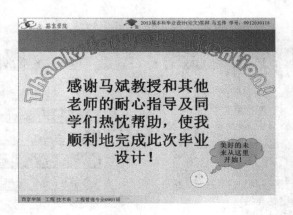

图 3-48　致谢